健康・スポーツ科学のための

SPSSによる
多変量解析入門

［編　集］

出村慎一　西嶋尚彦　佐藤　進　長澤吉則

［執　筆］

小林秀紹　札幌国際大学教授

佐藤　進　金沢工業大学准教授

鈴木宏哉　東北学院大学准教授

出村慎一　金沢大学教授

長澤吉則　京都薬科大学准教授

西嶋尚彦　筑波大学教授

山次俊介　福井大学准教授

はじめに

本書の特徴

　本書は，健康・スポーツ科学を専攻する人たちの多変量解析の理解，実践に役立つ統計書として，主に教育・スポーツの現場で即座に利用できるような初心者向けのテキストとして書かれたものである．

　統計解析を行なうにあたり，近年まで大型コンピュータでしか利用できなかった SAS や SPSS のような統計解析パッケージが，大学，高専などの情報処理教室のパソコンなどで利用できるケースが非常に増えている．実際，健康・スポーツ科学では，1つの対象のみで現象や背景要因などを明らかにすることは困難で，大抵多変量のデータを扱い，現象を説明することが多い．しかし，多変量解析を実施する場合は，多くの制約があり，利用可能な条件を考えるなど，はじめて行なう者にとってはなかなか容易には行なえない．多変量解析に限らず，データ解析を行なう場合の問題点は概ね以下の4点が考えられる．

1. 最適な統計処理はいかなる方法か
2. データ入力とその手順はどうするのか
3. 実際の統計処理をどのような手順で行なうか
4. 得られた結果の解釈はどのようにするか

　以上のような現状を踏まえ，本書は特別なプログラム言語の必要がない SPSS を利用して，誰もが容易に多変量データ解析を行なうことができることを念頭においている．特に，解析の目的に応じて多変量解析の選択法がわかりやすい内容に配列し，具体的な事例に基づくデータの分析・解析方法を取り入れ，結果の解釈に主眼を置いている．データ解析の数式，理論的説明は必要最小限にとどめているため，より詳細な内容が知りたい場合は，他の専門書を参考にされたい．

　Excel の基本操作，データ保存・編集等，関数，記述統計（図表，グラフの作成）は「Excel による健康・スポーツ科学のためのデータ解析入門」を利用して頂きたい．

SPSS とは

　SPSS (Statistical Package for the Social Science) は，名前が示すとおり，従来，社会科学分野の統計解析のための統計パッケージとして開発，販売されたものである．現在では，実験計画や時系列データ解析なども含め，ほぼすべての統計解析が手軽に行なえる，優れたコンピュータソフトウエアである．最大の特徴は，統計およびコンピュータの初心者でも使いやすいように配慮され，Excel や Lotus 1-2-3 といった表計算ソフトで作成したデータをそのまま変換して利用することができる．また，もとのデータファイルに対する加工機能が豊富に付随し

ていることも特徴である.
　SPSS の基本操作に慣れていない人は，1 章 1.3. の基本操作を確認の上，実際の操作を行なっていただきたい．SPSS の詳細については，巻末の参考文献，もしくは http://www.spss.co.jp を参照されたい．

本書の構成
　多変量解析には，多数の解析手法があり，初めて利用する人，あまり使い慣れていない人は，いかなる手法を選択して良いか判断に困ることが多い．本書は，読者が多変量解析を実際に利用することを念頭に，「手持ちのデータをどのように取得，まとめたら良いか」，「そのまとめたデータにはいかなる解析が適当か」といったデータ処理の目的に基づく構成をとっており，本書の最大の特徴となっている．すなわち，本書に従って実際のデータを SPSS 上で操作することで，主要な多変量データ解析を一通り実施し，結果の解釈も行なうことが可能である．

◆多変量解析の準備（1 章）
　多変量解析の概要についてふれ，多変量解析の分類と選択方法，データ（変数）の選択・整理，欠損値の処理，多変量解析を行なう場合に知っておくとよい統計用語について簡単にまとめてある．また，SPSS の基本的な操作方法，Excel シートからのデータの読み込みに関する内容についても説明している．

◆データを予測する（2 章）
　重回帰分析，ロジスティック回帰分析，数量化 I 類，判別分析，数量化 II 類，正準相関分析に基づくデータ解析の各種実践例をとりあげ，説明している．

◆データを分類・結合する（3 章）
　クラスター分析，数量化 III 類，主成分分析に関して，統計的データ解析の実際を，例題より説明している．

◆潜在的な構成要因（因子）を探る（4 章）
　探索的因子分析に関して，統計的データ解析の実際を，例題より説明している．

◆仮説的な因子を検証する（5 章）
　仮説的な因子を検証する検証的因子分析モデル，2 次因子分析モデルに基づくデータ解析の各種実践例をとりあげ，説明している．

◆因果関係を探る（6 章）
　因果関係を探る（重）回帰分析モデル，因果構造モデル，シンプレックス構造モデル，潜在曲線モデルに基づくデータ解析の各種実践例をとりあげ，説明している．

◆要因の効果を探る（7章）

分散分析，多変量分散分析，共分散分析に関して，統計的データ解析の実際を，例題より説明している．

統計の基礎および統計的検定の概要に関する詳細は，出村の著書「例解　健康・スポーツ科学のための統計学　改訂版，大修館書店，2004」および「健康・スポーツ科学のための統計学入門，不昧堂出版，2001b」を参照のこと．

また，本書は以下のSPSS関連ソフトを用いている．SPSSを利用するには，まず，Base Systemが不可欠である．Advanced modelsとRegression modelsを加えることで，ロジスティック回帰分析および構造方程式モデリングを除く一通りの統計手法を利用することができる．

SPSS 11.5J for Windows
Base System　1〜4章および7章
Advanced models　〃
Regression models　2章（2.2.ロジスティック回帰分析）
GUI数量化プログラム　数量化理論（2.3., 2.5., 3.2.）
Amos 4.0.2　5〜6章

目 次

はじめに ………………………………………………………………………………………… 1
　本書の特徴，SPSS とは，本書の構成

1章　多変量解析の準備　　　　　　　　　　　　　　　　　　　　　1

1.1. 多変量解析とは ……………………………………………………………………… 1
　1.1.1. 概要 ……………………………………………………………………………… 1
　1.1.2. 多変量解析の分類および選択方法 …………………………………………… 2
1.2. 多変量解析を行なうまでの準備 …………………………………………………… 3
　1.2.1. 変数の選択・整理 ……………………………………………………………… 3
　1.2.2. 欠損値の処理 …………………………………………………………………… 4
　1.2.3. 多変量解析を行なううえで知っておきたい統計用語 ……………………… 5
1.3. SPSS の基本操作 …………………………………………………………………… 8
　1.3.1. SPSS のデータエディタの構成 ……………………………………………… 8
　1.3.2. データの入力 …………………………………………………………………… 8
　1.3.3. ファイル（データ）を開く …………………………………………………… 10
　1.3.4. Excel シートに入力されたデータを利用する ……………………………… 10
　1.3.5. ファイルを閉じる ……………………………………………………………… 11
　1.3.6. 出力結果ファイル ……………………………………………………………… 12
　1.3.7. SPSS における数値設定（数値の表示法）………………………………… 13

2章　データを予測する　　　　　　　　　　　　　　　　　　　　15

2.1. 重回帰分析 …………………………………………………………………………… 15
　2.1.1. 重回帰モデルのあてはめ（強制投入法）…………………………………… 18
　2.1.2. 変数選択法（変数増加法，変数減少法，変数増減法，変数減少法）…… 27
2.2. ロジスティック回帰分析（多重ロジスティック回帰分析）…………………… 33
　2.2.1. ロジスティックモデルのあてはめ …………………………………………… 35
　2.2.2. 多重ロジスティックモデルのあてはめ ……………………………………… 38
2.3. 数量化Ⅰ類 …………………………………………………………………………… 42
　2.3.1. 数量化Ⅰ類の準備 ……………………………………………………………… 44
　2.3.2. SPSS による数量化Ⅰ類 ……………………………………………………… 46
2.4. 判別分析 ……………………………………………………………………………… 57
　2.4.1. 2 群の線型判別分析 …………………………………………………………… 59

   2.4.2. 多群の線型判別分析 ……………………………………………………… 67
 2.5. 数量化Ⅱ類 ……………………………………………………………………… 71
 2.6. 正準相関分析 …………………………………………………………………… 83

3章　データを分類・結合する　　90

 3.1. クラスター分析（Ward 法）………………………………………………………… 90
 3.2. 数量化Ⅲ類 ……………………………………………………………………… 100
 3.3. 主成分分析 ……………………………………………………………………… 111

4章　潜在的な構成要因（因子）を探る　　118

 4.1. 探索的因子分析 ………………………………………………………………… 119
   4.1.1. 直交解（バリマックス）……………………………………………………… 121
   4.1.2. 斜交解（プロマックス）……………………………………………………… 128

5章　仮説的な因子を検証する　　135

 5.1. 検証的因子分析モデル ………………………………………………………… 135
 5.2. 2 次因子分析モデル …………………………………………………………… 150

6章　因果関係を探る　　158

 6.1. （重）回帰分析モデル …………………………………………………………… 158
 6.2. 因果構造モデル ………………………………………………………………… 166
 6.3. シンプレックス構造モデル ……………………………………………………… 174
 6.4. 潜在曲線モデル ………………………………………………………………… 178

7章　要因の効果を探る　　184

 7.1. 分散分析 ………………………………………………………………………… 184
   7.1.1. 分散分析を行なう前提条件 ……………………………………………… 185
   7.1.2. 分散分析の一般的手順 …………………………………………………… 185
   7.1.3. SPSS による操作方法 …………………………………………………… 186
 7.2. 多変量分散分析 ………………………………………………………………… 203
 7.3. 共分散分析 ……………………………………………………………………… 206

索引 ……………………………………………………………………………………… 215

1章 多変量解析の準備

1.1. 多変量解析とは

1.1.1. 概要

　ある事象（学力，運動能力，体力）が錯綜した要因（性格，興味，体型，体質，生活習慣）によって規定されていると考えられる場合，それらの要因がどのように働き合って事象に作用しているかをみきわめることはそれほど容易なことではない．事象そのものが一元的ではなく，多元的な側面を有していて，概念的に規定することが難しいことも多い．このような事象に，既成の一次元的な統計手法を用いて解析を行なうと，事象の本質から非常に逸脱した，誤った結論が導かれることになる．

　多変量解析とは，ある事象（多変量データで表現される）の背後で作用しているさまざまな要因の相互関係を分析し，解析するための手法であり，それには幾つかの手法がある．すなわち，多変量解析は，事象の簡潔な記述と情報の圧縮（次元の縮小），事象の背後にある潜在的因子の探索（次元の意味づけ），事象に対する複雑に絡み合った要因の影響の総合化とその予測，未知のデータの判別と分類などを行なう場合に有用な一連の統計的手法である．

　多変量データとは，1つの対象（物や人）について，3つ以上の測定（観察）結果が得られているデータの集まりである．測定，観察される調査項目や測定変量を変数と呼ぶ．

　変数は，名義尺度，順序尺度，間隔尺度，比率尺度の4つの測定尺度によって特徴づけられる（これら4つの尺度の説明は，本章1.2.3.および，出村（2004），出村（2001b）を参照のこと）．

　多変量データを構成する変数は，結果を表す変数とその結果を説明する変数，あるいは予測したい変数と予測するのに使用する変数というように，変数の果たす役割によって分類される．このとき，結果を表す変数（予測したい変数）を従属（目的，基準）変数と呼び，その結果を説明する変数（予測するのに使う変数）を独立（説明，予測）変数と呼ぶ．

　たとえば，垂直跳びと走り幅跳びの数値から，その人の 50 m 走のタイムを予測することができるかに関心があれば，50 m 走は従属変数，垂直跳びと走り幅跳びは独立変数である．従属変数と独立変数という呼び方のほかに，外的基準と内的基準，あるいは目的変数と説明変数という場合もある．SPSS では，基本的に従属変数および独立変数という表現が用いられている（ただし，数量化理論では目的（外的基準）変数，説明変数が用いられている）．

多変量解析を行なう場合，従属変数および独立変数にいかなる変数を選択するか，選択した個々の変数は解析に十分利用可能かなど幾つかの注意すべき点がある．また，多変量解析には，従属変数（外的基準）がある場合とない場合，または変数の尺度によって用いる手法が異なる．これらの詳細は各章の説明に記されている．

1.1.2. 多変量解析の分類および選択方法

多変量解析には，多数の解析手法があり，初めて利用する人，あまり使い慣れていない人は，いかなる手法を選択して良いか判断に困ることが多い．

これまで，述べてきたことをまとめると，多変量解析の諸方法を分類する基準は以下の2点が挙げられる．

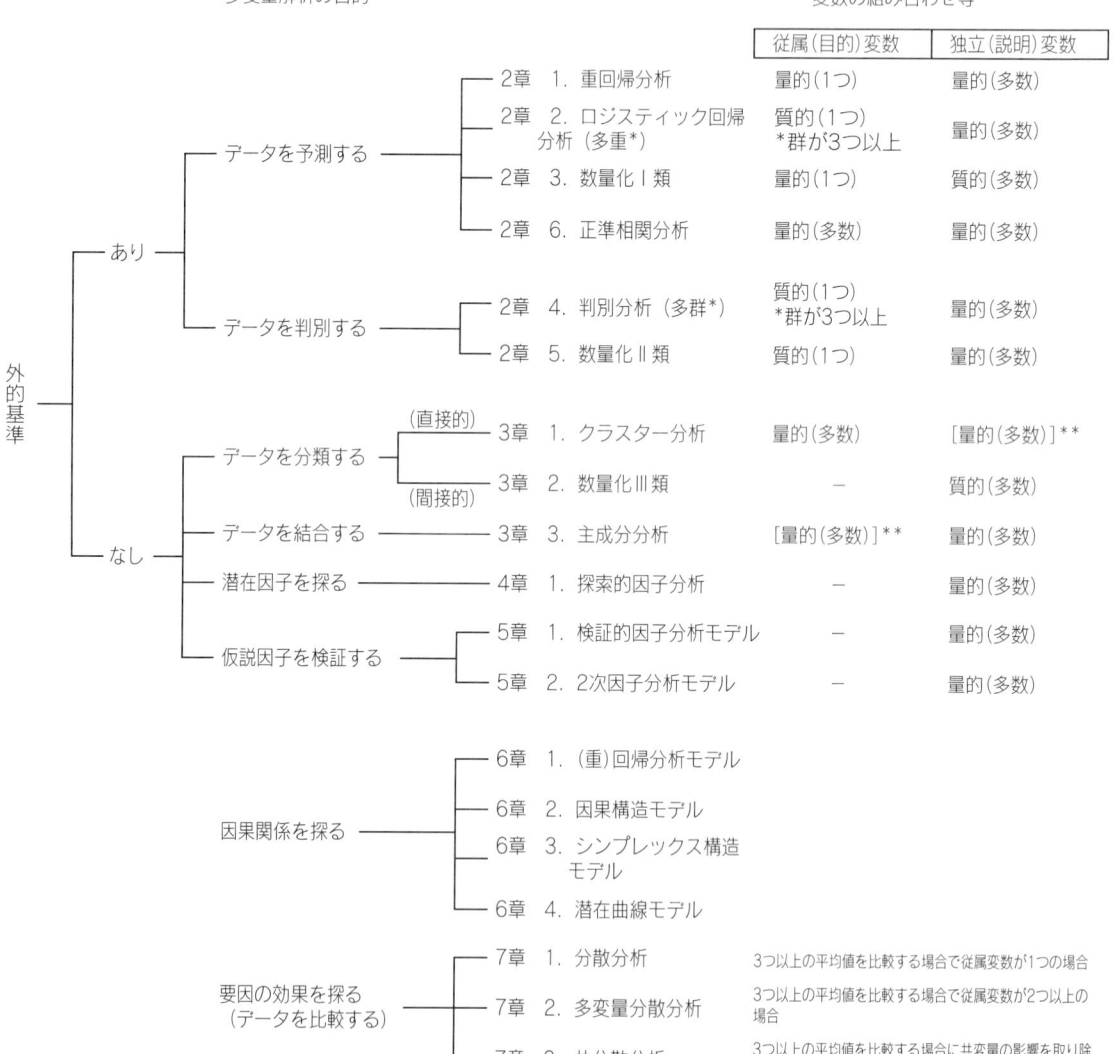

図1-1 目的による多変量解析法の分類

［量的（多数）］**とは，多数の独立変数の代わりに，多数の従属変数を用いてもよいということを意味する．

①明らかにしたい事象について，目的変数が与えられているか否か，
②適用する変数が量的データで与えられているか，質的データで与えられているか．

これらをまとめると，図1-1のような分類になる．この分類を参考に，選択する多変量解析の手法を選択するとよい．

1.2. 多変量解析を行なうまでの準備

1.2.1. 変数の選択・整理

多変量解析で使用するデータをとりまとめ，データ表を作成する場合，一般的に測定対象物（人，地名，年代など）を行，変数（調査項目や測定変数）を列としてまとめる．

身長，体重などは，量的データとして，性別，血液型などは，適当な数字をあてがい質的データとして処理する．欠損値は，空白もしくは当てはまらない数字を便宜的に代入する（解析時に変換を要する）．用いるデータが量的データの場合，幾つかのカテゴリーに分類することは可能であるが，質的データは量的データに変換することはできない（本章1.2.3.多変量解析を行なううえで知っておきたい統計用語「測定尺度」参照）．

多変量解析を実施する以前に，個々の変数間の関係の特徴を吟味することが必要である．特に，多変量解析法の多くは，独立変数に利用する変数間の関係を手がかりに数値計算する場合が多く，独立変数同士の関係については十分吟味しておくことが要求される．その方法としては，
①独立変数間の散布図の視察
②独立変数間の相関行列の算出と検討
③独立変数間の相関行列式の算出
などがある．独立変数間の関係は，独立あるいは相関関係が低いことが前提となる．多変量解析の多くは，相関行列の逆行列を求めるという行列計算を用いる．独立変数間の相関係数が+1もしくは-1になると，相関行列の逆行列が求められない．また，相関係数が1に近い値であれば，不可解な行列式が得られる（多重共線性）つまり，独立変数間の関係は，できるだけ無相関に近いことが求められる．

相関行列の逆行列が求められない，あるいは回帰係数が求められないということは，相関係数の行列式の値が0，または，極めて0に近くなることを意味する．よって，相関行列の行列式を計算し，確認することを薦める．

Excel では，数学関数 MDETERM によって行列式を計算できる．

今，左のような身長，体重，胸囲の相関行列が得られているとする（セル C4 から E6）．

C8 のセルに数学関数 MDETERM を利用して行列式を計算してみる．C8 のセルに以下の式を入力してリターンキーを押す．

＝MDETERM（C4：E6）

行列式の計算結果，0.2075 が得られ，0 に近い値ではない．よって，相関行列の逆行列は求めることができる．

1.2.2. 欠損値の処理

　測定対象に対し，アンケート調査や測定を実施した場合，必ずしもすべての変数に回答や測定値が得られる保証はない．アンケートや測定を実施する以前に，予備調査や予備テストを行ない，回答に偏りが見られる変数，回答が得られない変数を吟味して加除・修正したり，測定動作に著しく困難性が見られないかを確認しておくことは重要である．このような手続きを踏んで可能な限りすべての変数の回答や測定値が得られる努力が必要である．しかし，多変量解析を行なうには，多数のサンプルが必要で，多くの場合，変数の中には何らかの欠損値があることが一般的である．欠損値の取り扱いについては幾つかの方法がある．

　まず，変数に欠損値のある被験者のデータは解析から除外する方法である．ただし，標本の大きさとの兼ね合いで，測定した被験者のデータの多くが除外される場合は，注意が必要である．

　つぎに，量的データに欠損がある場合，その変数の平均値を代入する．ただし，ひとりの被験者のデータ内に多数の欠損値がある場合は，この限りではない（代入して利用することは薦められない）．質的データの場合は，平均値を代入することは不可能であるのでこの方法は適用できない．

　最後に，変数間の関係を計算処理する際，ペア毎に欠損値を削除し，可能な限り多くの情報を利用する方法である．多変量解析の多くは，変数相互の関係，すなわち，相関行列から解析を行なうことが多いため，より多くの資料を用いて分析することが望ましい．この方法は欠損値を除いた形で可能な限り多くの情報が利用できる．

　いずれの場合も，長所・短所があり，最善の方法というものは存在しない．用いる際にはそれらを十分理解した上で，対処する必要がある．

1.2.3. 多変量解析を行なううえで知っておきたい統計用語
共分散, 分散共分散行列

1つの変量の統計量：平均値, 標準偏差, 分散

変量と変量の関係：共分散, 相関係数を示す統計量

相関係数や共分散は以下の「相関行列」や「分散共分散行列」のような「行列」を使って表現される.

相関行列

	変量1	変量2	変量3
変量1	1	相関係数	相関係数
変量2	相関係数	1	相関係数
変量3	相関係数	相関係数	1

分散共分散行列

	変量1	変量2	変量3
変量1	分散	共分散	共分散
変量2	共分散	分散	共分散
変量3	共分散	共分散	分散

共分散は以下の式から算出される. また, 相関係数は下の計算式も成り立つ.

データの標準化 (平均=0, 標準偏差=1 となるようにデータを変換すること. 後述) をすると, 共分散と相関係数は等しくなる. つまり, 標準化すると相関行列と分散共分散行列は一致する.

$$共分散 = \frac{交差積和}{N-1} \qquad 相関係数 = \frac{共分散}{\sqrt{分散}\sqrt{分散}}$$

交差積和 $= \sum (x_i - x \text{の平均})(y_i - y \text{の平均})$, x_i, y_i：各データ, N：人数

標準得点, データの標準化

データを, (データ−平均)/標準偏差 の式に代入すると, 平均=0, 標準偏差=1 となる値に変換される. この操作がデータの標準化であり, 得られた値が「標準得点」「z スコア」である.

「z スコア」を変換した T スコア, H スコア, C スコアなども利用される. 学校教育で用いられている学力偏差値は T スコアである.

T スコア $= 10z + 50$

H スコア $= 14z + 50$

C スコア $= 2z + 5$

回帰分析, 回帰式, 従属変数, 独立変数

回帰分析とは2つの変数 X から変数 Y への影響の程度を回帰方程式を使って分析する手法のことである. 直線関係が仮定される2つの変数について, 一方の変数 (X) からもう一方の変数 (Y) の値を推測したい場合, X の変化に伴う Y の平均的変化量を $Y = aX_1 + b$ のような一次式で表す. このような式が回帰式であり, X は独立変数, 説明変数, 予測変数, Y は従属変数, 目的変数, 基準変数などといわれる. また, a は回帰係数, b は切片を意味する.

重回帰分析, 標準誤差, 偏回帰係数, 標準偏回帰係数

また, 重回帰分析はいくつかの変数 X から変数 Y への影響の程度を分析する手法をいい, $Y = a_1X_1 + a_2X_2 + a_3X_3 + b$ のような重回帰式と呼ばれる一次式で表される. a_1, a_2, a_3 などの重回帰式の係数は偏回帰係数である. 偏回帰係数は測定値の単位の違いによる影響を受けるため, 測定値を標準化した場合の偏回帰係数を標

準偏回帰係数と呼ぶ．データの単位による影響を受けないため，独立変数と従属変数の関係の強さがわかる．偏回帰係数の標準偏差は標準誤差に該当する．

重相関係数（R）

重相関係数（R）は実測値 y_i と予測値 Y_i の相関係数のこと．$0 \leq R \leq 1$ の範囲をとり，1 に近いほど相関関係が高いことを示す．（重相関係数 R）^{2}＝決定係数（R^2）が成り立つ．

決定係数（R^2）

決定係数（R^2）とは，重回帰分析の当てはまりの良さを示す統計量である．「予測値の偏差平方和/実測値の偏差平方和」が1に近いほど当てはまりが良いことを示す．偏差平方和とは，「データと平均との差の2乗和」により算出する．したがって，予測値の偏差平方和は重回帰式から求めた各データの予測値と予測値の平均値，実測値の偏差平方和は各データとデータの平均値との差の2乗和となる．

残差，誤差

実測値と予測値との差．「残差＝予測値－実測値（観測値）」で表される．誤差ともいう．回帰分析は最小2乗法などにより残差が最小になるように係数が決定される．残差を平方和した残差平方和は実測値と予測値の差の2乗和であり，平方和は各測定値または予測値とそれらの平均値の差の2乗和で求められるが，残差の平均は0となるため，残差の2乗和となる．推定の精度と密接な関係を持つ．

標準偏差（Standard deviation：SD），（推定の）標準誤差（Standard error of estimate：SE）

標準偏差は測定値のバラツキを示す統計量であり，$\sqrt{\text{分散}}$で表される．（推定の）標準誤差は標本分布の標準偏差を意味し，母分散（σ^2）をデータの個数（n）で除したものの平方根（$\sqrt{\sigma^2/n}$）で示される．

自由度

自由な値を取り得るデータの数．たとえば，10 個のデータの平均値を X とすると，9 個のデータの値がわかれば残りの 1 個のデータは必然的に決まる．この場合，自由度は 9 となる．

有意水準，名義水準

統計的仮説検定における判定の基準となる確率の大きさ．帰無仮説を棄却する確率 α のことで，危険率ともいう．研究者が任意に設定する．一般的に 5% に設定されることが多い．しかし，有意水準 5% とは，100 回のうち 5 回未満は誤りがあることを容認することを意味しており，より高い精度の検定結果を求められる場合では 0.1% や 0.01% などが有意水準として設定される．

しかし，分散分析の際に行なわれる多重比較検定のように，複数の対の有意差検定をする場合，2 つの平均値（単一の比較）と同様に有意水準を設定すると，帰無仮説を棄却する確率が有意水準を上まわり，誤った解を導くことになる．そこで，対の総数を考慮した各対比較の有意水準（名義水準）を決定し，多重比較

測定値と測定尺度の水準

身長(cm)	順位	群分け
172	3	1
163	6	2
170	4	1
180	1	1
150	7	2
165	5	2
174	2	1
間隔尺度 比率尺度	順序尺度	名義尺度

※群分けは170 cm以上を1，170 cm未満を2により分類

検定全体での確率が有意水準を超えないように調整する．

測定尺度

測定尺度とは，測定対象である個体の特性に数値を付与するための基準をいう．その種類には名義尺度，順序尺度，間隔尺度，比率尺度の4つがある．

名義尺度は測定対象の特性や属性に対して，数値を割り当て区別や分類（カテゴリー化）する測定基準をいう．たとえば，男性＝0，女性＝1．

順序尺度は対象の量的特性に対して，数値を割り当て，順序関係を定義する基準である．たとえば，ある能力が「優れる」「普通」「劣る」と分類されるとき，それぞれ「3」「2」「1」という数値を与える測定である．順序関係（大小関係や方向性）が保証されれば，いかなる数値を用いてもかまわない．前例の場合「－5」「0」「5」でもかまわない．名義尺度は同等関係だけが定義されるが，順序尺度はそれに加えて順序関係が定義される．ただし，順序尺度の場合，付与された数値間の差の大きさが等しいという保証はない．順序関係が示されれば等間隔である必要はない．

間隔尺度は対象の量的特性を順序関係だけでなく，距離（間隔）も明確に定義する測定基準である．比率尺度との違いは原点があるか否かである．温度の場合，20℃は15℃よりも5℃高く，5℃の差に意味がある．また，摂氏0℃は温度が全くないわけではなく，氷点を0として任意に決めた基点にすぎない．これに対して身長の0 cmはそれが0であることを意味する（絶対原点）．温度は間隔尺度であり，身長は比率尺度である．比率尺度は距離に加えて測定値の比にも意味がある．しかし，両測定尺度は統計学の領域において特別な場合を除いて区別して用いる必要はない．

また，間隔尺度や比率尺度で測定したデータは，順序尺度や名義尺度に変換する（尺度の水準を落とす）ことができる．多変量解析においてある統計手法の分布の仮定に関する前提条件などが保証されない場合，尺度の水準を落としてノンパラメトリック法に基づく統計解析を行なうことができる．

量的変数（定量変数），質的変数（定性変数）

間隔尺度および比率尺度に基づくデータを量的変数（定量変数），順序尺度および名義尺度に基づくデータを質的変数（定性変数）という．

アイテム，カテゴリー，ダミー変数，カテゴリースコア

これらは数量化理論においてよく用いられる．アイテムは質問項目などの変数，カテゴリーは質問項目の選択肢を示す．

ダミー変数とは，もともと変数ではないものを変数として定義して扱うときに用いる．たとえば，「りんごは好きですか？」という質問に対して，「はい＝1，いいえ＝0」のように，各カテゴリーに該当するか，しないかについて2値変数をあてはめて定義するような場合に用いられる．

カテゴリースコアとは，ダミー変数を用いて数量化された値のことである（詳細は本書2.3., 2.5., 3.2.参照）．

偏相関係数

変量 Y と X の関係に Z が影響している場合，Z の影響を取り除いたあとの Y と X との相関係数を偏相関係数という．

一般線型モデル（general linear model：GLM）

一般線型モデルは重回帰分析や分散分析を一般化した手法で，多元配置分散分析，共分散分析，多変量分散分析，数量化 I 類，反復測定による分散分析，乱塊法，直交表法，ラテン方格法，枝分かれ配置法，など多くの分析に適用できる．

1.3. SPSS の基本操作

1.3.1. SPSS のデータエディタの構成

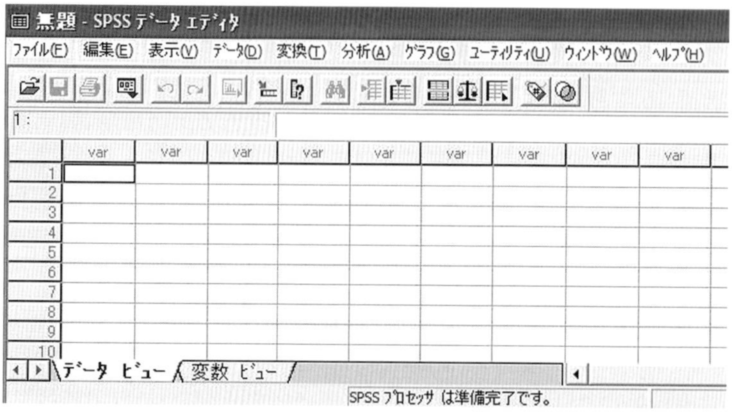

SPSS を起動させると，「データエディタ」の画面が表示される．Excel の場合と同様に縦横の線で区切られたマス目（セル）によって構成されている．

データファイル（データエディタ）は「データビュー」と「変数ビュー」のシートから構成されている．

「データビュー」シート（左図）は分析用のデータを入力するファイルである．データを入力後，この画面から「分析 (A)」をクリックし分析方法を選択することでさまざまな分析を行なうことができる．

「変数ビュー」シート（左図）は，データビューシートに示されたデータの各変数の属性（名前，型：数値データ，文字データなど，セルの幅，小数点の桁設定，欠損値の有無など）に関する情報が表示されている．

シートの表示は，画面左下にあるタブをクリックすると変更できる．

1.3.2. データの入力

SPSS のデータ入力の方法には，「データビュー」シートに直接データを入力する方法と，Excel など他のソフトのファイルに入力されたデータを変換してデータビューシートに読み込む方法がある．ここでは，まず，直接入力する方法について説明する．

「データビュー」シートの「var」のタブをダブルクリックすると（左図），

左図のように,「変数ビュー」シートに画面が切り替わる.

まず,「名前」の下のセルに変数名を入力する.

入力するセルをクリックし,変数名を入力する.例では「番号」が入力されている.

変数名を入力し,「Enter」キーを押すと,変数名の右側に,変数の設定が自動的に表示される.

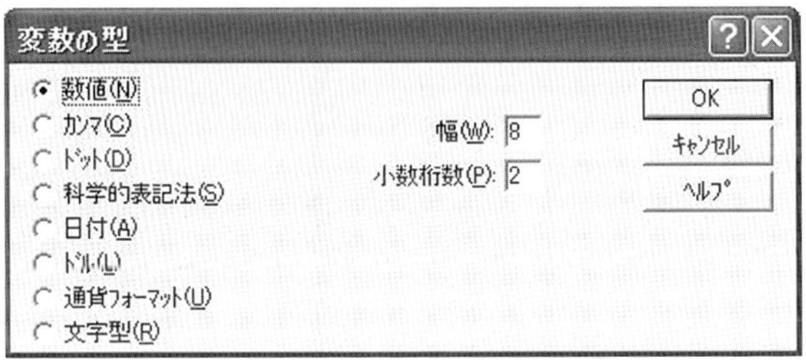

これはあらかじめ設定されているもので,変更可能である.

たとえば「型」はデータのタイプを示している.「型」のセルを選択するとセルの右端にボタンが表示される.このボタンをクリックすると,左図の画面が現れ,データのタイプを設定することができる.住所などのデータの場合は「文字型」を選択すると,文字として認識される.設定後「OK」をクリックすると元の画面に戻る.

注) SPSS の「データの型（数値の表示法）」についてはこの章の最後に説明されている.

また,「幅」は変数のセルの幅の大きさを示している.デフォルト（初期設定）では「8」となっているが,「8」とは半角 8 文字まで変数名を表示できることを意味する.変数名が長い場合はこの数値を大きな値に変更すればよい.数値の変更は,「幅」の列のセルをクリックすると,▼が表示されるので,そのボタンをクリックすればよい.「少数桁数」なども同様に変更できる.

左図のように,入力する変数名をすべて入力したら,「データビュー」のタブをクリックする.「データビュー」シートが表示されたら,データを各セルに入力する.

文字入力の仕方は Excel の場合と同様であるが,入力の際には文字入力設定が「英字半角」になっていることを確認する.

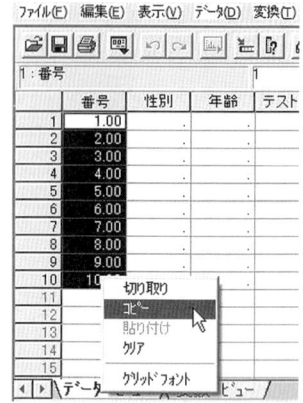

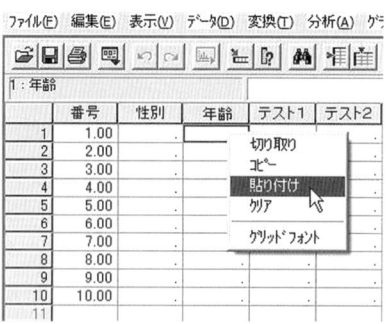

入力したデータのコピーや切り取りも一般的な手順で可能である．コピーまたは切り取りたい範囲を指定→マウスを右クリックして「コピー」または「切り取り」をクリック→貼り付けたいセルにポインタを移動→右クリック→「貼り付け」で可能である．入力したデータを削除したい場合は，「クリア」をクリックするか「Delete」キーを押せばよい．

1.3.3.　ファイル（データ）を開く

SPSS のデータファイルを開くには，以下の手順が必要である．「ファイル（F）」→「開く（O）」→「データ（A）」の順にクリックする．下図の画面が現れたら，「ファイルの場所」の▼ボタンで，ファイルが保存されている場所を選択する．つぎに，枠の中から開きたいファイルを選択し，「開く（O）」をクリックするとファイルを開くことができる．

	A	B	C	D	E	F
1	番号	性別	年齢	テスト1	テスト2	テスト3
2	1	1	20	5	9	6
3	2	1	20	7	9	5
4	3	1	20	9	9	5
5	4	2	19	10	9	5
6	5	2	19	10	9	5
7	6	2	20	8	9	5
8	7	2	20	6	5	9
9	8	1	19	8	8	10
10	9	1	19	7	9	10
11	10	1	19	7	10	10

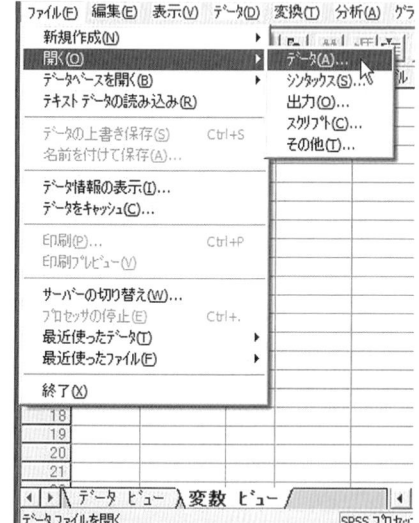

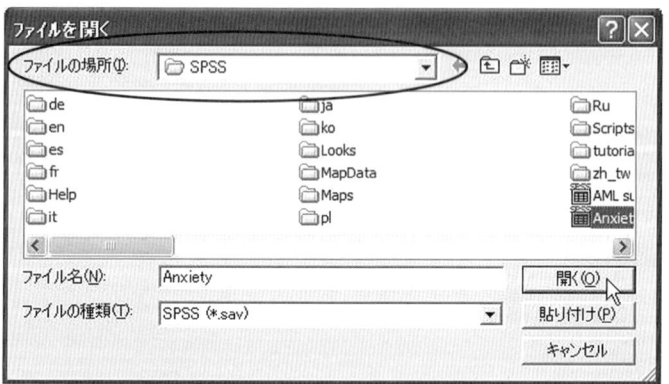

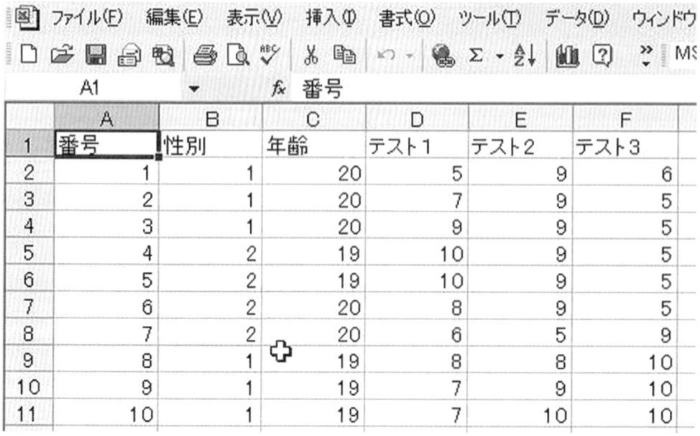

1.3.4.　Excel シートに入力されたデータを利用する

SPSS では Excel で作成したデータを変換して利用することもできる．

Excel ファイルで作成したデータを用いるには，前述したように「ファイル（F）」→「開く（O）」→「データ（A）」をクリックする．

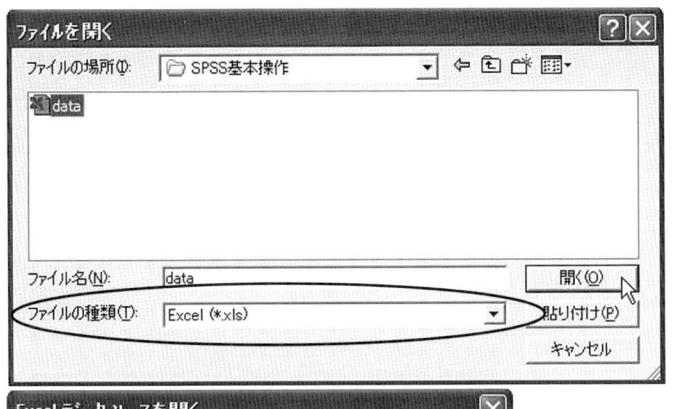

「ファイルの種類 (T)」の▼をクリックし「Excel (*.xls)」にすると，枠内にExcelファイルの一覧が表示される．開きたいファイルを選択し，「開く (O)」をクリックする．

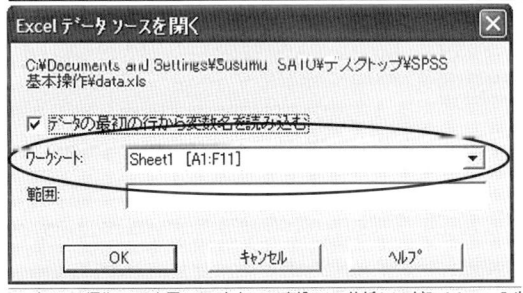

左図の画面が現れる．Excelデータの1行目に変数名の見出しが入力されている場合，「データの最初の行から変数名を読み込む」をチェックする．また，「ワークシート」の▼をクリックし，分析したいデータが入力されているワークシートを選択する．ワークシート内の一部分だけを利用した場合には，「範囲」にセルの範囲を入力する．設定が終わったら「OK」をクリックする．

左図のように，Excelファイルに入力されていた数値がSPSSのシートに表示される．

Excelシートの1行目に入力されていた変数名が列の見出しに表示されている．

1.3.5. ファイルを閉じる

「ファイル (F)」→「終了 (X)」をクリックする．データファイルに変更がある場合，終了しようとすると，「ファイルは変更されています．変更を保存しますか」というメッセージが表示される．保存しない場合は「いいえ」をクリックする．「はい」をクリックすると，ファイルの変更を保存し，データファイルを閉じることができる．

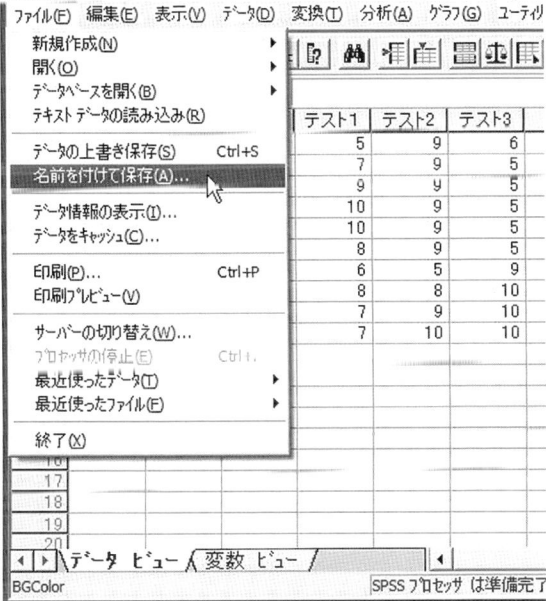

12   1.3. SPSS の基本操作

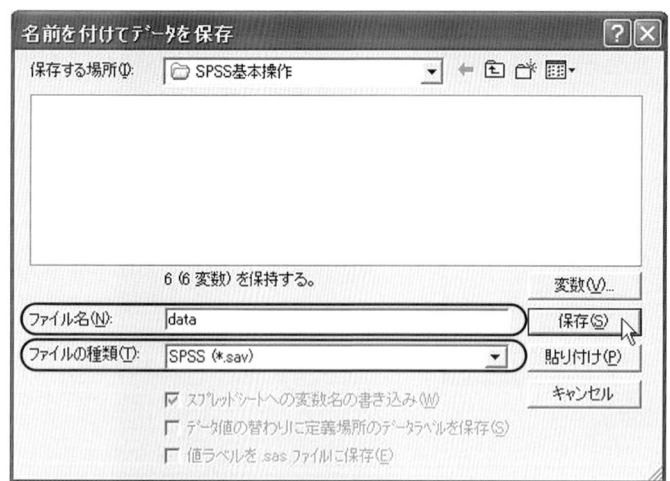

あらかじめ既存のデータファイルの変更を保存したい場合には「データの上書き保存 (S)」をクリックする．ただし，これを選択した場合，変更前のデータは失われるので注意が必要である．変更前と後の両方保存したい場合には別のファイル名で保存する．また，新規に作成したデータファイルを保存する場合，または既存のデータファイルの名前を変更して保存する場合には「名前を付けて保存 (A)」をクリックする．

左図の画面が現れたら，「保存する場所」を指定し，「ファイル名 (N)」を入力して「保存 (S)」をクリックする．「ファイルの種類 (T)」が「SPSS (*.sav)」になっていることを確認しておく．

保存すると，画面左上のタイトルバーに入力したファイル名が表示される．

1.3.6. 出力結果ファイル

SPSS では，それぞれの分析を実行すると，データファイルとは別に，以下のような出力結果のファイルが作成される．

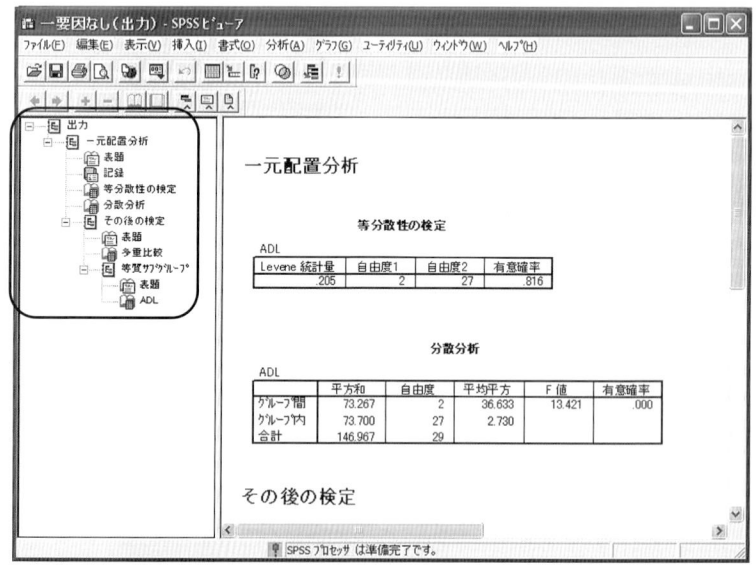

出力内容の概要を示した見出しが画面左側に示され，見出しをクリックするとその内容に関する解析結果が画面右側に表示される．繰り返し分析を行なった場合は，最初の出力結果につづいてつぎの分析の出力結果が追加される．

出力結果のファイルは名前を付けて保存することや上書き保存ができる．保存の仕方はデータファイルの保存の仕方と同様である．また，解析結果を印刷する場合には，「ファイル (F)」→「印刷 (P)」をクリックする．

保存した出力ファイルを開く場合は，「ファイル (F)」→「開く (O)」→「出力 (O)」の順にクリックする．

ファイル選択の手順はデータファイルの場合と同様であるが，この場合，出力

1章 多変量解析の準備　13

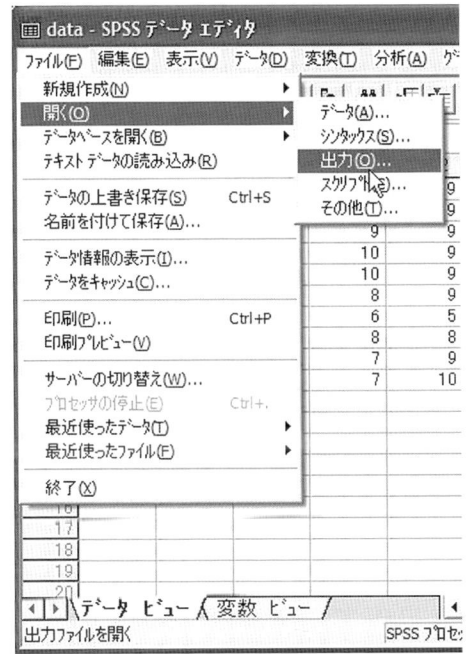

結果ファイルのみがリストに表示されるので，開きたいファイルを選択する．

1.3.7. SPSSにおける数値設定（数値の表示法）

データシートでの数値の表示方法には7種類があり，データの内容に合わせて任意に選択することができる．
その設定は，前述した「変数の型」ダイアログで行なう．各表示法の概要は以下の通り．

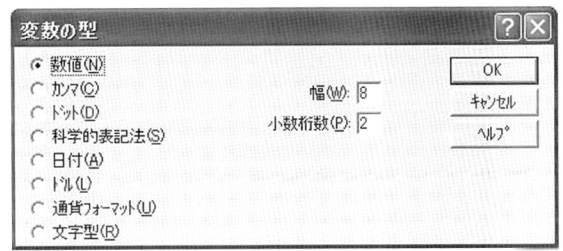

「数値」：数値データの表示
（例：123456789.00）
「カンマ」：数値データで3桁ごとにカンマ区切り，小数点はピリオドで表示
（例：123,456,789.00）
「ドット」：数値データで3桁ごとにピリオド区切り，小数点はカンマで表示
（例：123.456.789,00）
「科学的表記法」：数値データでEの後に，10のべき乗指数を符号付きで表示
（例：1.23E+02，-1.23E-03）
「日付」：数値データで暦日または時刻書式で表示
（例：24/12/2002，20：56：14）
「通貨フォーマット」：数値データでユーザーの指定による通貨書式で表示
（例：¥123,456,789.-）
「文字型」：文字データの表示
（例：石川県金沢市）

※データの表示方法は上述の方法で設定および設定の変更が可能である．またSPSSでは，この設定とは別に，出力結果などにおける小さい数値の表示方法として「数値」と「科学的表記法」を選択できる．初期設定では「科学的表記法」となっている．設定の変更は，メインメニューから「編集（E）」→「オプション（O）」を選択し，「全般」のタブの「小さい値の表示」にある「テーブルの小さい値には科学的表記を適用しない（Z）」を選択すると，「数値」による表示形式になる．

（長澤吉則・出村慎一）

引用・参考文献

1）出村慎一：例解　健康・スポーツ科学のための統計学　改訂版．大修館書店，

2004.
2) 出村慎一, 小林秀紹, 山次俊介：Excel による健康・スポーツ科学のためのデータ解析入門. 大修館書店, 2004.
3) 出村慎一：健康・スポーツ科学のための統計学入門. 不昧堂出版, 2001b.
4) 岩原信九郎：教育と心理のための推計学. 日本文化科学社, 1965.
5) 森　敏昭, 吉田寿夫：心理学のためのデータ解析テクニカルブック. 北大路書房, 1996.
6) 内田　治, 牧野泰江, 長谷川博康ほか：すぐに使える SPSS によるデータ処理 Q & A. 東京図書, 2002.
7) 石村貞夫, デズモンド・アレン：すぐわかる統計用語. 東京図書, 2001.
8) 室　淳子, 石村貞夫：SPSS でやさしく学ぶ多変量解析. 東京図書, 2002.

2章 データを予測する

多変量解析の目的		変数の組み合わせ等		
		従属(目的)変数	独立(説明)変数	
データを予測する ─	重回帰分析	量的（1つ）	量的（多数）	本章2.1.参照
	ロジスティック回帰分析（多重*）*群が3つ以上	質的（1つ）	量的（多数）	本章2.2.参照
	数量化Ⅰ類	量的（1つ）	質的（多数）	本章2.3.参照
	正準相関分析	量（多数）	量的（多数）	本章2.6.参照
データを判別する ─	判別分析（多群*）*群が3つ以上	質的（1つ）	量的（多数）	本章2.4.参照
	数量化Ⅱ類	質的（1つ）	質的（多数）	本章2.5.参照

重回帰分析，ロジスティック回帰分析（多重ロジスティック回帰分析），数量化Ⅰ類，正準相関分析，判別分析および**数量化Ⅱ類**，これらの分析法はデータを予測する上で基本的かつ重要な知見を提示してくれる．各分析法の概要については，各節に詳述している．

本書では多変量データを解析する上で代表的な各種統計解析法を取り上げている．また，本章における各解析に必要な統計量の補足説明は，本書「1章 1.2.3.」，および著書（出村，2004；出村ら，2001a；出村，2001b）を参照のこと．

各解析において示される例題は，スポーツ・健康科学の領域で高い頻度で用いられるデータあるいは利用可能なデータをもとに作成されている．1章で説明した「多変量解析の準備」の手順に従い，手持ちのデータからこれらの解析法を適宜行ない，解析を進めて頂きたい．

2.1. 重回帰分析

前述したように，重回帰分析とは従属変数と独立変数との関係を調べ，関係式を作成し，結果の予測や独立変数の従属変数に及ぼす影響度などを明らかにする統計的手法である．すなわち，ある事前に得られる幾つかの情報（独立変数）を総合化して，未来に起こるべきある事象の起こり方（従属変数）を推定する方法で，独立変数間の関連性を手がかりに，特定の変数の変動を予測する場合に利用される．独立変数が1つの場合が**単回帰分析**，2つ以上の場合が**重回帰分析**（multiple regression analysis）である．

スポーツ・健康科学の分野では，たとえば，簡便に計測できる身長，体重，皮下脂肪厚の実測データから体脂肪率の推定式を作成する（実際には推定精度が重要であるが）場合に利用される．重回帰分析は，従属変数，独立変数のいずれも定量変数（連続データ）（出村，2001b）であることが前提となる．従属変数は量

的であるが，独立変数が質的変数の場合，数量化Ⅰ類（本章 2.3.）と呼ばれる手法を用い，従属変数が質的で，独立変数が量的変数の場合，判別分析（本章 2.4.）の手法を用いる．

表 2-1 重回帰分析のデータ

個体＼変量	y	x_1	………	x_p
1	y_1	x_{11}		x_{p1}
.	.	.		.
.	.	.		.
n	y_n	x_{1n}		x_{pn}

重回帰分析を簡単なモデルで説明してみよう．

たとえば，従属変数 y と独立変数 x_1，……x_p に関して n 個（被験者）の測定値が得られているとする．重回帰分析では，x_{1i}，……，x_{pi} の線型式（1 次式）を考え（重回帰式），つぎのようなモデルで表すのが一般的である．ここでは，独立変数が p 個の場合について述べる．

線型重回帰モデル

$$y_i = a_0 + a_1 x_{1i} + a_2 x_{2i} + \cdots + a_p x_{pi} + \varepsilon_i$$

y_i：従属変数，x_{1i}, x_{2i}, ……，x_{pi}：独立変数，p：独立変数の個数，a_1, a_2, ……, a_p：（偏）回帰係数，a_0：定数項，ε_i：誤差項である．

つまり，上で示した重回帰モデル式が未知のパラメータ（母数）：定数項や（偏）回帰係数に関して線形ということを意味する．

重回帰分析を Excel および SPSS で行なう手順を以下に説明する．なお，ここでは，あらかじめ明らかにしたい従属変数と独立変数の関係がわかっている場合に用いる強制投入法のほか，独立変数を選択して最良の回帰モデルを探索する逐次選択法のうち，変数増減法（ステップワイズ法）を適用した例題を以下に示す．

基本的分析手順

重回帰分析における一般的な分析手順（分析内容）は以下の通りである．また，＊で示した手法については専門書（柳井ら，1986）を参照のこと．

重回帰分析の基本的分析手順

＊：一般的にはあまり用いられない手法．詳細は専門書（柳井ら、1986）を参照のこと
アンダーラインは例題で用いた手法を示す．

事前準備	データの吟味（欠損値、正規性の検定など） 各変数の基礎統計値の算出 散布図、相関係数の算出、共線性の吟味	重回帰分析に用いるデータ 通常、量的（分散・共分散、相関係数が正しく算出できる）データを用いる。 調査における段階評価を間隔尺度と仮定して用いる場合もある。 また、研究手法の一つとして、質的データをダミー変数として利用し、重回帰分析することもある。

線型回帰	独立変数	強制投入法	ブロック内の変数を1つのステップで1度に投入する
		＊強制除去法	ブロック内の変数を1度に除去する
		＊変数増加法	ブロック内の変数を投入基準に基づいて1度に1つずつ投入する
		＊変数減少法	ブロック内のすべての変数を1度に投入し、除去基準に基づいて1度に変数を1つずつ除去する
		ステップワイズ法	ブロック内の変数を投入や除去の各ステップで調べる

統計	回帰係数	推定値	回帰係数β、βの標準誤差、標準化係数β、βのt値、tの両側有意確率が表示される
		信頼区間	それぞれの回帰係数の95％信頼区間、または分散共分散が表示される
		分散共分散行列	回帰係数の分散共分散行列を共分散は対角線外に分散は対角線上に表示する
	モデルの適合度		モデルに投入された変数と除去された変数がリストされ、次の適合度、すなわち重相関係数(R)、決定係数(R^2)、調整済みR^2、R^2の変化量、推定値の標準誤差、分散分析表を表示する

	R²の変化量	R²量の変化量、Fの変化量、Fの変化量の有意確率を表示する
	記述統計量	分析での各変数に対する有効ケース数、平均値、標準偏差を表示する
	部分/偏相関	0次相関、部分相関、偏相関を表示する
	共線性の診断	尺度化および非中心化された積和行列の固有値、条件指標、分散分解の比率が変動インフレーション因子（VIF）と個々の変数の許容度と共に表示される
	残差	
	＊Durbin-Watson の検定	残差の系列相関に対するDurbin－Watsonの検定を表示する
	＊ケースごとの診断	選択基準に合うケースに対するケースごとの診断（標準偏差n倍以上の外れ値）を表示する

作図	正規性、線型性、分散の等質性に対する仮定の妥当性の確認に役立つ 外れ値、異常な観測値、影響力の大きいケースを発見するのに役立つ どの作図を選んでも、標準化予測値と標準化残差（＊ZPREDと＊ZRESID）の要約統計量が表示される	
	散布図	従属変数、標準化予測値、標準化残差、削除ケース残差、調整済み予測値、スチューデント化された残差、スチューデント化された削除ケース残差の中から2つを選んで作図することができる 標準化残差を標準化予測値に対して作図すると、線型性と等分散性を確認できる
	全ての偏残差の散布図を作成	各独立変数の残差と従属変数の残差の散布図を表示する 偏残差プロットの作成には、少なくとも2つの独立変数をモデル内に投入する
	標準化残差のプロット ヒストグラム	標準化残差の分布を正規分布と比べるためにヒストグラムを作成する
	正規確率プロット	標準化残差の分布を正規分布と比べるために正規確率プロットを作成する

新変数保存	予測値、残差、および診断に役立つその他の統計量を保存する	
	予測値	各ケースに対して回帰モデルが予測する値
	標準化されていない 標準化 ＊調整済み ＊標準誤差	
	距離	回帰モデルに大きな影響をもたらす可能性がある独立変数とケースの値の異常な組み合せを伴うケースを識別する測定
	＊Maharanobis ＊Cook ＊てこ比の値	
	予測区間 平均値	平均値の予測区間の上限と下限
	個別	個別の予測区間の上限と下限
	残差	従属変数の実際の値から回帰式で予測された値を引いた値
	標準化されていない 標準化 ＊スチューデント化 ＊削除 ＊スチューデント化された削除	
	影響力の統計	
	＊DfBeta ＊標準化DfBeta	特定のケースを除外した場合の回帰係数の変化量（DfBeta）を使用
	＊DfFit ＊標準化DfFit	特定のケースを除外した場合の予測値の変化量（DfFit）を使用
	共分散比	特定のケースを除外した共分散行列の行列式とすべてのケースを使用する共分散行列の行列式の比率
	新しいファイルに保存	回帰係数を指定したファイルに保存
	モデル情報をXMLファイルにエクスポート	指定されたファイルにモデル情報をエクスポートする

オプション	ステップワイズ法の場合	
	ステップ法の基準	変数増加法、変数減少法、またはステップワイズ法のいずれかが指定されている場合に適用する
	＊F値確率	F値の有意確率を、モデルへの変数の投入や除去に使用する
	F値	F値自身を、モデルへの変数の投入や除去に使用する
	回帰式に定数項を含む	デフォルトでは、回帰モデルに定数項が含まれる チェックボックスをオフにすると、通常は使用しない原点を通る回帰になる
	欠損値	
	リストごとに除外	分析で使うすべての変数が有効な値であるケースだけを使用する
	ペアごとに除外	相関している変数のペアが両方とも完全なデータであるケースを使用して、回帰分析の基礎となる相関係数を計算する
	平均値で置換	欠損観測値を変数の平均値で置き換えてすべてのケースを計算に使用する

2.1. 重回帰分析

結果の解釈
重回帰式のあてはまりの良さを重相関係数、決定係数の大きさから判断する、分散分析のF値の有意確率より判定する
標準化係数により、基準変数に及ぼす説明変数の貢献度を確認する
共線性の診断を、条件指標の大きさにより確認する
外れ値、残差の分布の正規性を確認する

用語の説明

多重共線性の確認：変動インフレーション因子（VIF）の値が大きい，あるいは許容度の値が小さい独立変数は残りの独立変数との間に線形関係が成り立つ可能性がある．

Durbin-Watson の検定：モデルに組み込まれなかった変数の影響で誤差項に系列相関が生じる場合があるため、誤差が互いに独立であるかどうかを統計的に検定する方法．

2.1.1. 重回帰モデルのあてはめ（強制投入法）

例題 2.1.
サッカーのドリブル技能テストを作成した．このテストと調整力との関係を検討するために，大学サッカー選手 50 名を対象にドリブル技能テストと，反復横跳び，スカットスラスト，ジグザグドリブル等の測定を行なった．以下の表 2-2 のデータを利用して、ドリブル技能テスト（y）を従属変数、反復横跳び（x1），スカットスラスト（x2），およびジグザグドリブル（x3）の 3 テストを独立変数として重回帰分析を行なえ．

表 2-2

ID	年齢	身長	体重	反復横跳び	スカットスラスト	ジグザグドリブル	棒上片足立ち	動的平衡性	連続逆上がり	ドリブル技能テスト	所属	継続年数	ポジション	先発
1	23.3	165.0	62.0	55	7.25	12.64	120	89.47	6	15.45	1	13.0	4	1
2	21.9	177.0	65.0	54	7.00	12.60	83	95.23	7	15.64	1	11.4	3	1
3	20.0	171.8	65.0	55	9.00	11.46	120	101.44	8	14.64	1	9.4	3	1
4	22.0	175.0	65.0	50	7.00	13.44	120	76.77	5	17.90	1	11.8	3	1
5	20.3	172.0	70.0	54	7.50	13.45	120	113.82	6	16.32	1	8.1	2	1
6	22.3	177.0	72.0	52	8.50	15.10	40	70.50	5	18.15	1	13.0	1	1
7	19.3	170.4	63.0	53	7.50	15.50	30	106.01	5	24.07	1	2.6	1	2
8	18.9	167.1	58.0	56	8.50	12.50	36	98.07	7	18.71	1	9.1	2	2
9	18.5	168.7	65.4	44	6.25	19.30	32	89.70	6	22.53	1	5.1	2	2
10	20.1	174.0	61.0	51	8.00	14.00	13	98.37	5	20.69	1	6.1	2	2
11	18.6	176.0	70.0	58	7.00	13.00	47	103.80	5	19.82	1	9.0	2	1
12	19.3	175.4	60.9	48	6.75	14.10	17	98.10	7	22.50	1	9.1	3	2
13	18.9	173.0	67.0	56	8.50	13.20	93	91.00	6	18.06	1	8.0	3	2
14	19.4	165.0	52.0	51	7.00	13.50	44	103.41	5	19.56	1	5.0	3	2
15	19.6	167.5	61.0	50	7.50	12.54	120	106.41	6	15.34	1	9.0	2	2
16	20.1	171.0	64.0	50	7.50	13.57	120	104.70	5	16.34	1	6.0	2	2
17	20.2	165.0	63.0	50	8.25	11.20	31	111.31	6	14.44	1	9.0	4	2
18	19.8	176.5	65.0	48	8.00	13.26	120	104.38	6	18.02	1	5.0	2	2
19	21.5	165.0	63.5	52	8.00	14.75	26	89.40	7	14.99	1	11.0	2	2
20	20.7	170.0	58.0	49	7.50	12.64	120	103.31	5	20.09	1	5.5	4	2
21	23.6	171.0	66.0	45	7.00	14.06	16	76.86	5	20.82	1	12.0	1	2
22	22.8	171.0	64.0	51	8.50	13.53	120	102.40	6	17.47	1	9.0	2	2
23	21.8	173.5	63.0	52	8.00	12.14	22	85.11	5	16.52	1	9.3	3	2
24	18.8	170.0	70.0	52	8.00	13.23	108	94.20	7	15.47	2	5.7	4	1
25	24.9	174.0	70.0	55	7.25	12.96	120	84.29	3	16.67	2	13.1	3	1

表 2-2 つづき

ID	年齢	身長	体重	反復横跳び	スカットスラスト	ジグザグドリブル	棒上片足立ち	動的平衡性	連続逆上がり	ドリブル技能テスト	所属	継続年数	ポジション	先発
26	18.7	172.0	70.0	55	8.50	11.51	98	107.30	6	17.47	2	10.1	4	1
27	18.5	175.0	70.0	53	8.00	11.38	120	94.10	3	14.72	2	5.0	3	1
28	18.4	172.0	62.0	53	8.50	14.34	120	103.90	6	16.24	2	6.0	3	1
29	18.4	172.0	73.0	52	8.50	12.97	120	106.96	5	14.58	2	12.0	2	1
30	18.4	178.0	72.0	57	8.50	10.94	120	110.20	6	14.14	2	8.0	4	2
31	18.5	175.0	70.0	50	7.00	10.35	120	101.57	5	18.30	2	8.0	4	1
32	18.9	175.0	70.0	0	0.00	11.99	120	106.52	3	14.47	2	7.1	4	2
33	18.6	170.0	71.0	50	8.50	12.07	112	83.92	4	17.17	2	9.0	2	1
34	18.8	169.9	64.0	50	8.00	12.45	120	114.64	6	18.20	2	6.0	2	1
35	18.1	171.5	65.0	51	8.50	13.00	120	105.97	4	15.30	2	8.2	3	1
36	19.0	163.0	58.0	51	8.50	11.37	120	106.11	6	15.37	2	8.0	3	2
37	19.1	170.0	60.0	49	8.50	13.97	120	98.63	5	20.55	2	7.2	4	2
38	19.0	171.0	70.0	45	7.00	11.74	120	82.04	4	18.25	2	9.1	1	2
39	19.0	175.0	62.0	52	7.00	12.63	120	109.18	4	17.54	2	7.6	2	1
40	20.7	164.0	67.0	45	6.25	14.75	66	88.87	5	19.25	4	4.3	2	1
41	18.6	181.5	68.5	46	7.00	14.10	73	107.51	4	16.57	4	10.4	2	1
42	21.3	176.0	84.0	49	6.75	15.47	57	95.97	3	17.65	4	12.4	2	1
43	19.0	173.0	61.0	49	7.00	13.69	120	100.88	6	18.69	4	6.0	2	1
44	18.9	175.0	70.0	48	7.25	12.71	112	88.57	3	16.72	4	3.0	3	1
45	19.3	165.0	58.0	49	7.00	17.20	84	86.64	5	19.29	4	6.4	2	2
46	18.7	174.0	67.0	49	6.25	13.96	71	83.85	4	19.08	4	7.0	4	2
47	19.3	175.0	53.0	51	6.75	13.30	120	85.69	5	20.23	4	0.3	2	2
48	19.7	172.0	55.0	53	6.25	13.09	13	89.27	5	19.07	4	6.0	4	2
49	19.2	170.0	65.0	50	6.25	14.70	65	82.49	5	18.47	4	0.3	4	2
50	19.4	168.0	61.0	46	7.00	13.63	15	80.93	5	19.32	4	2.6	2	2

解析のポイント

例題 2.1. の解析のポイントは，

1. ドリブル技能テストと反復横跳び，スカットスラスト，ジグザグドリブルの間には，どのような関係があるか．
2. 反復横跳び，スカットスラスト，ジグザグドリブルの成績がよければ（悪ければ），ドリブル技能テストに優れる（劣る）か．
3. ドリブル技能テスト成績を向上させるためには反復横跳び，スカットスラスト，ジグザグドリブルのいずれに注目すべきか

データ入力形式

重回帰分析を行なう際のデータ入力形式は右図の通りである．「従属変数」には従属変数に用いる数値を入力し，以下「独立変数」には従属変数を説明する変数の数値を入力する．行には被験者を入力する．

表 2-2 のデータは大学サッカー選手 50 名のドリブル技能テストと調整力について調べたものである．

表 2-2 のデータを「Excel による健康・スポーツ科学のためのデータ解析入門（出村ら，2001a）」に従い，Excel データとして入力し，ファイル名「表 2-2」として保存する．

2.1. 重回帰分析

Excel の分析ツールによる重回帰分析
操作手順

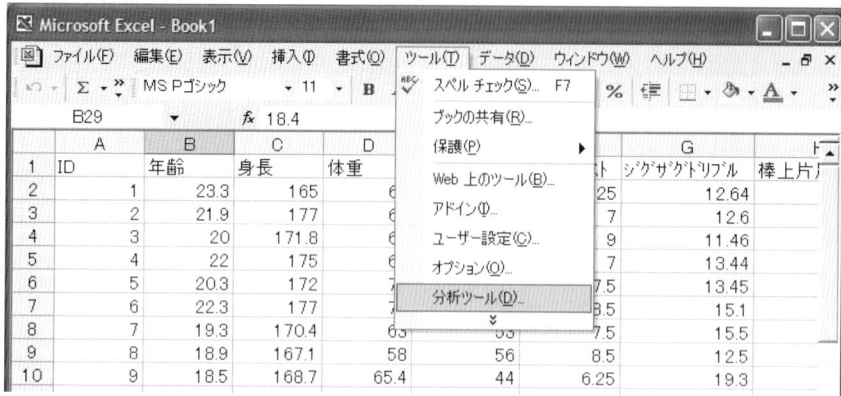

「表 2-2」の大学サッカー選手 50 名のデータファイルを開く.

タスクバーの「ツール (T)」から「分析ツール (D)」をクリックする.

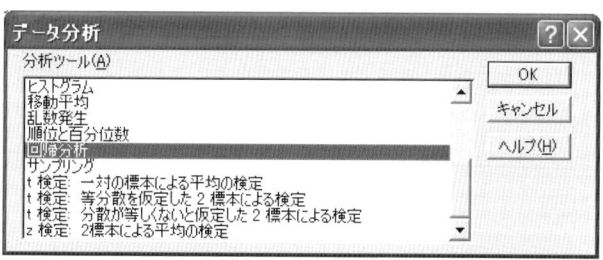

分析ツール (A) のボックスの中から,「回帰分析」を選択し,「OK」をクリックする.

つぎの画面が表示される.

「入力 Y 範囲」に従属変数のラベルとデータを範囲指定する. この例では, K1 から K51 に従属変数のラベルとデータが入力されているので「K1:K51」と入力する.

「入力 X 範囲」に独立変数のラベルとデータを範囲指定する. この例では, E1 から G51 に独立変数のラベルとデータが入力されているので「E1:G51」と入力する.

「□ラベル」: 先頭行は, データラベル(反復横跳び, スカットスラスト, ジグザグドリブル, ドリブル技能テストの名称)なので, ラベルを指定するため, □(チェックボックス) をクリックし, ✓(チェックマーク) を付ける.

「□有意水準」: ここでは 5%に設定するため, □に✓を指定しない.

「□出力オプション」: 新規ブックを選択する.

「□残差」, 「□正規確率」: 残差, 正規確率の各項目を左の画面のように選択する.

「OK」をクリックする.

出力結果と結果の解釈

つぎのような解析結果が得られる．

	A	B	C	D	E	F	G	H	I
1	概要								
2									
3		回帰統計							
4	重相関 R	0.589784							
5	重決定 R2	0.347845							
6	補正 R2	0.305313							
7	標準誤差	1.922559							
8	観測数	50							
9									
10	分散分析表								
11		自由度	変動	分散	観測された分散比	有意 F			
12	回帰	3	90.68846	30.22949	8.178455	0.000181			
13	残差	46	170.0268	3.696235					
14	合計	49	260.7153						
15									
16		係数	標準誤差	t	P-値	下限 95%	上限 95%	下限 95.0%	上限 95.0%
17	切片	6.124989	3.100196	1.975678	0.054208	-0.11538	12.36535	-0.11538	12.36535
18	反復横跳び	0.107537	0.063932	1.68207	0.099333	-0.02115	0.236225	-0.02115	0.236225
19	スカットスラスト	-0.60206	0.390051	-1.54354	0.129553	-1.38719	0.183073	-1.38719	0.183073
20	ジグザグドリ	0.806315	0.177544	4.541481	4.02E-05	0.448937	1.163693	0.448937	1.163693

「係数」に回帰式の回帰係数と切片が示される．この例の場合
$y = 6.1250 + 0.1075x_1 - 0.6021x_2 + 0.8063x_3$ という回帰式が得られたことが読みとれる．

「重相関 R」は，重相関係数を示し，分散分析表の F-値（8.1785）が 0.02% で，5% 水準よりも低く，中程度の有意な値（0.5898）が得られたことを意味する．「重決定 R2」は，寄与率（決定係数）を示し，重相関係数の 2 乗（$0.5898^2 = 0.3478$）である．従属変数に対する独立変数の関与度を示す指標である．「補正 R2」は，自由度調整済み寄与率（決定係数）を指す．重回帰式は，関連の低い項目を投与しても見かけ上，投与する独立変数が多くなれば決定係数は大きくなる．これらを統制するため，自由度調整済み寄与率を用いる．<u>「標準誤差」は，残差の標準偏差（残差の不偏分散の平方根）を示し，方程式の推定精度がわかる．</u>「切片」は，定数項を，「係数」は，偏回帰係数を指す．「t 値」は，偏回帰係数を標準誤差で割った値である．また，「下限，上限」とは，偏回帰係数の区間推定の範囲を示す．

なお，各用語の具体的な説明は，以下の SPSS による分析例の場合もしくは 1 章の用語の説明を参照のこと．ここで注意すべき点は，Excel における重回帰分析では標準偏回帰係数は出力されないが，t 値を用い，独立変数の重要度が判定可能である．

t 値より，ジグザグドリブルが反復横跳び，およびスカットスラストよりドリブル技能を予測するのに重要と判断できる．

「予測値」は，得られた回帰式に実測値を代入したときの値を示し，「残差」は，実測値と予測値の差を表す．

2.1. 重回帰分析

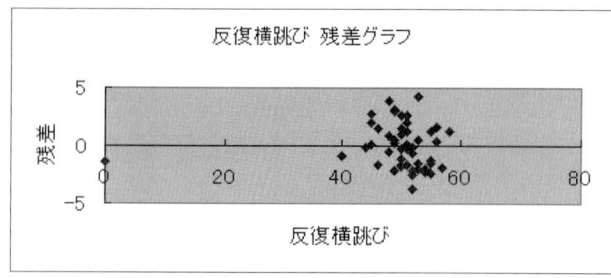

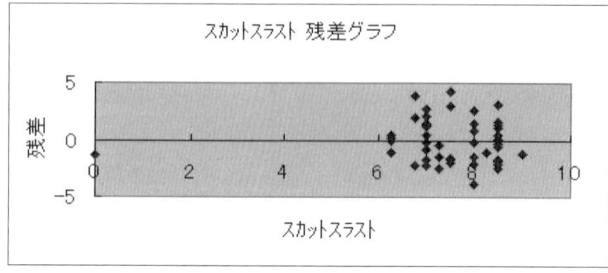

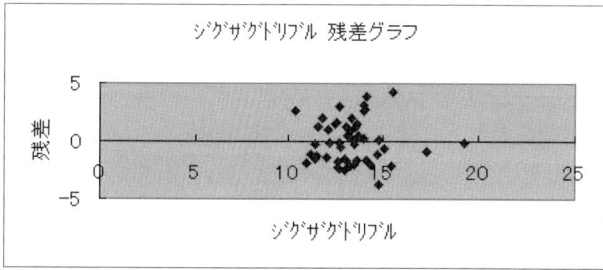

残差出力			
観測値	ドリブル技	残差	標準残差
1	17.86644	-2.41644	-1.29723
2	17.87717	-2.23717	-1.20099
3	15.86139	-1.22139	-0.65568
4	18.12432	-0.22432	-0.12042
5	18.26151	-1.94151	-1.04227
6	18.77479	-0.62479	-0.33541
7	19.80691	4.263085	2.288566
8	17.10853	1.601475	0.859725
9	22.65565	-0.12565	-0.06745
10	18.08134	2.608661	1.400416
11	18.62984	1.190156	0.638915
12	18.59193	3.908069	2.097981
13	17.67295	0.387055	0.207784
14	18.28024	1.27976	0.687018
15	17.09761	-1.75761	-0.94354
16	17.92812	-1.58812	-0.85255
17	15.56561	-1.12561	-0.60426
18	17.16205	0.857946	0.460574
19	18.79361	-3.80361	-2.04191
20	17.07071	3.019295	1.620858
21	18.08655	2.733448	1.467406
22	17.40134	0.068657	0.036858
23	16.68913	-0.16913	-0.0908
24	17.56801	-2.09801	-1.12628
25	18.12446	-1.45446	-0.7808
26	16.20274	1.267264	0.680309
27	16.18387	-1.46387	-0.78585

SPSS による重回帰分析（強制投入法）

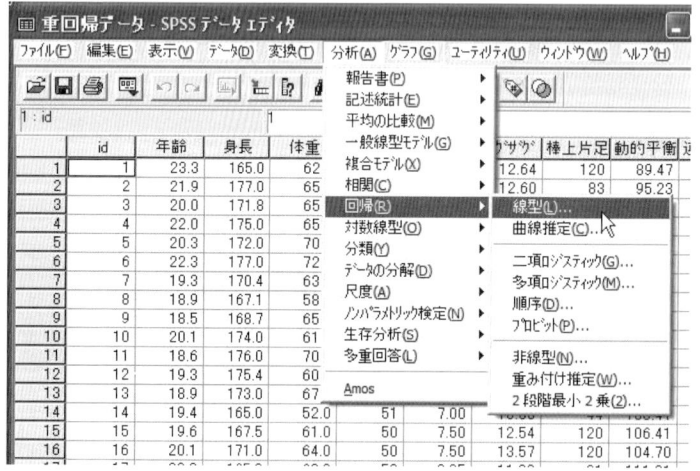

操作手順

「分析 (A)」をマウスでクリックし，「回帰 (R)」から「線型 (L)」を起動する．

2章 データを予測する　23

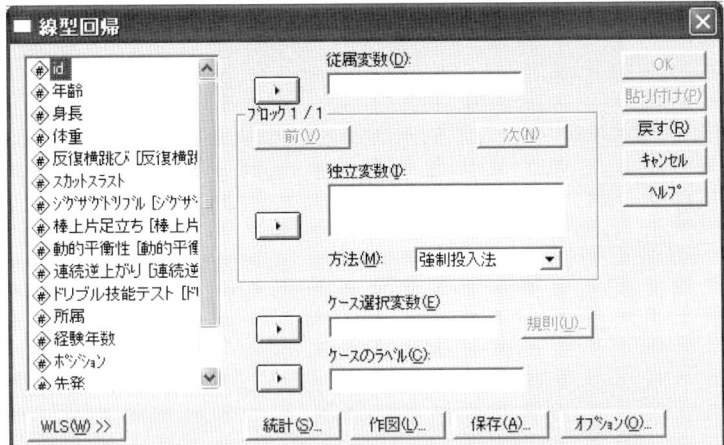

左の画面が表示される．

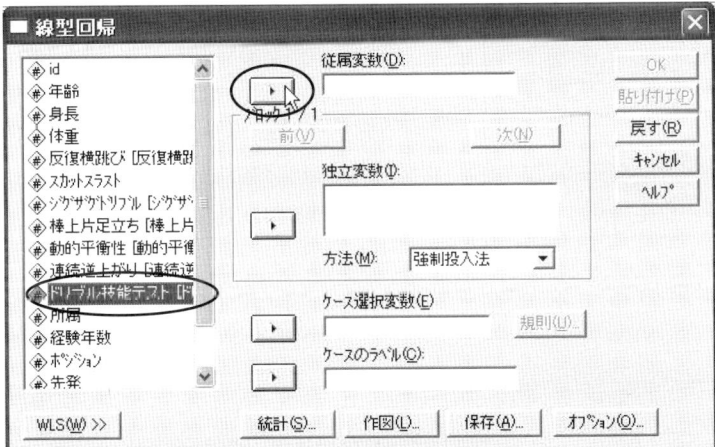

まず，従属変数を選択する．
「ドリブル技能テスト」を選択し（青色に変えてから），▶をクリックする．

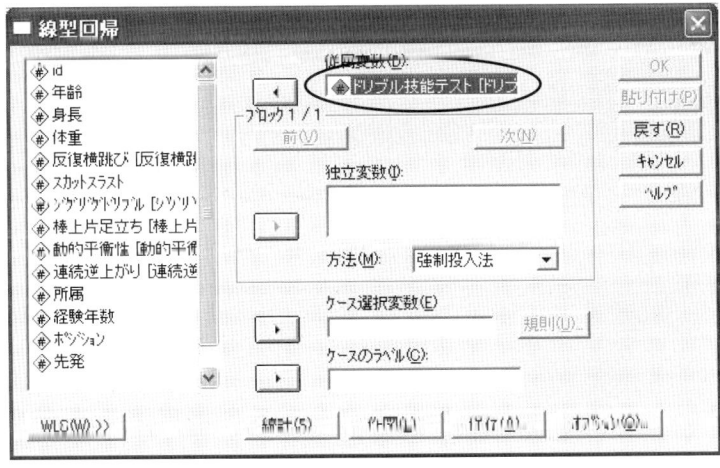

「従属変数（D）」に「ドリブル技能テスト」が加えられる．

24   2.1. 重回帰分析

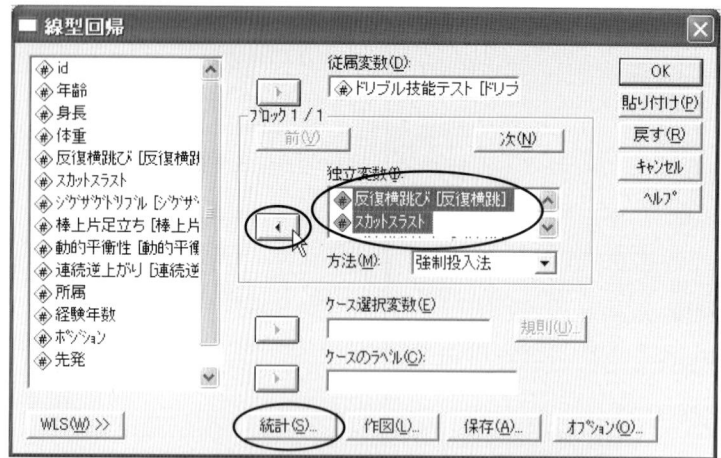

つぎに,「反復横跳び,スカットスラスト,ジグザグドリブル」をドラッグして,同時に選択する.「独立変数 (I)」のダイアログボックス内にある▶ をクリックすると,「独立変数 (I)」のリストに「反復横跳び,スカットスラスト,ジグザグドリブル」が加えられる.

「方法 (M)」はいくつかあるが,ここでは「強制投入法」のまま,つぎの手順に進む.その他の方法については基本的操作手順の表を参照のこと.

重回帰分析に先立ち,偏相関係数の算出,および多重共線性の確認をするために,画面下の「統計 (S)」をクリックすると,左図が現れる.

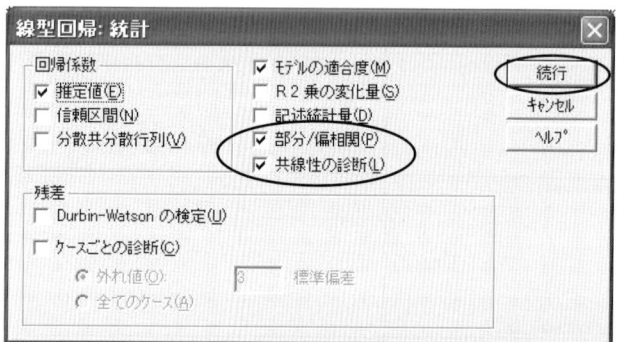

「部分/偏相関 (P)」と「共線性の診断 (L)」の□(チェックボックス)をクリックする.チェックマークが付いたら,「続行」をクリックする.

元のサブメニュー画面に戻ったら,残差の分布が正規分布に従っているか(選択したモデルの仮定や,データが適切であるかどうか)を検定するために,「作図 (L)」をクリックする.

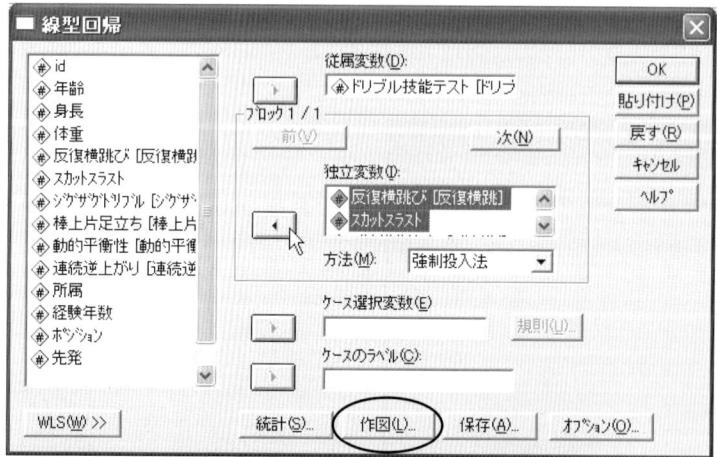

左図のサブメニューが現れたら,「標準化残差のプロット」ダイアログボックス内にある「正規確率プロット (R)」の□(チェックボックス)をクリックする.チェックマークが付いたら,「続行」をクリックする.

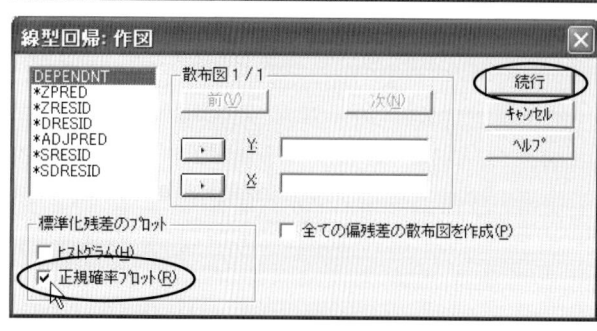

2章 データを予測する　25

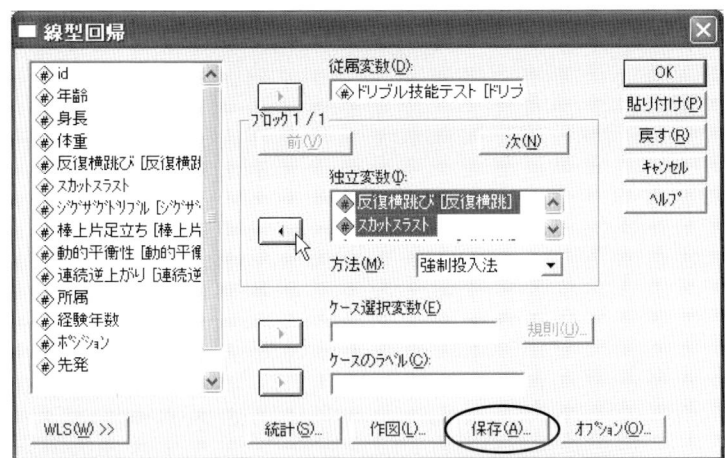

元のサブメニュー画面に戻ったら，外れ値や独立変数の影響力を検定するために，「保存(A)」をクリックする．

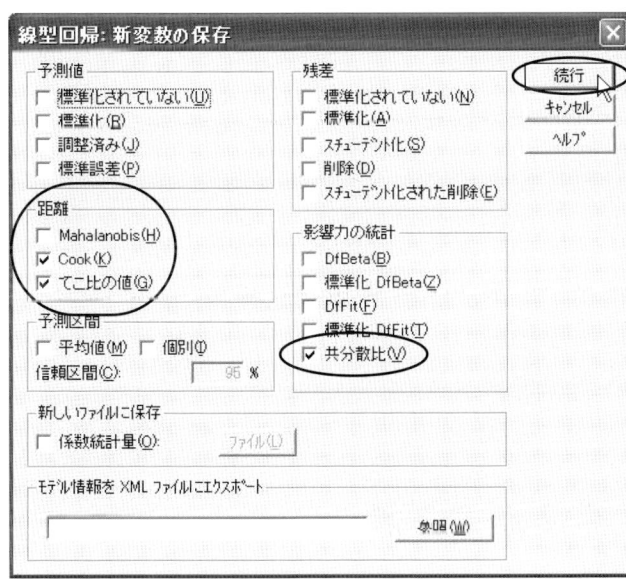

左図が現れる．「距離」ダイアログボックス内にある「Cook (K)」，「てこ比の値 (G)」，「影響力の統計」ダイアログボックス内にある「共分散比 (V)」の□（チェックボックス）をクリックする．チェックマークが付いたら，「続行」をクリックする．

元の画面に戻ったら，「OK」をクリックすると分析が開始される．

投入済み変数または除去された変数[b]

モデル	投入済み変数	除去された変数	方法
1	ジグザグドリブル，反復横跳び，スカットスラスト		投入

a. 必要な変数がすべて投入されました．
b. 従属変数：ドリブル技能テスト

モデル集計[b]

モデル	R	R2乗	調整済みR2乗	推定値の標準誤差
1	.500[a]	.040	.305	1.92256

a. 予測値：(定数)，ジグザグドリブル，反復横跳び，スカットスラスト．
b. 従属変数：ドリブル技能テスト

出力結果と結果の解釈

「投入済み変数または除去された変数」は，重回帰式に投入した独立変数の情報を示す．

ここでは，独立変数にジグザグドリブル，反復横跳び，スカットスラストの3変数，従属変数にドリブル技能テストを強制的に投入したことを意味する．用いた変数の確認に利用する．

「モデル集計」は，以下に述べる重回帰式の当てはまりの良さを検定したものである．Rは重相関係数，R2乗は決定係数を示す．これらは1に近いほど当てはまりが良いことを示す．調整済みR2乗は自由度調整済み決定係数を示す．決定係数は独立変数の数を増やすほど，その変数が有用であるか否かにかかわらず高い値を示す欠点があ

る．そこで，無意味な変数を独立変数として投入したときに，数値が低くなるように自由度で補正した決定係数が自由度調整済み決定係数である．重相関係数は0.590と有意な値を示し，決定係数から独立変数に用いた3変量によってドリブル技能テストを約35%説明することができる．

分散分析[b]

モデル		平方和	自由度	平均平方	F値	有意確率
1	回帰	90.688	3	30.229	8.178	.000[a]
	残差	170.027	46	3.696		
	全体	260.715	49			

a. 予測値：(定数)，ジグザグドリブル，反復横跳び，スカットスラスト．
b. 従属変数：ドリブル技能テスト

「分散分析」は，仮説の検証結果を示している．すなわち，仮説 H_0：求めた重回帰式は予測に役立たないを検定している．有意確率が $P=0.000$ ($P<0.05$) であるので，この仮説 H_0 は棄却される．つまり，以下の係数の結果に示す重回帰式は予測に役立つことを意味する．

係数[a]

モデル		非標準化係数 B	標準誤差	標準化係数 ベータ	t	有意確率	相関係数 ゼロ次	偏	部分	共線性の統計量 許容度	VIF
1	(定数)	6.125	3.100		1.976	.054					
	反復横跳び	.108	.064	.373	1.682	.099	.024	.241	.200	.288	3.471
	スカットスラスト	-.602	.390	-.344	-1.544	.130	-.106	-.222	-.184	.286	3.499
	ジグザグドリブル	.806	.178	.546	4.541	.000	.554	.556	.541	.980	1.021

a. 従属変数：ドリブル技能テスト

「係数」は，得られた重回帰式，標準化係数（＝標準偏回帰係数）とその有意性を示す．得られた重回帰式はBのところをみると，$Y=6.1250+0.108x_1-0.602x_2+0.806x_3$ (x_1：反復横跳び，x_2：スカットスラスト，x_3：ジグザグドリブル）という回帰式が得られたことが読みとれる．標準偏回帰係数をみると，ジグザグドリブルのみ有意確率が0.05より小さく，ドリブル技能テストに大きく影響を与えていると解釈できる．

重回帰分析では，多重共線性の問題がよく取り上げられる．許容度の小さい，またはVIF（変動インフレーション因子）の大きい独立変数は残りの独立変数との間に線型関係が成り立つ可能性がある．この場合は独立変数から除去して再度検定を行なうことが望ましい．ここで，許容度とVIFとの間には，VIF＝1/許容度という関係が成り立っている．

共線性の診断[a]

モデル	次元	固有値	条件指標	分散の比率 (定数)	反復横跳び	スカットスラスト	ジグザグドリブル
1	1	3.958	1.000	.00	.00	.00	.00
	2	.033	10.979	.02	.04	.08	.17
	3	.005	27.746	.94	.00	.07	.83
	4	.004	30.659	.03	.96	.85	.00

a. 従属変数：ドリブル技能テスト

「共線性の診断」により，共線性が存在するか確認することができる．すなわち，条件指標が大きい場合，独立変量間の共線性の可能性があるとみられる．この例では4番目の条件指標が30.659と特に高くなっており，その分散の比率をみると，反復横跳び（0.96），スカットスラスト（0.85）の比率が高い．よって，反復横跳びとスカットスラストの間には共線性がある可能性が考えられる．

残差統計量[a]

	最小	最大	平均値	標準偏差	N
予測値	15.5656	22.6556	17.7390	1.36044	50
標準化予測値	-1.598	3.614	.000	1.000	50
予測値の標準誤差	.27775	1.79245	.48808	.24217	50
調整済み予測値	15.3151	24.5846	17.9161	1.65840	50
残差	-3.8036	4.2631	.0000	1.86278	50
標準化残差	-1.978	2.217	.000	.969	50
スチューデント化された残差	-2.025	2.299	-.025	1.028	50
削除された残差	-10.1146	4.5834	-.1771	2.42941	50
スチューデント化された削除ケース残差	-2.099	2.417	-.022	1.045	50
マハラノビス距離	.043	41.612	2.940	6.122	50
Cookの距離	.000	6.015	.134	.849	50
中心てこ比の値	.001	.849	.060	.125	50

a. 従属変数: ドリブル技能テスト

「残差統計量」は，得られた重回帰式からの予測値，予測値と実測値との差（残差），外れ値などの情報を示す．いずれも最小，最大，平均値，および標準偏差が得られる．<u>Cookの距離，中心てこ比の値が大きいとその値のデータは外れ値の可能性が高い．</u>

標準化された残差の回帰の正規P-Pプロット
従属変数：ドリブル技能テスト

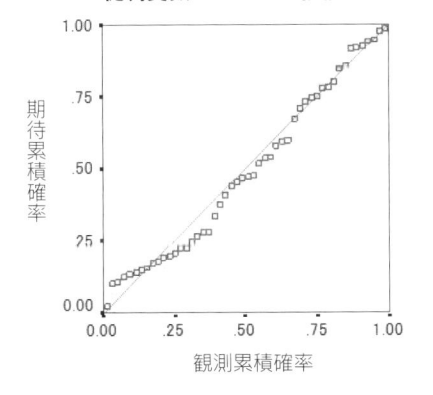

「標準化された残差の回帰の正規 P-P プロット」は，残差の分布が正規分布に従っているかを調べるものである．重回帰分析では，残差は標準正規分布 $N(0, 1)$ に従っていることを前提としている．よって，このグラフ表現によるチェックは重要である．<u>対角にある正規直線にプロットが集まり，正規直線の仮定が成り立てば，実測値と予測値の分布が一致していることを示す．</u>因みに，今回の結果はほぼ直線関係が成り立っていると仮定できる．

結果のまとめ

例題 2.1. の結果をまとめると以下のようになる．

1. 強制投入法による重回帰分析の結果，ドリブル技能テストと反復横跳び，スカットメラメト，ジグザグドリブル間の関係は高い．
2. ジグザグドリブルの成績がよければ，ドリブル技能テストに優れる．
3. ドリブル技能テスト成績を向上させるためにはジグザグドリブルを高めることが重要である．

最近の論文例

長澤吉則，出村慎一，山次俊介，島田茂：中・高年者における筋力発揮調整能と体力との関係及びその性差．体力科学，50 (4)：425-436，2001.

2.1.2. 変数選択法（変数増減法，変数減増法，変数増加法，変数減少法）

重相関係数は，独立変数の個数が増加するにつれてその値も増加する．従属変数とは本質的に無関係な，不要な独立変数を含んだ場合でも個数が多い場合は重相関係数が高くなる．重相関係数を高くするためには，<u>独立変数の数を増す</u>．しかし，不要な独立変数の数を増やすと，予測精度が悪く，回帰係数が不安定になる（独立変数を1つでも変えて再解析すると偏回帰係数の値が大きく変わる）．重回帰分析を行なう場合，サンプルサイズは 50 以上，できれば <u>100 以上</u>，独立

変数は用いたサンプルサイズの 10 分の 1 以下程度に抑えるのが望ましい.
このように，重回帰式に含める独立変数を選択する適切な基準が必要となる．ここでは，独立変数の選択方法と最適な独立変数の個数の決定について解説する．

① 総当たり法

総当たり法は，すべての独立変数の組み合わせについて回帰式を作成し，どの回帰式が良いかを検討する方法である．P 個の独立変数がある場合，2^P-1 通りの回帰式を作成する．仮に，独立変数が 10 個の場合，1,023 通りのすべてについて計算する必要がある．このように独立変数が多い場合は実用性に乏しく，独立変数が 4 ないし 5 までが実際の利用限界であろう．選択の基準としては，自由度調整済み重相関係数，もしくは自由度再調整済み重相関係数が最大となる変数の組み合わせを採用すればよい．

② 逐次選択法

逐次選択法は，各偏回帰係数の有意性に基づいて，有効な変数と不要な変数とを振り分ける方法である．この方法には，**変数増加法**，**変数減少法**，これらの欠点を修正した**変数増減法（ステップワイズ法）**，**変数減増法**の 4 つの方法がある．

変数増加法は，適切な基準により独立変数を 1 つずつ重回帰式に加えていく方法であり，変数減少法は，その反対に，すべての独立変数を用いた分析から 1 つずつ変数を減らしていく方法である．

変数増加法では，いったん重回帰式に含めた変数は，新たな変数の追加によって回帰への寄与がほとんどなくなっても除外されることがない．そこで，この欠点を修正する方法として，いったん回帰式に含めた変数であっても，ある基準を満たさなくなった場合，重回帰式から除外するようにする変数増減法がある．

同様に，変数減少法の欠点を補ったものに変数減増法がある．

以上のいずれの方法も，長所，短所があり，変数選択の基準によっては，いずれを用いても同様の結果が得られることもあるし，全く異なる結果になる場合もある．現在のところは，解析者が統計的な変数選択の基準に，技術的・学識的な経験を加えて，変数選択を行なう方法が一般的である．

変数選択の基準にはいくつかの方法が提唱されており，ここでは F 検定による変数選択について説明する．

1）F 検定による変数選択

独立変数が従属変数の予測（説明）に役立つか否かは，統計量のうち F 値を利用する．F 値は次のように求められる．

F 値＝{(偏回帰係数)／(偏回帰係数の標準誤差)}^{2}

F 値が自由度 (1, n−k−1) (n：標本数，k：独立変数の個数)

この F 値について有意性を判定し，有意ならば有効，有意でなければ不要な変数と判定する．有意か否かの判定には，p 値 (5%) がよく利用されるが，実用的ではなく，通常 F 値が 2 以上ならば有効，2 未満ならば不要な変数として変数の選択を行なうことが多い．ただし，この基準は経験的な目安であるので，変更してもかまわないが，その際，F 値の基準を下げると有効な変数を見落とし，不要

な変数を選択する危険性が増す.

SPSSでは,前項で示した強制投入法(強制除去法)のほか,逐次選択法として,変数増加法,変数減少法,変数増減法(ステップワイズ法)が方法として選択できる.いずれも上記の長所,短所を理解した上で利用することが要求される.ここでは変数増減法を例に取り上げる.因みに,強制投入法による回帰式は,Y=$6.1250+0.108x_1-0.602x_2+0.806x_3$ (x_1:反復横跳び,x_2:スカットスラスト,x_3:ジグザグドリブル)であり,反復横跳び,スカットスラストはあまり予測に貢献していなかった.

例題 2.2.
　表2-2のデータを利用して,ドリブル技能テスト(y)を従属変数,反復横跳び(x_1),スカットスラスト(x_2),およびジグザグドリブル(x_3)の3テストを独立変数として逐次選択法(変数増減法)による重回帰分析を行なえ.

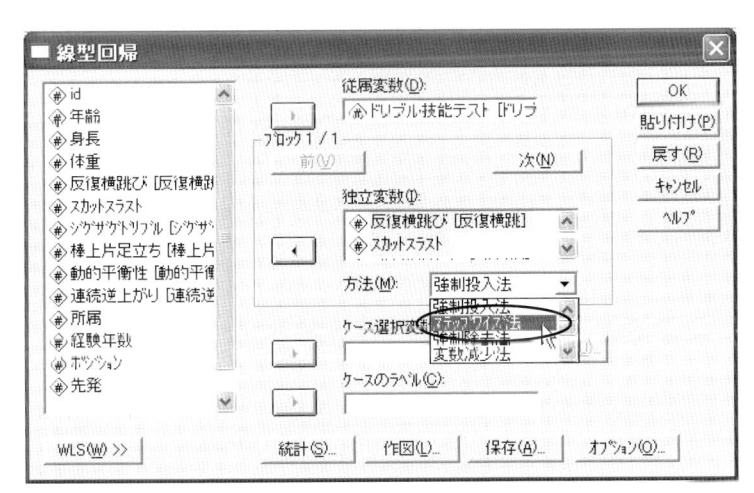

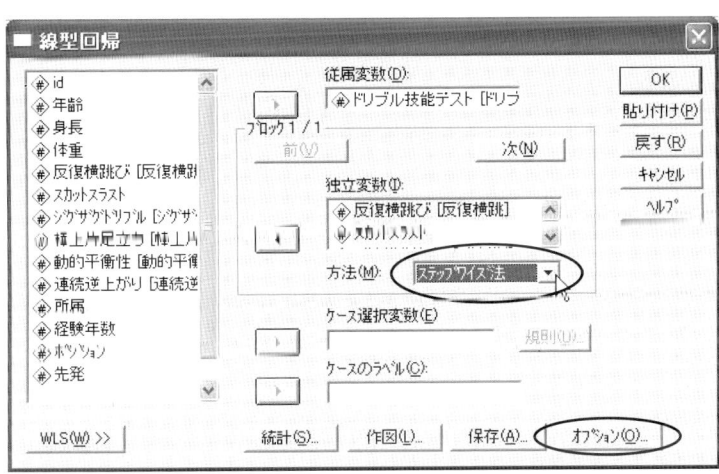

解析のポイント

例題 2.2.の解析のポイントは,
1. ドリブル技能テストを予測するには独立変数に反復横跳び,スカットスラスト,ジグザグドリブルのいずれの変数を用いるのが最適か.
2. ドリブル技能テスト成績を向上させるためには反復横跳び,スカットスラスト,ジグザグドリブルのいずれに注目すべきであろうか.

データ入力形式

強制投入法による重回帰分析の場合と同様

SPSSによる重回帰分析(変数増減法=ステップワイズ法)

操作手順

従属変数および独立変数の設定,重回帰分析に先立つ偏相関係数の算出および多重共線性の確認,残差の分布,外れ値や独立変数の影響力の設定や操作手順は,

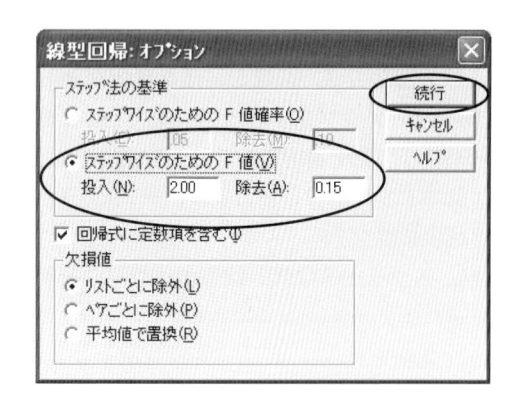

2.1.1.SPSS による重回帰分析（強制投入法）の場合とほとんど変わらない．操作手順の線型回帰の方法を選ぶ際に，「ステップワイズ法」を選択することで，結果が得られる．

すべての設定が終わり，「方法（M）」より，「ステップワイズ法」を選択する．その他の方法の特徴については「基本的操作手順」の表を参照のこと．

前ページ下図の画面になったら，「オプション（O）」をクリックする．

すると，左の画面が現れる．「ステップワイズのためのF-値（V）」のトグルボタンをクリックして選択し，「投入（N）」に 2.00 を，「除去（A）」に 0.15 を入力して「続行」をクリックする．

ここで，変数として組み込んだデータに欠損値がある場合，その対処法を 3 つの方法の中から選択することができる．この例では，50 名いずれの変数にも欠損値がないので，デフォルトのまま「リストごとに除外（L）」を選択し，「続行」をクリックする．

前ページ下図の画面に戻ったら，「OK」をクリックすると分析が開始される．

出力結果と結果の解釈

「投入済み変数または除去された変数」は，重回帰式に投入した独立変数の情報を示す．

ここでは，独立変数にジグザグドリブル，従属変数にドリブル技能テストが選択されたことを意味する．つまり，強制投入法であまり予測に貢献しなかった反復横跳び，スカットスラストの 2 変数は除外されたことを示す．

「モデル集計」は，以下に述べる重回帰式の当てはまりの良さを検定したものである．R は重相関係数，R2 乗は決定係数を示す．重相関係数は 0.554 と有意な値を示し，決定係数から独立変数に用いたジグザグドリブルによってドリブル技能テストを約 31% 説明することができる．強制投入法の場合の決定係数は約 35% であり，それほど大差はない．また，推定値の標準偏差 1.94 は，強制投入法の場合の 1.92 と比べ大差がない．

「分散分析」は，仮説の検証結果を示している．有意確率が $P=0.000$ ($P<0.05$) であるので，以下の係数の結果に示す重回帰式は予測に役立つことを意味する．

「係数」は，得られた重回帰式，標準化係数（＝標準偏回帰係数）とその有意性を示す．得られた重回帰式は B のところをみると，$Y=6.863+0.818x_1$ (x_1：ジグ

ザグドリブル）という回帰式が得られたことが読みとれる．標準偏回帰係数をみると，有意確率が 0.05 より小さく，ドリブル技能テストに大きく影響を与えていると解釈できる．許容度，VIF の説明は，前項で詳細に説明しており，ここでは 1 変数しか選択されていないので共線性は無視できる．

係数[a]

モデル	非標準化係数 B	標準誤差	標準化係数 ベータ	t	有意確率	相関係数 ゼロ次	偏	部分	共線性の統計量 許容度	VIF
1 (定数)	6.863	2.375		2.890	.006					
ジグザグドリブル	.818	.177	.554	4.611	.000	.554	.554	.554	1.000	1.000

a. 従属変数 ドリブル技能テスト

「除外された変数」は，投入した独立変数のうち，選択されず除外されたものを示す．この例では，反復横跳びとスカットスラストが，ドリブル技能テストを予測するのに相応しくない変数のため，除外されたことを意味する．投入された場合の標準偏回帰係数をみると，有意確率が 0.05 より大きく，ドリブル技能テストにほとんど影響を与えていないと解釈できる．

除外された変数[b]

モデル	投入されたときの標準回帰係数	t	有意確率	偏相関	共線性の統計量 許容度	VIF	最小許容度
1 反復横跳び	.085[a]	.699	.488	.101	.988	1.012	.988
スカットスラスト	-.028[a]	-.232	.817	-.034	.980	1.020	.000

a. モデルの予測値: (定数), ジグザグドリブル．
b. 従属変数 ドリブル技能テスト

共線性の診断[a]

モデル	次元	固有値	条件指標	分散の比率 (定数)	ジグザグドリブル
1	1	1.993	1.000	.00	.00
	2	.007	17.253	1.00	1.00

a. 従属変数 ドリブル技能テスト

残差統計量[a]

	最小	最大	平均値	標準偏差	N
予測値	15.3260	22.6447	17.7390	1.27704	50
標準化予測値	-1.888	3.839	.000	1.000	50
予測値の標準誤差	.27439	1.09882	.36157	.14229	50
調整済み予測値	15.0220	22.6989	17.7442	1.30053	50
残差	-3.9341	4.5326	.0000	1.92031	50
標準化残差	-2.028	2.336	.000	.990	50
スチューデント化された残差	-2.067	2.410	-.001	1.009	50
削除された残差	-4.0875	4.8241	-.0052	1.99750	50
スチューデント化された削除ケース残差	-2.143	2.544	.003	1.026	50
マハラノビス距離	.000	14.736	.980	2.278	50
Cook の距離	.000	.187	.020	.034	50
中心てこ比の値	.000	.301	.020	.046	50

a. 従属変数 ドリブル技能テスト

「共通性の診断」は，選択された独立変数が，ジグザグドリブルの 1 変数のみであるので無視できる．

「残差の統計量」および「標準化された残差の回帰の正規 P-P プロット」については前項（強制投入法）に示すとおりである．

重回帰分析では，上記の方法以外にも以下のような実際的な考え方も適用可能である．例えば，サッカーのドリブル技能テストに基礎体力がいかに関与しているかを検討する場合を考えてみる．サッカーのドリブル技能テストに関与する基礎体力として，体格，筋機能，関節機能，神経機能，心肺機能の 5 領域から，それぞれ 2 項目（身長・体重，握力・脚筋力，長座体前屈・伏臥上体そらし，全身反応時間・

標準化された残差の回帰の正規P-Pプロット従属変数：ドリブル技能テスト

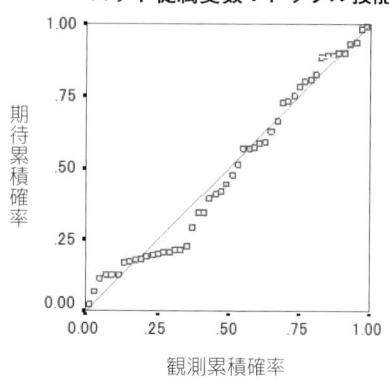

反復横跳び，12分間走・最大酸素摂取量）の計10項目を選択し，測定値を得た．

各領域から項目を選択することに関心がなく，サッカーのドリブル技能テストに直接関与する項目に関心がある場合は，10項目すべてを独立変数として，ステップワイズ法を利用する．その結果，身長，脚筋力，最大酸素摂取量の3つが選択され，これら3つの独立変数でサッカーのドリブル技能テストを約58%説明可能という結果が得られたとする．この場合，数少ない変数で測定可能であるが，最大酸素摂取量を毎回測定することは実用性に欠ける．そこで，最大酸素摂取量の代わりに12分間走を投入して，身長，脚筋力，12分間走で強制投入法を実施した結果，これら3つの独立変数でサッカーのドリブル技能テストを約50%説明可能という結果が得られたとする．推定精度は約8%（58%-50%）落ちるが，実用性に優れるので，身長，脚筋力，12分間走を選択することとする．

また，各領域から項目を選択することに関心があれば，サッカーのドリブル技能テストに関与が高い（相関が高い）項目を各領域から1項目ずつ選択し，5項目すべてを独立変数として，強制投入法を利用する．仮に，身長，脚筋力，長座体前屈，反復横跳び，最大酸素摂取量の5つが選択されたとする．これら5つの独立変数でサッカーのドリブル技能テストを約64%説明可能という結果が得られたとする．この場合，数少ない変数で測定可能であるが，上記のステップワイズ法と同様に，最大酸素摂取量を毎回測定することは実用性に欠ける．そこで，最大酸素摂取量の代わりに12分間走を投入して，身長，脚筋力，長座体前屈，反復横跳び，12分間走で強制投入法を実施した結果，これら5つの独立変数でサッカーのドリブル技能テストを約54%説明可能という結果が得られたとする．推定精度は約10%（64%-54%）落ちるが，実用性に優れる．よって，身長，脚筋力，長座体前屈，反復横跳び，12分間走を選択して，サッカーのドリブル技能テストを推定することとする．

結果のまとめ

例題の結果をまとめると以下のようになる．

1．ステップワイズ法による重回帰分析の結果，ドリブル技能テストを予測するには独立変数にジグザグドリブルを用いるのが最適である．
2．ドリブル技能テスト成績を向上させるためにはジグザグドリブルに注目すべきである．

最近の論文例

1．長澤吉則，出村慎一，山次俊介ほか：高年者における筋力発揮調整能と体力との関係及びその性差．体力科学，50（4）：425-436，2001．

（長澤吉則・出村慎一）

引用・参考文献

1) 出村慎一：例解　健康・スポーツ科学のための統計学　改訂版．大修館書店，2004．
2) 出村慎一，小林秀紹，山次俊介：Excel による健康・スポーツ科学のためのデータ解析入門．大修館書店，2001a．
3) 出村慎一：健康・スポーツ科学のための統計学入門．不昧堂出版，2001b．
4) 柳井晴夫，高木廣文，市川雅教ほか：多変量解析ハンドブック．現代数学社，1986．
5) 田中　豊，垂水共之：Windows 版統計解析ハンドブック多変量解析．共立出版，1995．
6) 田中　豊，垂水共之，脇本和昌：パソコン統計ハンドブックⅡ多変量解析編．共立出版，1984．
7) 木下栄蔵：わかりやすい数学モデルによる多変量解析入門．啓学出版，1987．
8) 菅　民郎：初心者がらくらく読める多変量解析の実践（上）．現代数学社，1993．
9) 奥野忠一，久米均，芳賀敏郎ほか：多変量解析法（改訂版）．日科技連，1981．
10) 奥野忠一，芳賀敏郎，矢島敬二ほか：続多変量解析法．日科技連，1976．
11) 石村貞夫：SPSS による多変量データ解析の手順．東京図書，1998．
12) 石村貞夫：すぐわかる多変量解析．東京図書，1992．
13) 石村貞夫：すぐわかる統計処理．東京図書，1994．
14) 石村貞夫，デズモンド・アレン：すぐわかる統計用語．東京図書，1997．
15) 海保博之：心理・教育データの解析法 10 講基礎編．福村出版，1985．

2.2. ロジスティック回帰分析（多重ロジスティック回帰分析）

　重回帰分析が，従属変数と独立変数との関係を調べ，関係式を作成し，結果の予測や独立変数の従属変数に及ぼす影響度，あるいは独立変数の大きさなどを明らかにする手法であることはすでに述べた．従属変数（外的基準変数）が，何らかの事象の有無のような **0/1 型のデータ** の場合，重回帰式を利用すると，予測値は負の値や 1 以上の値をとるので望ましくない．このような場合については（1）式のような **ロジスティックモデル** が適用される．何らかの事象の発生率（P）と非発生率（＝1－発生率）の比が **オッズ** であり，オッズの対数をとった値（対数オッズ）について，幾つかの重みと独立変数の積からなる式を考えるのがロジスティックモデルである．

$$\log\left(\frac{P}{1-P}\right) = b_0 + b_1 X_1 + b_2 X_2 \cdots + b_p X_p = \lambda \tag{1}$$

　この変形が，0〜1 の範囲の値をとる（2）式のロジスティック関数となる．P は，

$$P=\frac{1}{1+\exp(-\lambda)}=\frac{1}{1+\exp\{-(b_0+b_1X_1+b_2X_2+\cdots+b_pX_p)\}} \quad (2)$$

判別分析（本章 2.4.）では判別得点の正負により 2 群に分類する．しかし，判別分析では求めた判別得点が従属変数（外的基準変数）の値をとる可能性はどのくらいの大きさになるか，すなわち，独立変数の変化の程度が従属変数のリスクとしてどのような変化をもたらすのかに関する情報は提示しない．

(1) 式の右辺は，判別分析の判別得点を求める式と同じ形であることを確認されたい．すなわち，(3) 式のように変形できる．すなわち，λ は判別得点である．

$$P（発生率）=\frac{1}{1+\exp[-判別得点]} \quad (3)$$

判別得点が 0 の場合には発生率は 0.5 となる．判別得点が負で大きい場合には，発生率は 0 に近似し，判別得点が正で大きい場合には，発生率は 1 に近似する．発生率と判別得点の関係を図示すると図 2-1 のような S 字状の曲線が描かれる．この曲線はロジスティック曲線と呼ばれる．

実際の計算では，上式のように各独立変数の重みを求める必要がある．判別分析の結果をそのまま用いることもできるが，一般には最尤法を利用する．

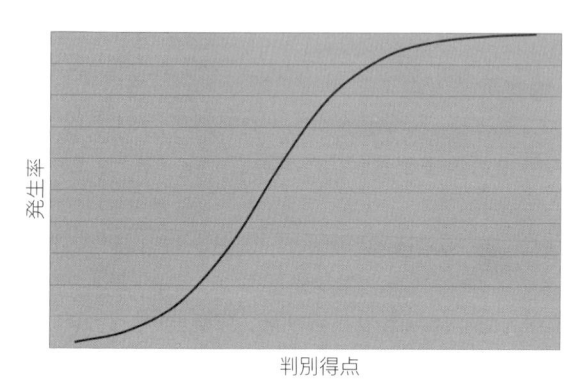

図 2-1 ロジスティック曲線

用語の説明

　オッズ比：ある事象が発生する確率を P としたとき，P/(1－P) はオッズ比であり，ある事象の起こる確率と起こらない確率の比である．ある事象の発生確率が極めて低い場合には，オッズ比とリスク比はほぼ等しくなる（SPSS では Exp (B) で表される）．その対数をとった log {P/(1－P)} は**ロジット**または**対数オッズ**と呼ばれる．

基本的分析手順

　ロジスティック回帰分析における一般的な分析手順（分析内容）は以下のとおりである．また，*で示した手法については重回帰分析（本章 2.1.）および判別分析（本章 2.4.）を参照のこと．

ロジスティック回帰分析の基本的分析手順

事前準備	データの吟味（欠損値，矛盾回答など）	ロジスティック回帰分析に用いるデータ
	各変数の基礎統計値の算出	従属変数：0/1 独立変数：定量変数，連続データ

ロジスティック 関数の算出	－2対数尤度	モデルのあてはまりの程度
	擬R2乗統計量	R2乗統計量を正確に計算できないため代わりの近似値．重相関係数と同様に解釈する

ロジスティック 関数算出の手法	強制投入法	独立変数を全て投入して、ロジスティック関数を算出する
	*ステップワイズ法	独立変数を1つずつ投入、または排除してロジスティック関数を算出する．貢献度の低い変数を排除して、ロジスティックを算出することができる．変数増加法、減少法、増減法、および減増法の4種類ある．

分析結果の解釈	有意水準	設定した有意水準が従属変数の説明に役立っているかどうかを判断する．有意性が認められた独立変数についてオッズ比を確認する．
	Exp（B）	オッズ比のこと．ある事象の起こる確率と起こらない確率の比

2.2.1. ロジスティックモデルのあてはめ

表2-3のデータをExcelデータとして入力し、ファイル名「表2-3」として保存する．

表2-3 先発選手（群1）と控え選手（群2）の各データ

ID	群	身長	ドリブル技能テスト	経験年数	ID	群	身長	ドリブル技能テスト	経験年数
1	1	165.0	15.45	13.00	26	1	172.0	17.47	10.10
2	1	177.0	15.64	11.40	27	1	175.0	14.72	5.00
3	1	171.8	14.64	9.40	28	1	172.0	16.24	6.00
4	1	175.0	17.90	11.80	29	1	172.0	14.58	12.00
5	1	172.0	16.32	8.10	30	2	178.0	14.14	8.00
6	1	177.0	18.15	13.00	31	1	175.0	18.30	8.00
7	2	170.4	24.07	2.60	32	2	175.0	14.47	7.10
8	2	167.1	18.71	9.10	33	1	170.0	17.17	0.00
9	2	168.7	22.53	5.10	34	1	169.9	18.20	6.00
10	2	174.0	20.69	6.10	35	1	171.5	15.30	8.20
11	2	176.0	19.82	9.00	36	2	163.0	15.37	8.00
12	2	175.4	22.50	9.10	37	2	170.0	20.65	7.20
13	2	173.0	18.06	8.00	38	2	171.0	18.25	9.10
14	2	165.0	19.56	5.00	39	1	175.0	17.54	7.00
15	2	167.5	15.34	9.00	40	1	164.0	19.25	4.30
16	2	171.0	16.34	6.00	41	1	181.5	16.57	10.40
17	2	165.0	14.44	9.00	42	1	176.0	17.65	12.40
18	2	176.5	18.02	5.00	44	1	173.0	18.69	6.00
19	2	165.0	14.99	11.00	43	1	175.0	16.72	3.00
20	2	170.0	20.00	5.50	45	2	165.0	19.29	6.40
21	2	171.0	20.82	12.00	46	2	174.0	19.08	7.00
22	2	171.0	17.47	9.00	47	2	175.0	20.23	0.30
23	2	173.5	16.52	9.30	48	2	172.0	19.07	6.00
24	1	170.0	15.47	5.70	49	2	170.0	18.47	0.30
25	1	174.0	16.67	13.10	50	2	168.0	19.32	2.60

2.2. ロジスティック回帰分析（多重ロジスティック回帰分析）

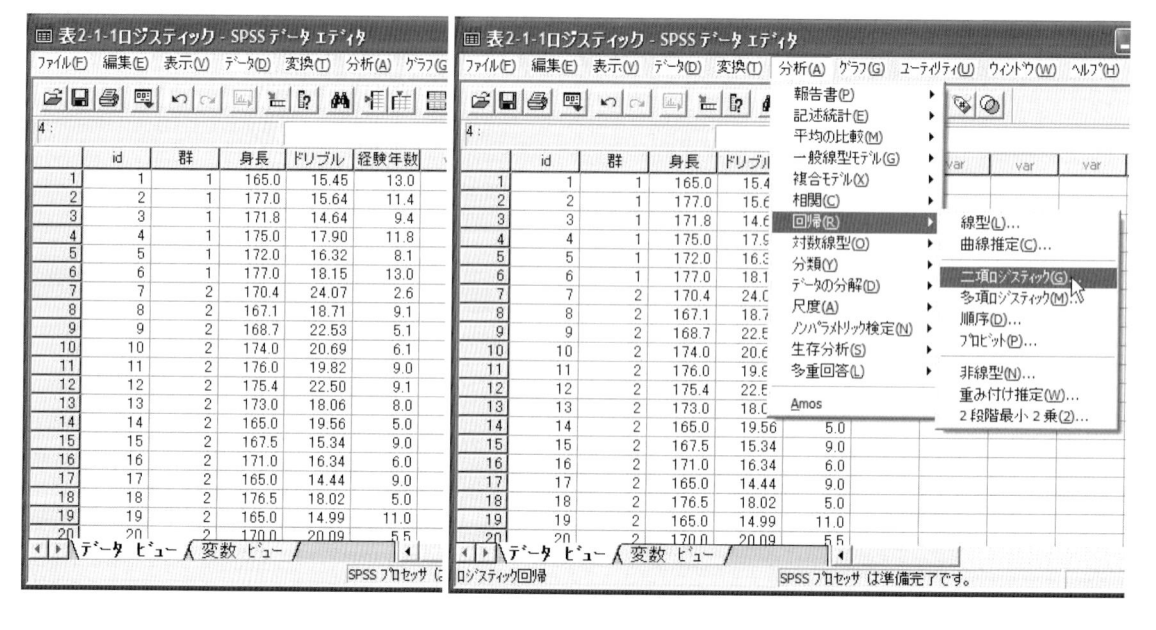

例題 2.3.
　大学サッカー選手 50 名について，各人の身長，ドリブル技能テスト，経験年数を調べた（表 2-3）．このデータを利用して，半年後の先発・控え：群 (y) を従属変数，身長 (X1)，ドリブル技能テスト (X2)，および経験年数 (X3) の 3 テストを独立変数としてロジスティック回帰分析を行ないなさい．

	従属変数	独立変数		
		変数1	変数2	変数3
	名義尺度	連続変数	連続変数	連続変数
被験者 1 2 3 4 5 :	↓	↓	↓	↓

解析のポイント

例題 2.3.のポイントは，
1. 身長，ドリブル技能テスト，経験年数の各変数は，試合の先発出場と関係するか．
2. いかなる測定変数が先発出場の可能性を予測できるか．また，その際の確率はどの程度か．

データ入力形式

　ロジスティック回帰分析を行なう際のデータ入力形式は左図のとおりである．従属変数と独立変数を横並びに入力する．必ずしも，従属変数が1列目でなければいけないという制約はない．
　表 2-3 は，サッカー選手 50 名の群（先発・控え），身長，ドリブル技能テストおよびサッカー経験年数の各変数に関するデータである．先発・控えの「群」変数は，先発を 1，控えを 2 とする 2 値の質的変数である．他の変量の単位は，身長：cm，ドリブル技能テスト：秒，経験年数：年であり，量的変数である．

操作手順

事前処理

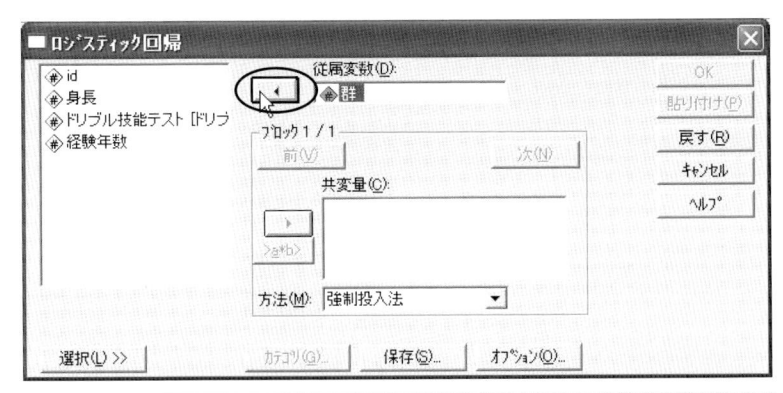

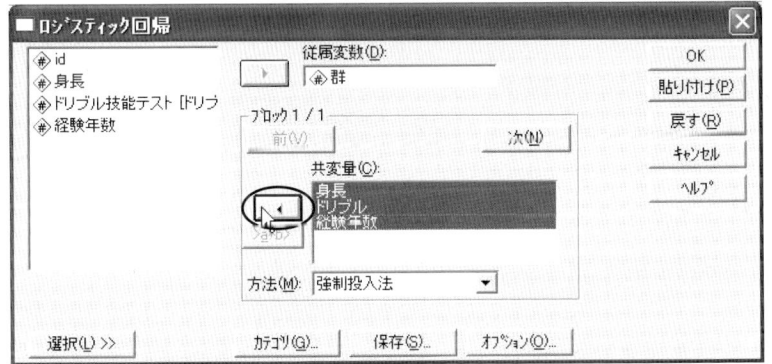

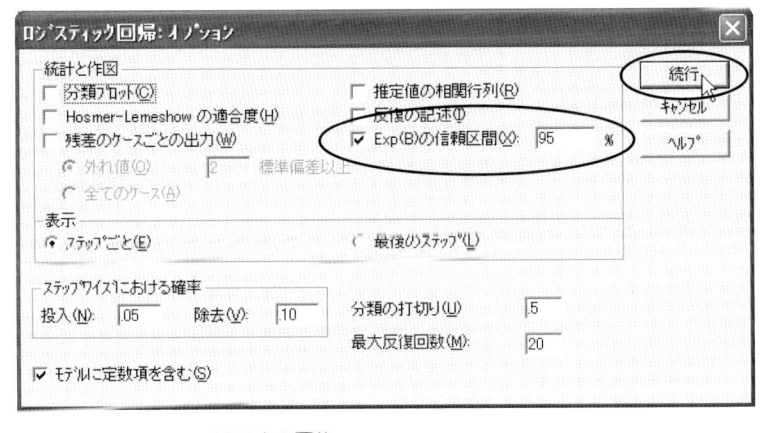

「表2-3」の大学サッカー選手50名のデータファイルを開く．

タスクバーの「分析（A）」から「回帰（R）」，「二項ロジスティック（G）」を選択する．

左の枠内から「群」を選択し，「従属変数（D）」の矢印をクリックする．

この例では，身長，ドリブル技能テスト，経験年数の3項目が独立変数である．

この3項目を左枠内から選択し「共変量（C）」の矢印をクリックする．

「オプション（D）…」をクリックし，「ロジスティック回帰オプション」パネルで「Exp（B）の信頼区間（X）」をチェックする（デフォルトは95%）．

「続行」をクリックし，上述のメインパネルに戻り，「OK」をクリックする．

モデルの要約

ステップ	−2対数尤度	Cox & Snell R2乗	Nagelkerke R2乗
1	55.140	0.236	0.316

出力結果と結果の解釈

ここでは3つの独立変数による従属変数の説明を分析している．確認する解析結果は「分類表」および「方程式中の変数」である．

−2対数尤度および擬R2乗統計量が各ステップで計算される（ここでは1ステップのみ）．ロジスティック回帰モデルについては線型回帰のようにR2乗統計量を正確に計算できないため代わりに近似値を計算する．

次ページの「分類表」を使用すると，観測応答カテゴリと予測応答カテゴリのクロス表を作成することでモデルのパフォーマンスを評価することができる．観測値と予測値のクロス表となるが，左上および右下の各セルの度数が高いほど良いモデルと言える．

分類表[a]

			予測値		
			群		正分類パーセント
観測値			1	2	
ステップ1	群	1	15	7	68.2
		2	6	22	78.6
	全体のパーセント				74.0

a. 分割値は .500 です

方程式中の変数

		B	標準誤差	Wald	自由度	有意確率	Exp(B)	Exp(B)の95.0%信頼区間	
								下限	上限
ステップ1	身長	-.154	.088	3.022	1	.082	.858	.721	1.020
	ドリブル	.376	.174	4.657	1	.031	1.456	1.035	2.048
	経験年数	-.144	.120	1.446	1	.229	.866	.685	1.095
	定数	21.177	14.897	2.021	1	.155	1.574E+09		

a. ステップ1: 投入された変数 身長, ドリブル, 経験年数

「方程式中の変数」において, Bは回帰係数, Waldは検定統計量("仮説H_0: 当該変数は予測に役立たない"の検定)であり, $\log(P/(1-P)) = 21.177 - 0.154x_1 + 0.376x_2 - 0.144x_3$というロジスティック回帰式が得られたことが読みとれる.

Exp (B) はオッズ比であり, 独立変数の単位増加量に対するオッズ比の予測される変化である. すなわち, 独立変数の1単位の増加によってどれだけリスク(オッズ比)が増加するかを示している.

Exp (B) の95%信頼区間(上限と下限の間)に1が含まれていない変数はより強く先発と控えの予測に関係していると考えられる. この場合, ドリブル技能テストが先発と控えの予測に有効と判断される. ここでドリブル技能テスト以外の変数が変化せずに, ドリブル技能テストのパフォーマンスが5秒遅くなった場合, 先発出場を逃すリスク(この場合オッズ比)はどう変化するかを考えてみる. ドリブル技能テストのExp (B) は1.456である. 5秒タイムが増えると$1.456^5 = 6.543$となって, 先発出場を逃すリスクは6.543倍になると推定される.

結果のまとめ

例題の結果をまとめると以下のようになる.

1. サッカーの試合に先発できるか控えになるかはドリブル技能テストで推定することが可能であり, 5秒タイムが増えるとその際のリスクはその他の変数が一定と仮定して, 6.543倍となる.

2.2.2. 多重ロジスティックモデルのあてはめ

多重ロジスティック回帰は, 1組の独立変数の値に基づく被験者の分類に利用できる. この種類の回帰はロジスティック回帰に類似しているが, 従属変数が**0/1型のデータ**のように2つのカテゴリー(例えば, 疾病の「有」「無」)に制限されていない. すなわち, 従属変数のカテゴリーが3以上の場合(例えば, 体組成の程度「痩せ」「標準」「肥満」)に利用する.

2章 データを予測する

例題 2.4.
表 2-3 のデータに半年後のポジション（フォーワード，ミッドフィルダー，ディフェンス，ゴールキーパー）（y）のデータを加え，ポジションを従属変数（y），身長（X1），ドリブル技能テスト（X2），および経験年数（X3）の 3 テストを独立変数としてロジスティック回帰分析を行いなさい．

解析のポイント

例題 2.4.のポイントは，
1. 身長，ドリブル技能テスト，経験年数の各変数は，ポジションと関係するか．
2. いかなる測定変数がポジション決定の可能性を予測できるか．また，その際の確率はどの程度か

操作手順

「表 2-3」の大学サッカー選手 50 名のデータファイルにポジションのデータ（表 2-2 より利用）が追加されたファイルを開く．

タスクバーの「分析（A）」から「回帰（R）」，「多項ロジスティック（M）」を選択する．

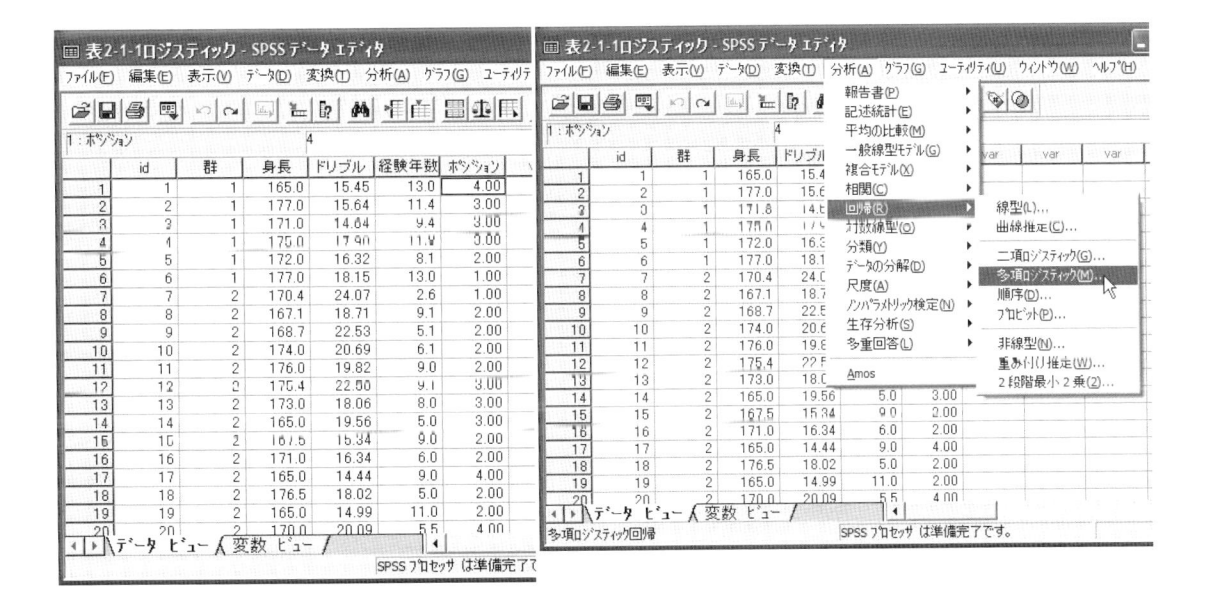

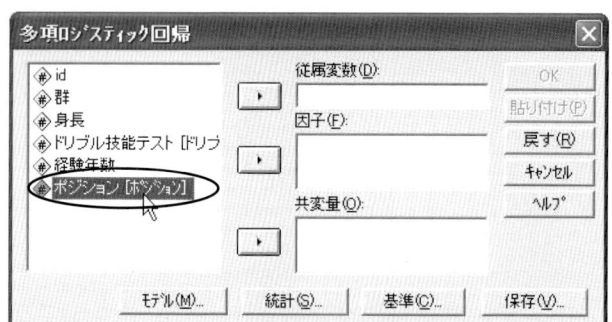

左の画面が表示される．

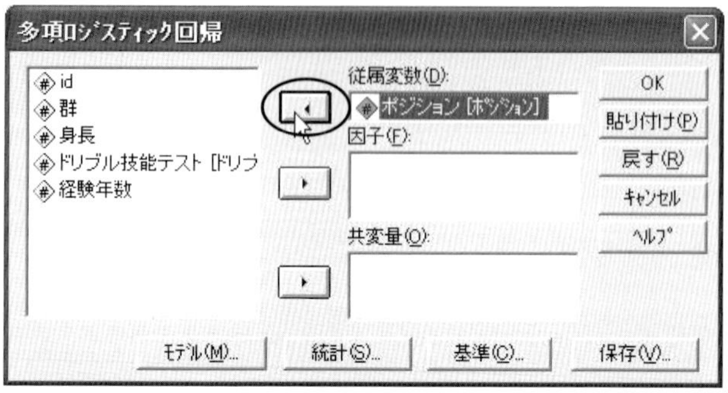

左の枠内から「ポジション」を選択し，「従属変数（D）」の矢印をクリックする．

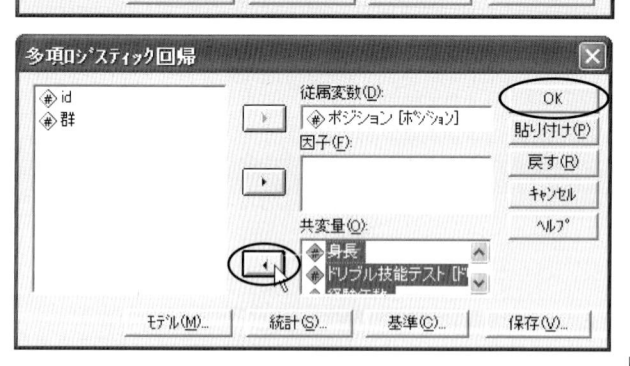

この例では，身長，ドリブル技能テストおよび経験年齢の3項目が独立変数である．

この3項目を左枠内から選択し，「共変量（O）」の矢印をクリックする．

「OK」をクリックする．

出力結果と結果の解釈

「処理したケースの要約」では独立変数のカテゴリー（ポジション）別度数および比率が提示される．

「モデル適合情報」では χ^2 検定による回帰式のあてはめの程度を検定している．有意性なし（有意確率＝0.128）と判断され，モデルは有効ではないと判断される．

擬似R2乗では，重回帰分析における重相関係数の2乗（決定係数）と同様の統計量が得られる．「擬似R2乗」は最も高い値（Nagelkerke）でも 0.263 とそれほど高くない．前述のように，3つの独立変数からポジションの予測はできないと判断され，推定精度も高くないと言える．

処理したケースの要約

		N	周辺パーセント
ポジション	1.00	4	8.0%
	2.00	21	42.0%
	3.00	13	26.0%
	4.00	12	24.0%
有効		50	100.0%
欠損値		0	
合計		50	
部分母集団		50[a]	

a. 従属変数は，50 (100.0%) の部分母集団で観測された値を1つだけ含みます．

モデル適合情報

モデル	-2 対数尤度	カイ2乗	自由度	有意確率
切片のみ	125.916			
最終	112.065	13.851	9	.128

擬似 R2 乗

Cox と Snell	.242
Nagelkerke	.263
McFadden	.110

パラメータ推定値

ポジション[a]		B	標準誤差	Wald	自由度	有意確率	Exp(B)	Exp(B)の95%信頼区間 下限	上限
1.00	切片	-16.419	35.081	.219	1	.640			
	身長	-.052	.215	.059	1	.809	.949	.623	1.446
	ドリブル	1.021	.415	6.056	1	.014	2.775	1.231	6.258
	経験年数	.611	.327	3.490	1	.062	1.842	.970	3.496
2.00	切片	-3.623	16.000	.051	1	.821			
	身長	-.002	.091	.000	1	.983	.998	.835	1.193
	ドリブル	.222	.196	1.280	1	.258	1.249	.850	1.834
	経験年数	.082	.135	.372	1	.542	1.086	.834	1.413
3.00	切片	-10.193	17.509	.339	1	.560			
	身長	.058	.099	.339	1	.560	1.060	.872	1.288
	ドリブル	-.028	.221	.016	1	.899	.972	.630	1.499
	経験年数	.103	.149	.482	1	.487	1.109	.828	1.485

a. 参照カテゴリは4.00です。

　モデルが有効であったと仮定した場合パラメータ推定値から，ポジション1においては $\log (P/(1-P)) = -0.052x_1 + 1.021x_2 + 0.611x_3 - 16.419$，ポジション2においては $\log (P/(1-P)) = -0.002x_1 + 0.222x_2 + 0.082x_3 - 3.623$，ポジション3においては $\log (P/(1-P)) = 0.058x_1 - 0.028x_2 + 0.103x_3 - 10.193$，というロジスティック回帰式が得られたことが読みとれる．

　ここで，Exp (B) はオッズ比を指し，リスクの程度を意味する．たとえば，オッズ比が2.775である場合，ドリブル技能テストの得点が「1」増えると，そのポジションとなる可能性は（他の下位尺度の影響を受けないと仮定して）2.775倍になると試算される．また，Exp (B) の95%信頼区間における下限と上限の範囲内に1.0が認められない場合，その変量は，あるポジションの予測に貢献していることを意味する．

結果のまとめ

　例題の結果をまとめると以下のようになる．
1. 身長，ドリブル技能テスト，経験年数によってポジションを予測できない．

研究のポイント

①判別分析と多重ロジスティック回帰分析は類似した手法である．前者はケースの判別に独立変数がどの程度関与しているかを検討したい場合，後者は各独立変数におけるオッズ比から，ある事象の発生にどのようなリスクがあるかを検討した場合に利用される．
②多重ロジスティック回帰分析は公衆衛生学の分野で多用される解析手法である．基本的に横断的データの分析には利用できない．
③表を作成する際には信頼区間とオッズ比を提示するのが一般的である．

最近の論文例

1. 安梅勅江，島田千穂：高齢者の社会関連性評価と生命予後―社会関連性指標と5年後の死亡率の関係．日本公衆衛生学雑誌，47：127-133，2000．
2. 大井田隆，武村真治，野崎直彦ほか：郵送法による全国医師喫煙調査における再調査の有効性．日本公衆衛生学雑誌，48：573-583，2001．

3．斉藤功，青野裕士，池辺淑子ほか：ICD-10 改正後の虚血性心疾患に対する死亡診断の妥当性に関する検討．日本公衆衛生学雑誌，48：584-594, 2001.

(小林秀紹・出村慎一)

参考文献
1) 駒澤　勉，高木廣文，佐藤俊哉：ヘルスサイエンスのための統計科学．医歯薬出版，1996.

2.3. 数量化Ⅰ類

　数量化Ⅰ類とは，従属変数と独立変数との関係を調べ，関係式を作成し，**結果の予測**や独立変数の従属変数に及ぼす影響度などを明らかにする統計的手法である重回帰分析と関係が深く，主として質的な要因に基づいて量的に与えられた目的（外的基準）変数を説明するための手法である．つまり，**回帰分析において独立（説明）変数が質的変数で与えられた場合**に相当する．

　前節までに取り上げた重回帰分析，ロジスティック回帰分析などの回帰分析法は，主に独立変数に定量データ（反復横跳び，スカットスラスト，ジグザグドリブル）を用いる．しかし，社会現象においては，量的ではなく，質的データ（健康状態，疾病の有無，性別など）をもとに解析する場合もある．このような質的なデータを適切な数量に変換して（数量化して）解析する方法が数量化法である．

　このように，数量化Ⅰ類に適用できるデータは，目的（外的基準）変数が定量変数（連続データ），説明変数が定数変数（非連続データ）である（出村，2001b）．方法論的には，重回帰分析にダミー変数を適用したものと解釈することができる．

表2-4　数量化Ⅰ類のデータ

個体No.	アイテム / カテゴリー / 外的基準	1 $1\,2\cdots c_1$	2 $1\,2\cdots c_2$	⋯	R $1\,2\cdots c_R$
1	y_1	∨	∨		∨
2	y_2	∨	∨		∨
3	y_3		∨	⋯	∨
⋮	⋮	⋮	⋮		⋮
n	y_n	∨	∨		∨

　各個体（被験者）について，外的基準の値と種々の**アイテム**の**カテゴリー**への反応が得られているとする．要因のアイテムとは，性別や疾病の有無などの項目を，カテゴリーとは性別ならば男性，女性，疾病の有無ならば疾病あり，疾病なしといった分類を意味する．

　数量化Ⅰ類では，それぞれのアイテム・カテゴリーに対して，ある数量を付与し，各個体の反応したカテゴリーの数量を加えて，その個体の数量とする．このとき，各個体の数量と外的基準の値ができるだけ近くなるように，カテゴリーに付与する数量を操作的に定めようというのが，数量化Ⅰ類の考え方である．

　ここで，数量化Ⅰ類をSPSSで行なう手順を以下に説明する．

基本的分析手順

　数量化Ⅰ類における一般的な分析手順（分析内容）は以下の通りである．また，*で示した手法については専門書（駒澤，1982）を参照のこと．

数量化Ⅰ類の基本的分析手順

＊：一般的にはあまり用いられない手法。詳細は専門書(駒澤, 1982)を参照のこと
アンダーラインは例題で用いた手法を示す．

事前準備

データの吟味（欠損値、正規性の検定など）
各変数の基礎統計値の算出
度数、関連係数の算出、カテゴリーの統合

数量化Ⅰ類に用いるデータ
通常、目的変数が量的（分散・共分散、相関係数が正しく算出できる）、
説明変数が質的（性別、疾病の有無など）データを用いる

数量化理論Ⅰ類

変数リスト

変数リストに説明変数を選択し、挿入する
説明変数に対する欠損値の定義は無効であり、欠損値のないデータを挿入する
説明変数は最大75個まで、カテゴリー総数は150までの制限がある

変数の最小値・最大値設定

変数名　最小値
　　　　最大値

各説明変数に用いたカテゴリの最小値を入れる
各説明変数に用いたカテゴリの最大値を入れる
データの中に、上下限（範囲）を超える変数値、および範囲の中に度数0の変数値がある場合は、分析できない

数量化理論Ⅰ類

説明変数リスト

変数リストの中から分析で実際に使用する説明変数を選択する

インクルージョンレベル設定

レベル設定　指定せず
　　　　　　　＊正の値
　　　　　　　＊負の値

すべての変数が1度に投入される
投入の順序を表し、値が小さいものから順に説明変数として投入される
その変数は最初のステップすべて投入され、その値が示すステップで除外される
nは-9から99までの0を除く整数で指定する
レベルに奇数、偶数によるモードの差はない
インクルージョンレベルの値は、連続して設定する必要がある
負の値を設定する場合、レベル1は省略可能

数量化理論Ⅰ類

外的基準変数

変数リストの中から分析で実際に使用する外的基準変数を選択する

オプション選択

Options

- 変数間クロス表印刷時のラベル出力の省略 (1)　　変数相互のクロス集計表の印刷（追加統計1）に際し、変数ラベルの印刷を省略する
- カテゴリースコア出力の際のラベル印刷の省略 (2)　説明変数の各カテゴリーに与えられた数値の表における変数値ラベルの印刷を省略する
- ソートしたカテゴリースコア出力の省略 (3)　　　説明変数の各カテゴリーに与えられた数値の表で、カテゴリー値の昇順に並べた表の出力を省略する
- 指定した変域を超える説明変数の値の上下限値での置換え (4)　指定した範囲を超える説明変数値を上下限値に置き換えて、計算を実行する
- 外的基準変数の欠損値定義の無視 (5)　　　　　　外的基準の変数の欠損値の定義を無視する
- 偏相関係数と重相関係数を最終ステップに限定 (6)　偏相関係数と重相関係数の印刷（追加統計2）を最終ステップだけにする
- 外的基準の変数値とケーススコアの比較表を最終ステップに限定 (7)　外的基準の変数値とケース得点の比較表の印刷（追加統計4）を最終ステップに限る
- ケーススコアを最終ステップに限定 (8)　　　　　ケース得点の出力（追加統計3）を最終ステップに限る
- ケーススコアなどを作業ファイルに追加 (9)　　　ケース得点などを新たな変数として、実行ファイルに追加する
- 予測値と残差プロット (11)　　　　　　　　　　　ケースの推定値（ケーススコア）と観測値の残差のプロット

追加統計選択

Statistics

- 全変数間のクロス集計表 (1)　　　選択した全変数相互間のクロス集計表を出力する
- 外的基準変数と説明変数間の偏相関係数と重相関係数 (2)　外的基準変数と説明変数の間の偏相関係数と重相関係数（ステップごと）を出力する
- ケーススコア (3)　　　　　　　　ケース得点（ステップごと）を出力する
- 外的基準変数とケーススコアの比較表 (4)　　外的基準変数と推定値（ケース得点）の比較表を出力する
　　　　　　　　　　　　　　　　　この表には、それぞれの平均値と標準偏差、両者の相関係数、両者をそれぞれ独立変数と従属変数とする2本の回帰式が含まれる（ステップごと）

> **結果の解釈**
> 重相関係数（YとYの推定値間の相関係数）の大きさから予測の精度，関係の高さを判断する
> 説明変数の各カテゴリーに与える数値（カテゴリースコアの範囲）と偏相関係数により基準変数に及ぼす説明変数の貢献度を確認する
> 観測値と予測値の残差のグラフより当てはまりの良さを確認する

用語の説明

インクルージョンレベルの設定：投入する説明変数の順番を決めること．
ケース得点：得られた算出式によって求められる推定値のこと．

2.3.1. 数量化Ⅰ類の準備

SPSS Base 版に組み込んで使用する数量化理論プログラムの GUI 版は，別途購入する必要があり，2 枚のフロッピーディスク（Disk1 と Disk2）で提供されている．GUI 版数量化理論は，SPSS の他の統計手続と同様にダイアログボックスにより実行可能である．インストールの方法，および分析メニューへの追加は提供されている説明書に詳述されている．

各アイテムにおけるカテゴリー度数が少ない場合は，カテゴリーの内容を吟味して隣接するカテゴリーを統合して再カテゴリー化して処理する．得られた資料の基礎解析（度数や比率の算出）を行なって確認することが重要である．

つぎのデータは 75〜89 歳の女性高齢者 94 名の生活習慣，健康状態および体力について調べたものである．

表 2-5 のデータを Excel データとして入力し，ファイル名「表 2-5」として保

表 2-5

	A	B	C	D	E	F	G	H	I	J	K
1	ID	自転車	運動実施	タンパク質	カルシウム	睡眠時間	健康感	骨折	関節炎	年齢	体力
2	2	2	1	1	2	3	1	2	1	1	51.42725
3	49	2	1	1	1	2	1	1	2	1	27.73948
4	64	2	1	1	1	3	1	1	1	2	19.24231
5	74	1	1	1	1	1	1	2	2	1	35.20073
6	76	2	2	1	1	2	2	1	1	1	22.69497
7	95	2	1	1	1	2	1	1	2	2	10.35276
8	107	2	2	1	1	2	2	2	1	2	40.5192
9	125	2	1	1	1	2	1	2	2	1	18.96294
10	141	1	2	1	1	2	1	1	1	1	25.91592
11	145	2	1	1	2	2	1	2	2	1	36.64368
12	166	1	2	1	2	3	2	2	2	1	33.80702
13	174	2	2	1	1	2	1	2	2	2	16.68319
14	198	2	2	1	1	3	2	2	1	1	8.39157
15	219	1	1	1	1	1	1	1	1	1	24.88351
16	238	2	2	2	2	2	1	1	2	1	50.3412
17	239	2	2	1	1	2	2	2	1	1	25.23748
18	248	2	1	1	1	2	1	1	2	1	41.38158
19	250	2	1	1	1	1	1	2	2	1	49.82556
20	251	2	1	2	2	3	1	2	1	1	15.84662
21	259	2	2	2	1	3	1	1	1	1	24.9816
22	265	2	2	1	2	2	1	1	2	1	32.5603
23	268	1	2	1	1	2	2	1	2	1	48.71372
24	271	2	2	1	1	2	1	2	1	2	16.87999
25	286	2	2	1	1	2	2	1	2	1	33.24167
26	311	2	1	1	1	1	1	1	2	1	40.90313
27	313	2	2	1	2	2	2	1	2	2	24.03151
28	319	2	1	1	2	2	2	2	1	1	53.60536
29	337	2	1	1	1	1	1	1	2	2	23.6036
30	341	2	2	1	1	1	1	2	2	2	45.74044
31	342	2	2	2	1	1	1	1	2	1	20.06153
32	350	2	1	2	1	1	2	2	1	1	38.90368

表 2-5 のつづき

	A	B	C	D	E	F	G	H	I	J	K
1	ID	自転車	運動実施	タンパク質	カルシウム	睡眠時間	健康感	骨折	関節炎	年齢	体力
33	352	1	2	2	1	2	1	1	1	2	37.88181
34	356	2	2	2	1	1	1	2	2	1	51.09775
35	372	2	1	2	1	1	2	2	2	1	23.88927
36	390	2	1	1	1	1	1	2	2	1	42.66857
37	394	1	2	1	1	1	1	2	2	1	36.1997
38	398	1	2	1	1	3	2	2	2	1	16.33578
39	399	2	2	2	2	2	1	2	2	1	27.83112
40	402	1	2	1	2	1	1	2	2	2	20.74582
41	404	2	1	1	2	2	1	2	2	1	28.68897
42	435	2	1	2	1	1	1	2	2	1	38.1581
43	436	2	2	1	2	2	1	2	2	1	22.18627
44	443	1	1	1	1	1	1	2	2	1	48.49047
45	449	2	1	2	2	1	2	2	1	1	33.44131
46	450	1	1	1	1	2	1	2	2	1	44.61892
47	1058	2	1	2	1	1	1	2	1	1	34.04974
48	1069	2	1	1	2	1	2	2	2	1	26.97597
49	1088	2	1	2	1	1	1	2	1	2	34.34278
50	1102	2	1	2	2	1	2	2	1	1	14.93629
51	1119	2	1	1	2	2	2	1	1	1	28.27739
52	1122	2	1	2	2	2	2	1	1	1	22.42232
53	1127	2	1	2	1	1	1	2	2	1	31.84827
54	1133	2	1	1	1	2	1	2	2	2	20.85407
55	1136	2	1	1	1	2	1	2	2	1	33.03394
56	1145	2	2	1	1	1	1	1	2	1	12.82942
57	1150	2	1	1	1	1	1	2	2	1	36.31265
58	1153	2	1	1	1	1	1	2	1	1	29.01735
59	1167	2	1	1	1	1	1	1	1	1	41.41697
60	1172	2	1	1	1	1	1	2	2	2	42.37532
61	1174	2	1	2	2	1	1	2	1	1	36.7519
62	1175	2	1	2	2	1	1	2	1	1	42.78638
63	1176	2	1	1	2	1	1	2	2	1	28.26422
64	1183	2	1	2	1	1	1	2	2	1	37.25403

表 2-5 のつづき

	A	B	C	D	E	F	G	H	I	J	K
1	ID	自転車	運動実施	タンパク質	カルシウム	睡眠時間	健康感	骨折	関節炎	年齢	体力
65	1193	2	1	2	2	1	1	2	1	1	35.3282
66	1198	1	1	2	2	1	1	1	2	2	18.06973
67	1200	2	1	1	2	1	1	2	1	1	41.5573
68	1203	2	1	1	1	2	1	2	2	2	40.05632
69	1214	2	1	1	1	3	1	2	2	2	36.18069
70	1225	2	1	1	1	1	2	2	2	1	38.84925
71	1291	2	1	2	1	1	1	2	2	2	29.71135
72	1295	2	1	1	1	1	1	2	2	1	39.66538
73	1297	2	1	2	2	1	1	2	1	1	28.45912
74	1300	2	1	2	1	2	1	2	2	1	33.40635
75	1313	2	1	2	2	2	1	2	2	1	25.54034
76	1322	1	1	1	1	1	1	2	2	2	38.08752
77	1324	1	1	1	1	1	1	2	2	1	20.16445
78	1325	2	1	1	1	1	2	2	2	1	44.59704
79	1326	2	1	2	2	1	1	2	2	1	33.77094
80	1339	2	1	2	1	2	1	1	1	2	29.04331
81	1346	2	1	1	2	2	1	1	1	2	32.35829
82	1349	2	1	1	1	1	2	2	1	1	21.48572
83	1433	2	2	2	2	2	1	2	1	1	11.8182
84	1438	2	1	1	1	2	2	2	1	1	00.90084
85	1441	2	2	1	1	2	1	2	2	2	16.16125
86	1444	2	2	1	1	2	1	1	2	2	-2.75002
87	1454	2	2	2	2	2	1	2	1	1	17.1796
88	1456	2	2	1	1	2	1	2	1	2	8.91304
89	1458	2	1	1	2	2	2	1	2	1	11.82905
90	1465	2	1	2	2	1	1	2	1	1	21.95719
91	1477	2	1	1	1	1	2	2	1	2	-2.26191
92	1484	2	1	2	1	1	1	2	2	2	5.65844
93	1494	2	1	2	1	1	1	2	2	2	14.17018
94	1505	2	1	1	1	2	1	2	2	1	19.2863
95	1530	2	1	1	1	1	1	2	2	1	45.49189

存する．因みに，自転車は「乗る」に1，「乗らない」に2を，運動実施は「行なっている」に1，「行なっていない」に2を，タンパク質およびカルシウムは「ほぼ毎日摂取」に1，「時々欠かす」に2を，睡眠時間は「7時間以下」に1，「8〜9時間」に2，「10時間以上」に3を，健康観は「健康」に1，「不健康」に2を，骨折および関節炎は「ある」に1，「ない」に2を，年代は「75〜79歳」に1，「80〜89歳」に2を付与している．体力は総合スコア（Hスコア）である．

例題 2.5.

女性高齢者94名を対象に体力テストと，生活習慣・健康状態の調査を行なった．表2-5のデータを利用して，体力 (y) を外的基準変数，生活習慣・健康状態・年齢の9項目を説明変数として数量化Ⅰ類を用いて，高齢者の体力と生活習慣および健康状態との関係を検討せよ．

解析のポイント

例題 2.5.の解析のポイントは，
1. 体力と生活習慣・健康状態の間には，どのような関係があるか．
2. 生活習慣・健康状態がよければ（悪ければ），体力に優れる（劣る）か．
3. 体力を向上させるためには生活習慣・健康状態のいずれの項目に注目すべきか．

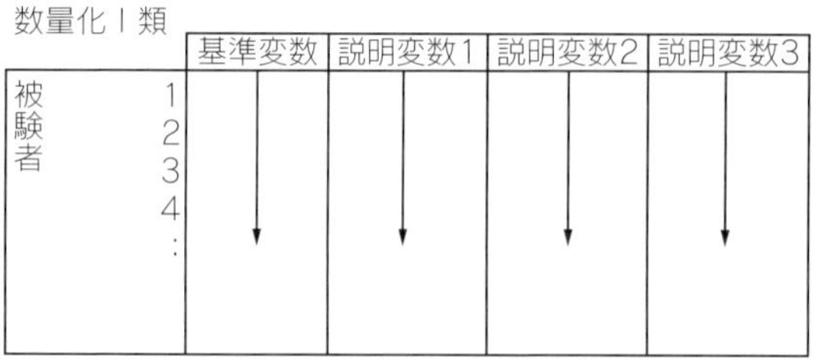

データ入力

数量化Ⅰ類を行なう際のデータ入力形式は重回帰分析の場合と同様であり，左図の通りである．「基準（外的基準）変数」には外的基準変数に用いる数値を入力し，以下「説明変数」には外的基準変数を説明する変数の数値を入力する．行には被験者を入力する．

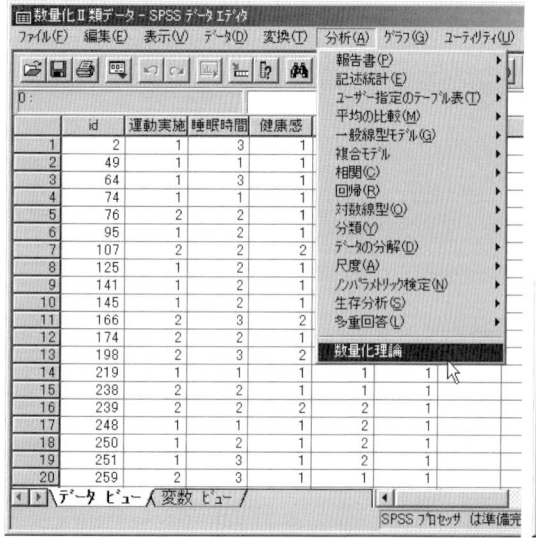

2.3.2. SPSSによる数量化Ⅰ類

操作手順

あらかじめGUI版数量化プログラムをインストールし，分析メニューに加えている場合，「分析(A)」から「数量化理論」を起動する．

GUI版数量化プログラムをインストールしているが，分析メニューに加えていない場合は，SPSS Baseを起動した後，「スタート」「プログラム」から「GUI版数量化プログラム」を起動する．

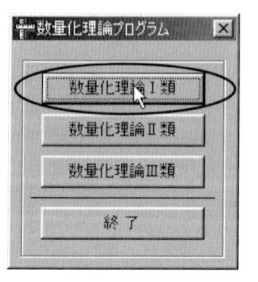

左の画面が表示される．

ダイアログボックスで「数量化理論Ⅰ類」をクリックすると，つぎの画面が表示される．

変数リストでは，解析に使用する説明変数の選択とその値の範囲の指定を行なう．この指定は必須である．ダイアログボックスの左端の枠内に表示されている全変数リストから説明変数（ここでは自転車，運動実施，タンパク，カルシウム，睡眠時間，健康感，骨折，関節炎，年齢）を選択し，その左の▶ボタンをクリックする．

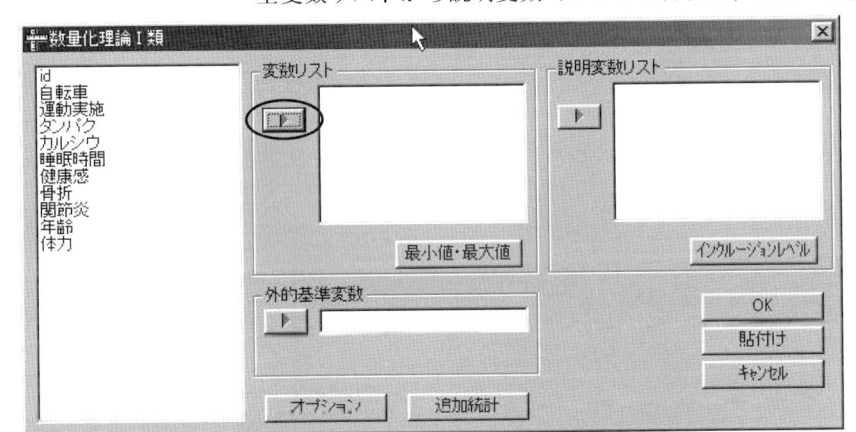

すると，左の画面のようになる．なお，変数を選択する際にはCTRL キー，SHIFTキー，あるいはドラッグ操作により，複数の変数を一度に選択することができる．

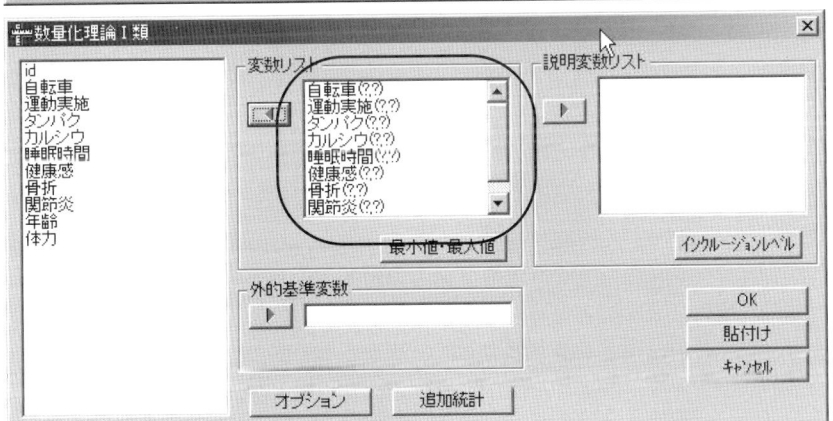

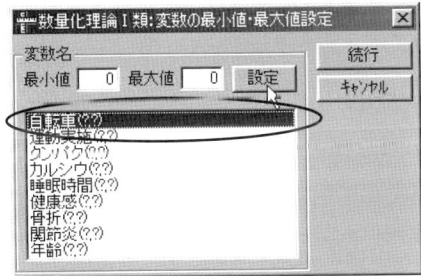

説明変数にはその範囲の指定が必要である．自動的に選択されることはないので必ず指定をする．範囲を指定するにはまず，変数リスト上で対象の変数を選択し，「最小値・最大値」をクリックする．すると左のダイアログボックスが表示される．

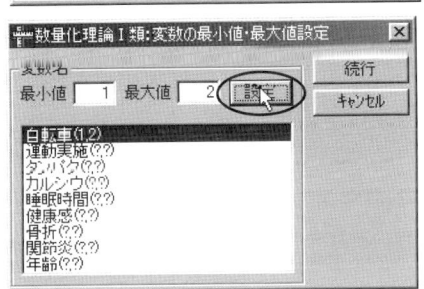

説明変数の中から範囲を指定しようとする変数を選択し，最小値と最大値を入力した後，「設定」をクリックする．例題の場合，「自転車」の最小値に「1」，最大値に「2」を入力し，「設定」をクリックする．複数の変数に同じ範囲を指定するときは，それらの変数をすべて選択する．

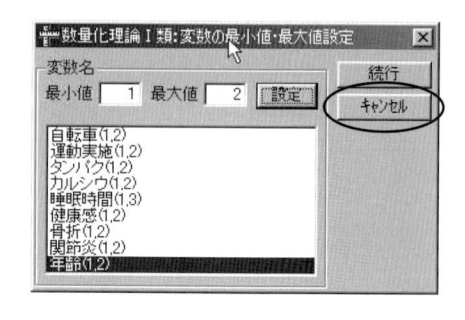

すべての変数について指定（修正・変更のときはその変数についての指定）を終えたら「続行」をクリックして前のダイアログボックスに戻る．指定作業を中止するときは「キャンセル」をクリックする．

変数リストの中から分析で実際に使用する説明変数を選択し，インクルージョンレベルの指定をする．GUI 版では1度に指定できるモデルは1つだけである．つまり，幾つかのモデルを検証する場合は，その都度指定する必要がある．説明変数の選択は必須であるが，インクルージョンレベルの指定は以下のように任意である．

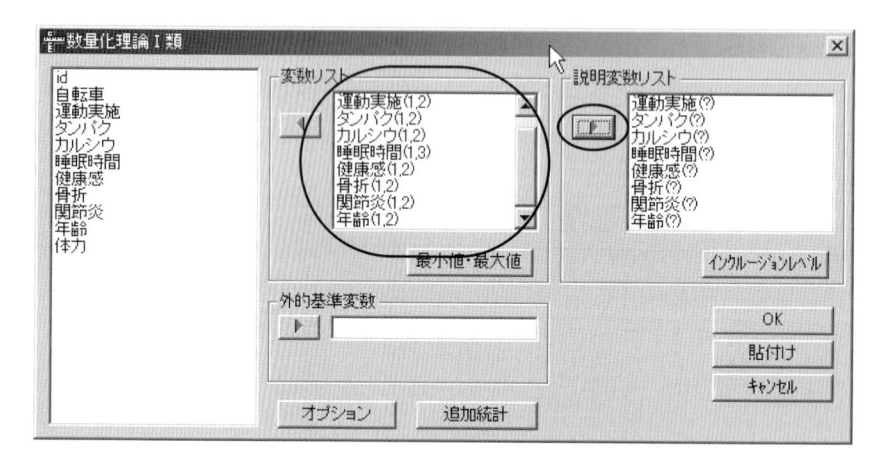

まず使用する説明変数リストを選択し，その右の▶をクリックする．これで左図のように右端の欄に選択された変数が表示され，その後ろに「(?)」の形でインクルージョンレベルの指定が求められる．インクルージョンレベルは，説明変数をステップワイズに投入して解析を行なうときの変数の投入順序である．指定をしなければすべての変数が1度に投入される．ここでは，全部を投入するので指定しない．インクルージョンレベルには，-9 から 99 までの 0 を除いた正または負の整数を指定する．指定した値が正のときは，単純に投入の順序を表し，値が小さいものから順に説明変数として投入される（変数増加法）．値が負のときは，その変数は最初のステップですべて投入され，その値が示すステップで除外される（変数減少法）．

たとえば，「自転車（-4），運動実施（2），タンパク（3）」と設定すると，第1ステップで自転車が投入され，その後運動実施，タンパクと続き，第4ステップで自転車の変数が除かれる．ただし，指定する数値は論理的に連続させる必要がある．つまり，「自転車（-4）」が「自転車（-5）」になっているとエラーメッセージが表示される．

インクルージョンレベルを指定するにはまず，対象となる変数を選択して「インクルージョンレベル」ボタンをクリックする．するとダイアログボックスが表示されるので，変数を選択して値を入力した後，「設定」ボタンをクリックする．複数の変数を1度に選択することにより，同じ値であれば1度に複数の変数に対してインクルージョンレベルを指定することができる．必要な指定が終わったら，「続行」ボタンをクリックしてダイアログボックスに戻る．途中で指定作業を中止するときは，「キャンセル」ボタンをクリックする．

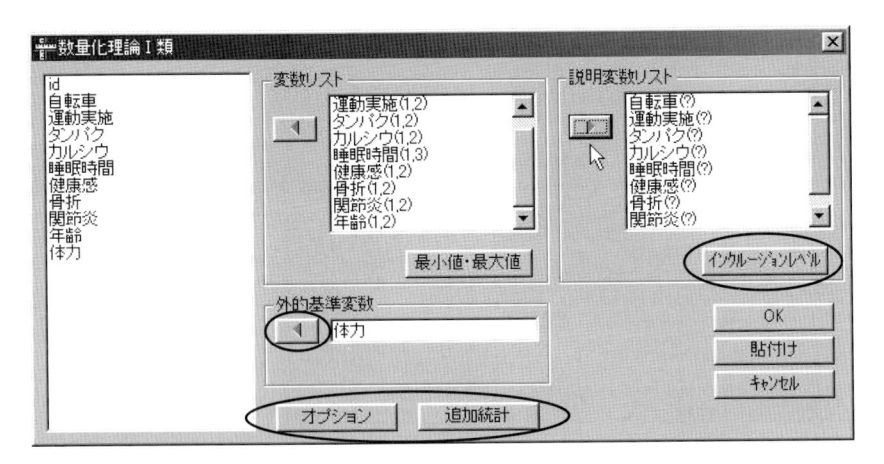

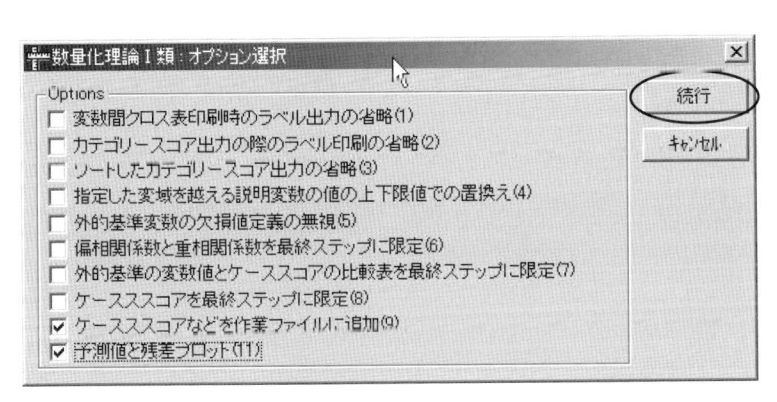

外的基準変数の指定は必須である．ここでは，1つの外的基準変数「体力」を指定する．数量化Ⅰ類では，外的基準変数は連続量である．左側のダイアログボックスの全変数リストから変数（ここでは，「体力」）を1つ選択して，その左の▶をクリックする．

オプションと追加統計は，それぞれのボタンをクリックして左図のように表示されるダイアログボックスで，該当する項目の前のチェックボックスをチェックすることにより，指定・選択を行なうことができる．ここでは，オプションの「ケーススコアなどを作業ファイルに追加（9）」，「予測値と残差プロット（11）」の2つにチェックを入れる．「ケーススコアなどを作業ファイルに追加（9）」を選択すると，自動的に算出されたケーススコア（予測得点）が，分析実施後，データファイルに新たな変数として保存され，その後，他の変数と同様にケーススコアを変数として用いた解析（差の検定など）を行なうことができる．選択が完了したら，「続行」をクリックして前のダイアログボックスに戻る．

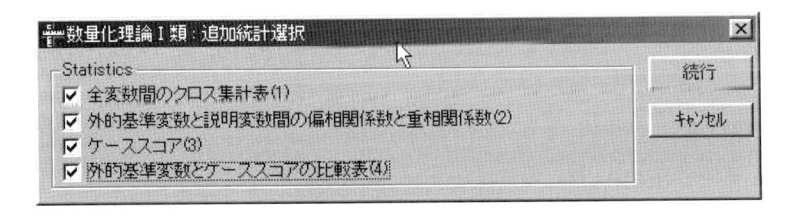

追加統計は，すべてにチェックを入れ，「続行」をクリックする．

「全変数間のクロス集計表（1）」を選択すると，説明変数間のカテゴリー度数の偏りを確認することができる．「外的基準変数と説明変数間の偏相関係数と重相関係数（2）」を選択すると，指定したモデルの適合性が確認でき（重相関係数），外的基準変数に影響を及ぼす説明変数の大きさの程度が確認できる（偏相関係数）．

50   2.3. 数量化Ⅰ類

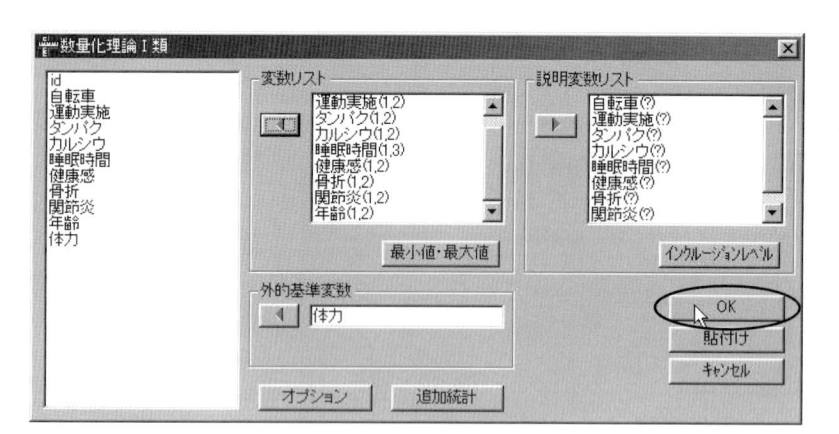

左図のダイアログボックスが表示されるので,「OK」をクリックする.

出力結果と結果の解釈

つぎのような解析結果が「ログ」に得られる.ただ,数量化の場合は,他の解析結果の表示と異なり,ログの表示は行数に制限があり,そのままでは結果出力のすべてを表示させることができない.結果出力の全体を見るには以下のようにする.

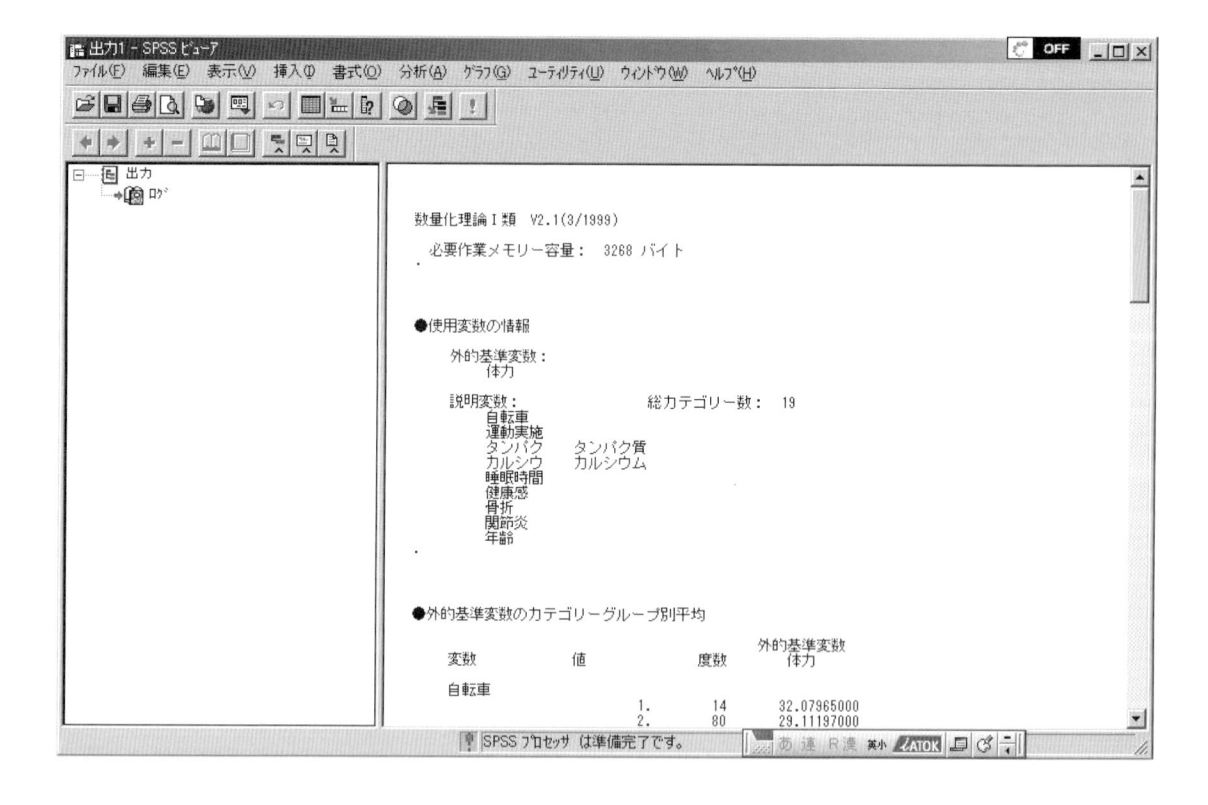

2章 データを予測する　51

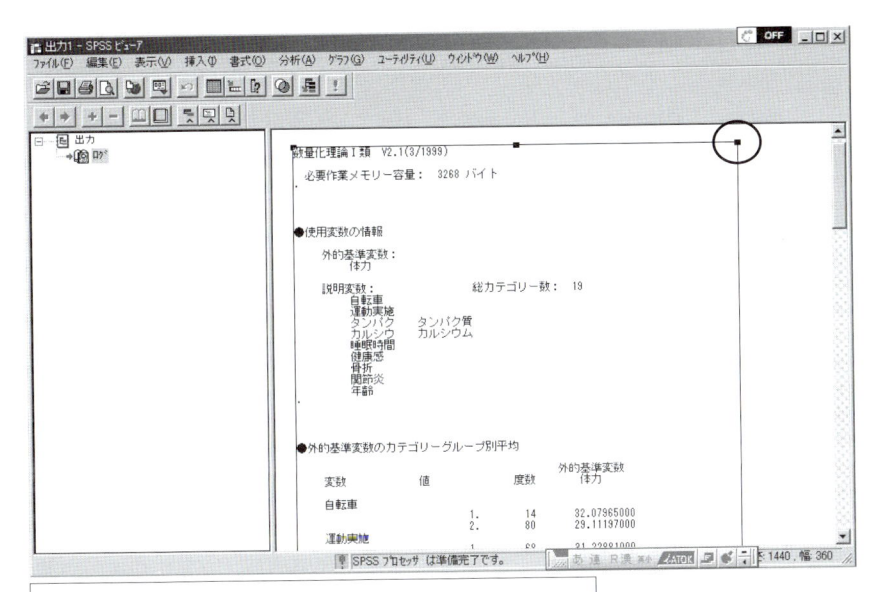

コンテンツ枠（右側の枠）内の結果出力の適当な箇所をクリックする．すると，コンテンツ枠内で，数量化理論の結果出力を囲む枠が表示され，その枠上に■の形のハンドルが表示される．「ハンドラー」をドラッグして表示枠を拡張する．

「使用変数の情報」は，解析に用いた外的基準変数と説明変数を示し，説明変数に用いたアイテム・カテゴリーの和「19」を示している．

「外的基準変数のカテゴリーグループ別平均」は，説明変数に用いた各アイテム・カテゴリーに該当する度数および基準変数である体力の平均値を示している．運動を「1：行なっている」群の体力（31.2）は高いということがわかる．度数が極端に少ないカテゴリーがある場合（2以下）は，カテゴリー統合を行ない，解析に耐えうるよう対応する必要がある．ここでの最低の度数は8であり，解析に耐えられると判断される．

全ケース平均および標準偏差は，用いた94名全体の外的基準変数である体力の平均と標準偏差（散らばり）を示している．

2.3. 数量化Ⅰ類

●説明変数間のクロス表

変数名	コード	自転車 1.	自転車 2.	運動実施 1.	運動実施 2.	タンパク 1.	タンパク 2.	カルシウ 1.	カルシウ 2.	睡眠 1.
自転車	1.	14	0	8	6	12	2	11	3	8
	2.	0	80	60	20	48	32	52	28	40
運動実施	1.	8	60	68	0	43	25	45	23	44
	2.	6	20	0	26	17	9	18	8	4
タンパク	1.	12	48	43	17	60	0	47	13	27
	2.	2	32	25	9	0	34	16	18	21
カルシウ	1.	11	52	45	18	47	16	63	0	32
	2.	3	28	23	8	13	18	0	31	16
睡眠時間	1.	8	40	44	4	27	21	32	16	48
	2.	4	34	20	18	27	11	25	13	0
	3.	2	6	4	4	6	2	6	2	0
健康感	1.	12	64	55	21	47	29	53	23	39
	2.	2	16	13	5	13	5	10	8	9
骨折	1.	4	14	11	7	11	7	11	7	4
	2.	10	66	57	19	49	27	52	24	44
関節炎	1.	4	34	28	10	22	16	21	17	17
	2.	10	46	40	16	38	18	42	14	31
年齢	1.	10	58	51	17	42	26	41	27	37
	2.	4	22	17	9	18	8	22	4	11

「説明変数間のクロス表」は，説明変数相互のクロス集計結果を示している．自転車に「1：乗る」，運動を「1：行なっている」のは8名である．ただし，対角線上の数値（例．自転車14など）は，単純集計の結果を示している．対角線上以外の数値がクロス集計の結果と一致する．

●カテゴリースコア

外的基準変数：体力　　　　ステップ：1

説明変数	値	
自転車	1.	2.88376200
	2.	-.50465770
運動実施	1.	1.15094400
	2.	-3.01016300
タンパク	1.	.51200880
	2.	-.90354500
カルシウ	1.	.53438830
	2.	-1.08601500
睡眠時間	1.	1.13752000
	2.	-.85450420
	3.	-2.76622500
健康感	1.	.66633650
	2.	-2.81342100
骨折	1.	-3.11268500
	2.	.73721480
関節炎	1.	-.17337000
	2.	.11764400
年齢	1.	2.25360800
	2.	-5.89405200

重相関係数　　　.438119
予測誤差　　　10.967200
有効ケース数　－　94
欠損ケース数　－　0

「カテゴリースコア」は，基準変数を予測する場合の各カテゴリーの重みである．これは，外的基準変数のカテゴリーグループ別平均を左辺，説明変数間のクロス表の度数を右辺とした，連立方程式を解くことによって得られる．ここで，外的基準変数のカテゴリーグループ別平均が大きい（小さい）ほどカテゴリースコアも大きく（小さく）なるという傾向がみられる．つまり，カテゴリースコアをみれば，体力を高める要因は「自転車に乗る (2.88)」，「運動を実施する (1.15)」など，低くする要因はその逆であることが読みとれる．カテゴリースコアの優れた点は，このように量的な把握ができるところにある．ただし，カテゴリースコアは基準変数の平均を基準としており，その解釈には注意が必要である．すなわち，カテゴリースコアがゼロであってもそのカテゴリーが予測において意味がないというわけではない．また，カテゴリー1の重みがカテゴリー2の2倍であっても基準変数に対する1の効果が2の2倍であると評価することはできない．

重相関係数は，実測値とサンプルスコア（理論値）がどの程度一致しているかを示す．ここでは，R＝0.44の中程度以下の重相関係数が得られた．

予測誤差とは，実測値とサンプルスコア（理論値）との残差の2乗和を示し，この値が小さければ分析の精度が高いことを意味する．10.97の値が得られ，予測の精度は比較的良いことを示している．

有効ケース数，欠損ケース数とは，解析に用いたサンプルサイズ，除外したサンプルサイズを示し，ここではすべての者に欠損がなく，解析に利用されたことを示す．

```
●カテゴリースコア（カテゴリースコアの昇順）
 外的基準変数：体力      ステップ：1
  説明変数       値
   年齢         2.    -5.89405200
   骨折         1.    -3.11268500
   運動実施     2.    -3.01016300
   健康感       2.    -2.81342100
   睡眠時間     3.    -2.76622500
   カルシウ     2.     1.00001500
   タンパク     2.    -.90354500
   睡眠時間     2.    -.85450420
   自転車       2.    -.50465770
   関節炎       1.    -.17337000
   関節炎       2.     .11764400
   タンパク     1.     .51200880
   カルシウ     1.     .53438830
   健康感       1.     .66633650
   骨折         2.     .73721480
   睡眠時間     1.    1.13752000
   運動実施     1.    1.15094400
   年齢         1.    2.25360800
   自転車       1.    2.88376200
```

左図は，カテゴリースコアを昇順にソートしたものである．年齢が「高年代（80～89歳）」の場合が最もカテゴリースコアが低いのがわかる．つまり，体力に負の影響を強く与えると解釈できる．

```
●カテゴリースコアの説明変数別範囲
 外的基準変数：体力      ステップ：1
  説明変数       範囲
   自転車        3.38842000
   運動実施      4.16110700
   タンパク      1.41555400
   カルシウ      1.62040300
   睡眠時間      3.90374500
   健康感        3.47975800
   骨折          3.84990000
   関節炎         .29101400
   年齢          8.14766000
```

「カテゴリースコアの説明変数別範囲」は，範囲の大きいアイテムほど外的基準に及ぼす影響が強いことを意味する．つまり，範囲は外的基準に影響を及ぼす要因を明らかにする．

範囲＝（最大カテゴリースコア）－（最小カテゴリースコア）で求められる．ここでは，体力に対する影響は，年齢（8.15），運動実施（4.16）の順に大きいことがわかる．

少数のサンプルから求められた範囲は，計算上不当な値を示すことが確かめられている．その場合，上述したようにカテゴリー統合を行ない（カテゴリー内容を吟味して隣接するカテゴリーを統合する），再計算後，範囲（レンジ）を求める必要がある．

2.3. 数量化Ⅰ類

```
●偏相関係数
 外的基準変数：体力      ステップ：1
       変数
         自転車          .10432490
         運動実施         .14968100
         タンパク         .05619118
         カルシウ         .06275991
         睡眠時間         .09916456
         健康感          .11907590
         骨折           .12789700
         関節炎          .01213685
         年齢           .29908080

         重相関係数        .43811900
```

「偏相関係数」は，範囲と同様に，各説明変数の外的基準に及ぼす影響力を表す．ここでは，年齢 (0.30)，運動実施 (0.15) の順に偏相関係数の値は高く，範囲の結果と一致している．

数量化Ⅰ類では，範囲と偏相関係数の両者を掲載する．偏相関係数の説明は，2 章 2.1.を参照すること．

「ケーススコア」は，スコア（理論値）と観測値，両者の差（残差）をケースごと（ここでは被験者）に示したものである．残差が少ない被験者ほど当てはまりが良いことを示す．この図の標準化残差が全体的に 0 に近い付近にプロットされていれば重相関係数の値は高くなる．

```
●ケーススコアの変数への追加
次の値を変数としてファイルに追加しました
    追加した変数
       HYS1YYYY    ケーススコア
       HYS1DIF    残差
●ケーススコア
 外的基準変数：体力      ステップ：1
                                標準化残差
 CASE #    スコア     観測値     残差   -3      0      3
    59    31.96421   51.42725   -19.46304    .    *  .      .
    59    34.24755   27.73948     6.50808    .       . *    .
    59    19.96665   19.24231      .72434    .       *      .
    59    39.54739   35.20073     4.34666    .       . *    .
    59    25.86493   22.69497     3.16996    .       .*     .
    59    22.16939   10.35276    11.81663    .       .   *  .
    59    18.08741   40.51920   -22.43179    .  *    .      .
    59    34.16695   18.96294    15.20401    .       .    * .
    59    33.41446   25.91592     7.49854    .       . *    .
    59    32.54655   36.64368    -4.09713    .       *.     .
    59    26.38238   33.80702    -7.42464    .      *.      .
    59    21.85818   16.68319     5.17499    .       .*     .
    59    24.32335    8.39157    15.93178    .       .    * .
    59    35.40648   24.88351    10.52297    .       .  *   .
    59    23.11999   50.34120   -27.22122    . *     .      .
    59    26.23507   25.23748      .99759    .       *      .
    59    35.86796   41.38158    -5.51362    .       *.     .
    59    34.16695   49.82556   -15.65861    .    *  .      .
    59    28.92826   15.84662    13.08164    .       .   *  .
    59    22.53765   24.98160    -2.44395    .       *.     .
    59    23.11999   32.56030    -9.44031    .     * .      .
    59    33.10325   48.71372   -15.61047    .    *  .      .
    59    21.85818   16.87999     4.97819    .       .*     .
```

SPSS では，前述した「オプション選択」のダイアログにおいて，「ケーススコアなどを作業ファイルに追加 (9)」をチェックしておくと，左図のように個人ごとのケーススコア，観測値，および残差が出力され，また，ケーススコアおよび残差がデータシートの変数としてそれぞれ「hys1yyyy」，「hys1def」として追加される（下図）．この解析を再度繰り返す場合，データシートの変数名「hys1yyyy」「hys1def」をそれぞれ「スコア1」，「残差1」などのように変更しておかないとつぎの解析実行時にエラーメッセージが出力されるので注意が必要である．

	id	自転車	運動実施	タンパク	カルシウ	睡眠時間	健康感	骨折	関節炎	年齢	体力	hys1yyyy	hys1def
1	2	2	1	1	1	3	1	2	1	1	51.4272	31.96	-19.46
2	49	2	1	1	2	1	1	2	1	1	27.7394	34.25	6.51
3	64	2	1	1	1	3	1	1	1	2	19.2423	19.97	.72
4	74	1	1	1	1	1	1	2	2	1	35.2007	39.55	4.35

ケーススコアは，ある個人があるアイテムの中で，あるカテゴリーを選択した場合，そのカテゴリースコアはそのアイテムに対応する数量となる．これを全項目について加算したものに，基準変数の平均値を加えることで求められる．

たとえば，先の図における一番上（id2）の者の各説明変数の値は，自転車（2），運動実施（1），タンパク（1），カルシウム（1），睡眠時間（3），健康感（1），骨折（2），関節炎（1），年齢（1）であった．よって，ケーススコアは以下のように求められる．

ケーススコア＝29.55（平均）＋(－0.50)＋1.15＋……＋(－0.17)＋2.25＝31.96

「観測値と予測値の比較」は，実際に得られた体力の測定値と，計算上求められた理論値の平均と標準偏差，両者の相関係数を示している．

この相関係数（0.44）は，重相関係数（0.44）と一致する．

```
●観測値と予測値の比較
外的基準変数：体力         ステップ：1
                                平均           標準偏差
      観測値(Y)             29.55396        12.20046
      予測値(X)             29.55397         5.34523

      相関係数                  .43812

      回帰方程式    Y =    1.00000 * X +       .00002
                    X =     .19195 * Y +     23.88119
```

数量化Ⅰ類が結果の予測に役立つことはすでに述べた．仮に，基礎体力を直接測定することができず，異なる女性高齢者のある個人に対して，自転車乗車，運動実施の有無，タンパク質，カルシウムの摂取状況，睡眠時間，健康感，骨折，関節炎の有無，年齢を調査した結果，自転車に乗っている（1），運動を行なっている（1），タンパク質をほぼ毎日摂取（1），カルシウムをほぼ毎日摂取（1），7～8時間の睡眠時間（2），骨折なし（2），関節炎なし（2），健康感は健康（1），年齢は83歳（2）であった．この女性高齢者のケーススコアは，以下のように算出される．ケーススコア＝29.55＋2.88＋1.15＋0.51＋0.53＋(－0.85)＋0.67＋0.74＋0.12＋(－5.89)＝29.29

この結果の精度はそれ程高くはなく，より精度（妥当性）の高い推定式を開発し適用すること，また，たとえ利用するとしても同様な身体機能をもつ女性高齢者にしか適用することができないことは明らかである．

なお，数量化理論では，計算上各カテゴリーを1つの変数として取り扱うため，通常の量的データの多変量解析（例．重回帰分析）と比べ，メモリサイズが多く必要であり，計算時間もかかる（最近のパソコンは性能が向上し，耐えられるかもしれない）．また，説明変数がかなり多い場合は，サンプルケース数と延べカテゴリー総数との関係で逆行列を求めることができず，エラーメッセージが出力される場合がある．したがって，このように変数が多い場合，前述したように χ^2 検定や連関係数を検討してあらかじめ項目数を減らしておくことが必要となる．また，類似の項目がある場合，カテゴリーを統合する際，2つ以上の説明変数が全く同じ値になっているとエラーメッセージが出力されるので，注意が必要である．

たとえば，章末に示した南ら（2002）の研究が参考となる．彼らは総合指標としての基礎体力と連関係数で有意となった生活習慣・健康状態8項目と年代を含めた9項目を用いて，基礎体力を基準変数とした数量化Ⅰ類を適用している．

結果のまとめ

例題の結果をまとめると以下のようになる．
1. 女性高齢者の体力と生活習慣・健康状態の間には，中程度以下（R＝0.44）の関係がある．
2. 女性高齢者の場合，年齢が若く，運動を実施している者は体力に優れる傾向にある．
3. 女性高齢者の体力低下の遅延には（加齢の影響はあるが），運動実施が重要である．

最近の論文例

1. 出村慎一，長澤吉則，南　雅樹ほか：市町村行事に参加した健常な高齢者における体力と生活習慣，健康状態との関係およびその性差．日本生理人類学会誌，7（4）：17-28，2002.
2. 南　雅樹，出村慎一，長澤吉則：市町村行事に参加した健常な男性高齢者における体力と生活習慣，健康状態との関係．日本公衛誌，49（10）：1040-1052，2002.
3. 出村慎一，野田政弘，南　雅樹ほか：在宅高齢者における生活満足度に関する要因．日本公衛誌，48（5）：356-366，2001.

（長澤吉則・出村慎一）

引用・参考文献

1) 出村慎一：健康・スポーツ科学のための統計学入門．不昧堂出版，2001b.
2) 駒澤　勉：統計ライブラリー　数量化理論とデータ処理．朝倉書店，1982.
3) 駒澤　勉，橋口捷久，石崎龍二：統計科学選書2新版パソコン数量化分析．朝倉書店，1998.
4) 林知己夫：統計ライブラリー　数量化―理論と方法―．朝倉書店，1993.
5) 田中　豊，垂水共之：Windows版統計解析ハンドブック多変量解析．共立出版，1995.
6) 田中　豊，垂水共之，脇本和昌：パソコン統計ハンドブックⅡ多変量解析編．共立出版，1984.
7) 木下栄蔵：わかりやすい数学モデルによる多変量解析入門．啓学出版，1987.
8) 菅　民郎：初心者がらくらく読める多変量解析の実践（下）．現代数学社，1993.
9) 大澤清二，稲垣　敦，菊田文夫：生活科学のための多変量解析．家政教育社，1992.
10) 有馬哲，石村貞夫：多変量解析のはなし．東京図書，2001.

2.4. 判別分析

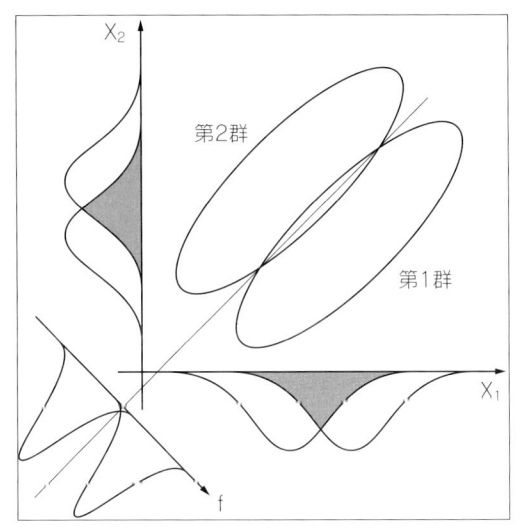

図2-2 判別分析のモデル図

判別分析（discriminant analysis）は，比較したい群が2つ以上あり，それぞれの標本について少なくとも2つ以上の独立変数が測定されているときに，それらの変数に基づいて，各データがどの群に所属するかを判定することを目的とする．判定は，群間を最もよく判別する関数（方程式）を使って行なう．判別分析は外的基準が**質的**に与えられ，独立変数が**量的**に与えられていることが前提となる．

喩えとして，2.4.1において説明する2群の線型判別分析を簡単なモデルで説明してみる．

たとえば，あるデータが2つの群に分けられ（第1群と第2群），それぞれ2つの独立変数（x_1, x_2）によって観察されていたとする．データの分布を描くと図2-2のように2群が重なり合いながら，別々に分布していることが視覚的にわかる．判別分析では，この2群が互いに最もよく分離するように線を引く．図2-2で示すように，2群の楕円の2つの交点を通る直線を引くことによって，2つの群はこの線を挟んで対称の位置となる．さらに，座標の原点を通り，2つの群を分離した線と垂直に線をとる（座標軸f）．各データがこの座標軸上でとる値は，以下のように合成変数の形になる．

$$f = ax_1 + bx_2$$

座標軸f上でのデータの分布を描く（楕円のそれぞれの点を直線上に投影する）と，釣鐘型の分布が作成される．両分布曲線の重なる部分は楕円の重なりに対応している．重なっている部分は，当該群よりも他方の群に近い特性を有しているデータであることを意味する．もともと，それぞれの群は2つの変数によって分類されていたものが，座標軸fによって，1つの得点で分類されたことになる．この座標軸f上の得点が**判別得点**となる．つまり，<u>座標軸f上で，ある値より大きい値であるか小さい値であるかによって，そのデータがいずれの群に属するかを判定できることを意味する</u>．この例では，2群の楕円を分類する線を直線としたが，各群の分散共分散行列が等しくない場合の判別境界は，**マハラノビスの距離**の方法を利用して，**2次判別関数**を導出する．さらに，分類される群が3つ以上の場合（2.4.2参照）でも**マハラノビスの距離の方法，相関比を最大にする方法**を拡張して，判別分析を行なうことができる．

2.4. 判別分析

```
判別し     ┌─ 2群 ─┬─ 分散共分散行列が等しい ──→ 線型判別分析   ・マハラノビスの距離の方法    3.4.1
たい群            │                                              ・相関比を最大にする方法
                  └─     〃    が等しくない ──→ 2次判別分析   ・マハラノビスの距離の方法     *
         └─ 3群以上 ─┬─ 多群の線型判別分析    →  マハラノビスの距離の方法の拡張      3.4.2
                     └─ 正準判別分析（重判別分析） → 相関比を最大にする方法の拡張     *
```

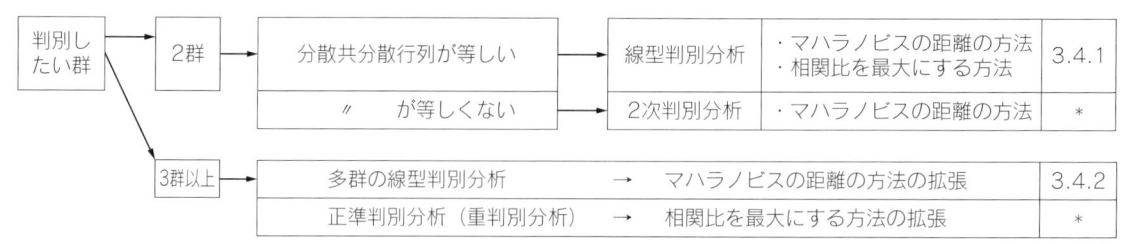

図 2-3 判別分析の選択

*で示した手法（2次判別分析と正準判別分析）は，専門書（山口ら，2003）を参照のこと．

基本的分析手順

判別分析における一般的な分析手順（分析内容）は以下のとおりである．

判別分析の基本的分析手順

事前準備　　　　　　　　　　　　　　　　判別分析に用いるデータ

　　データの吟味（欠損値，異常値など）　　　独立変数は量的（相関係数が正しく算出できる）データを用いる．
　　各変数の基礎統計値の算出　　　　　　　　従属変数は質的データを用いる．
　　　　　　　　　　　　　　　　　　　　　　従属変数がいくつの群に分類されるかによって、分析方法が異なる。
　　　　　　　　　　　　　　　　　　　　　　独立変数が順序尺度（順位など）でも相関係数が算出できると仮定して，
　　　　　　　　　　　　　　　　　　　　　　分析することもある．

分散共分散行列の相等性の検定

　　[分散共分散行列の算出]　　　各独立変数の共分散行列を算出する．

　　[相等性の検定]　　　　　　　母分散共分散行列が互いに等しいか否かを検定する．

判別関数の算出

　　[分散共分散行列の相等性が認められた場合]　線型判別関数（全体の変動に対する群間変動の最大化）を利用する．
　　　　　　　　　　　　　　　　　　　　　　　マハラノビスの距離を利用する．
　　[分散共分散行列の相等性が認められない場合]　マハラノビスの距離を利用し，2次判別関数を算出する．
　　[3群以上の判別分析]　　　　マハラノビスの距離の方法を拡張し，多群の線型判別分析
　　　　　　　　　　　　　　　　相関比を最大にする方法を拡張し，正準判別分析（重判別分析）

判別関数の算出の手法

　　[全変数投入法]　　　独立変数を全て投入して，判別関数を算出する．

　　[ステップワイズ法]　独立変数をひとつずつ投入，または排除して判別関数を算出する．貢献度の低い変数を排除して，
　　　　　　　　　　　　判別関数を算出することができる．
　　　　　　　　　　　　変数増加法，減少法，増減法，および減増法の4種類ある．

> **分析結果の解釈**
>
> 　**判別関数**　　独立変数を利用して作成された，判別する群を最もよく分割する線（曲線）．
>
> 　**判別の程度**　固有値　　　　　　固有値が大きいほどうまく判別されている．
>
> 　　　　　　　　ウィルクスのΛ　　ウイルクスのΛ＝（グループ内変動）/（全変動）
>
> 　　　　　　　　　　　　　　　　　0〜1の間をとる．0に近ければうまく判別されている．
>
> 　**判別確率**　　解析に利用した標本において，算出した判別関数によってどの程度の確率で正しく判別できたか（正答率）を確認する．
>
> 　**判別得点**　　もし，各個人がどの群に判別したかを知ることが目的ならば，各個人の判別結果に注目し，判別得点から，判別に失敗したデータを確認する．

　用語の説明

　　判別得点：判別関数によって算出された得点．正負の符号によっていずれの群に属するかを示す．

　　マハラノビスの距離：当該サンプルが各群の重心までどれほどの距離があるかを調べ，最も近い距離の群に所属すると判定する方法．つまり，2 群 A, B があった場合，2 群の距離だけでなく，分布の分散を考慮して判別関数を算出する方法．3 群以上の判別にも拡張できる．

　　誤判別確率：判別関数によって判別した結果が，従属変数（実際の群）と異なる確率．誤判別確率が小さければ判別分析の精度が高いことになる．

　　フィッシャーの分類関数：データを判別するための関数．各群で分類関数を算出し，データを分類関数に代入する．そのとき，グループ間で最大値を示したグループに分類される．

2.4.1. 2群の線型判別分析

　2 つの群について，具体的な例に従って説明する．ちなみに，2 群の線型判別分析は，従属変数が 2 値で，かつその値に 0-1 などの数値を与えた重回帰分析と形式的に同一となる（本章 2.1.参照）．

> **例題 2.6.**
> 　大学サッカー選手 50 名について，先発選手（1）と控え選手（2）について，①身長，②ドリブル技能テスト，③経験年数について調べた．データは表 2-6 に示すとおりである．これらの変数は先発選手と控え選手をどの程度判別するか検定しなさい．

　　解析のポイント

　　例題 2.6.のポイントは，
　1．身長，ドリブル技能テスト，経験年数によって先発選手と控え選手をどの程度判別できるか．
　2．身長，ドリブル技能テスト，経験年数のうち，いずれの項目が先発選手と控え選手を判別するのに重要な項目となるか．

2.4. 判別分析

	従属変数	独立変数		
		変数1	変数2	変数3
	名義尺度	連続変数	連続変数	連続変数
被験者 1 2 3 4 5 :	↓	↓	↓	↓

データ入力形式

判別分析を行なう際のデータ入力形式は左図のとおりである．従属変数(基準変数)と独立変数(説明変数)を横並びに入力する．必ずしも，従属変数が1列目でなければいけないという制約はない．

表 2-6 先発選手（群1）と控え選手（群2）の各データ

ID	群	身長	ドリブル技能テスト	経験年数	ID	群	身長	ドリブル技能テスト	経験年数
1	1	165.0	15.45	13.00	26	1	172.0	17.47	10.10
2	1	177.0	15.64	11.40	27	1	175.0	14.72	5.00
3	1	171.8	14.64	9.40	28	1	172.0	16.24	6.00
4	1	175.0	17.90	11.80	29	1	172.0	14.58	12.00
5	1	172.0	16.32	8.10	30	2	178.0	14.14	8.00
6	1	177.0	18.15	13.00	31	1	175.0	18.30	8.00
7	2	170.4	24.07	2.60	32	2	175.0	14.47	7.10
8	2	167.1	18.71	9.10	33	1	170.0	17.17	9.00
9	2	168.7	22.53	5.10	34	1	169.9	18.20	6.00
10	2	174.0	20.69	6.10	35	1	171.5	15.30	8.20
11	2	176.0	19.82	9.00	36	2	163.0	15.37	8.00
12	2	175.4	22.50	9.10	37	2	170.0	20.65	7.20
13	2	173.0	18.06	8.00	38	2	171.0	18.25	9.10
14	2	165.0	19.56	5.00	39	1	175.0	17.54	7.60
15	2	167.5	15.34	9.00	40	1	164.0	19.25	4.30
16	2	171.0	16.34	6.00	41	1	181.5	16.57	10.40
17	2	165.0	14.44	9.00	42	1	176.0	17.65	12.40
18	2	176.5	18.02	5.00	44	1	173.0	18.69	6.00
19	2	165.0	14.99	11.00	43	1	175.0	16.72	3.00
20	2	170.0	20.09	5.50	45	2	165.0	19.29	6.40
21	2	171.0	20.82	12.00	46	2	174.0	19.08	7.00
22	2	171.0	17.47	9.00	47	2	175.0	20.23	0.30
23	2	173.5	16.52	9.30	48	2	172.0	19.07	6.00
24	1	170.0	15.47	5.70	49	2	170.0	18.47	0.30
25	1	174.0	16.67	13.10	50	2	168.0	19.32	2.60

このデータは，表 2-6 のデータと同じなので，前回このデータを作成している場合は，そのまま利用できる．一般に，判別分析を行なう場合，<u>少なくとも独立変数の数の 10 倍の対象者が必要とされ</u>ているが，本例題の場合，独立変数 3 に対して，50 人の対象者であるから，問題ない．

操作手順

事前処理

SPSS を起動し，シートに「表 2-6」のデータを入力する．もし，「表 2-6」のデータをエクセルなどに入力してあれば，「ファイル」「テキストデータの読み込み」からデータをインポートする．

データの入力もしくはインポートが完了したら，統計処理を始める．

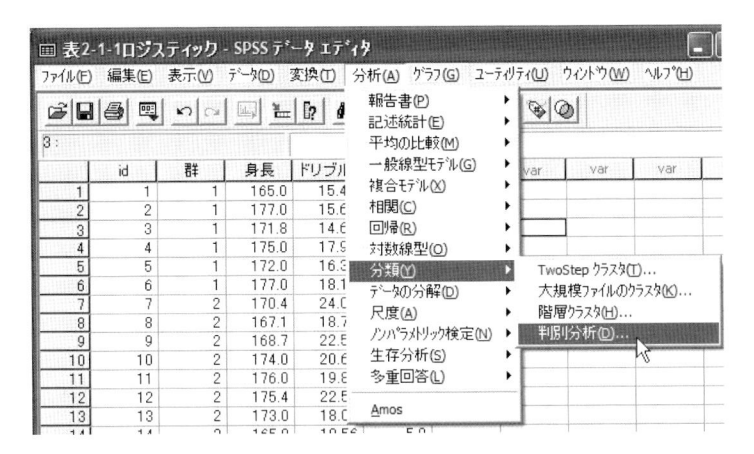

2章 データを予測する　61

左図のようにタスクバーの「分析 (A)」から,「分類 (Y)」を選択し,サブメニューの「判別分析 (D)」を選択する.

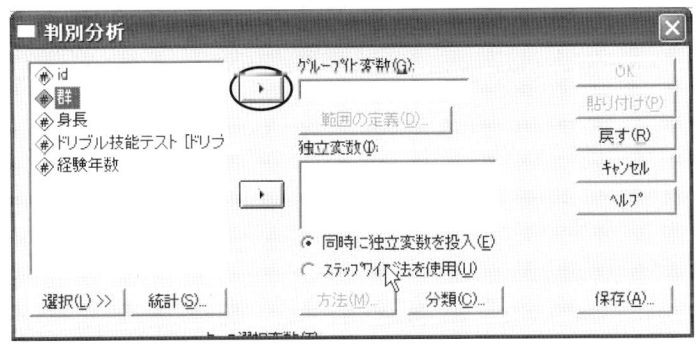

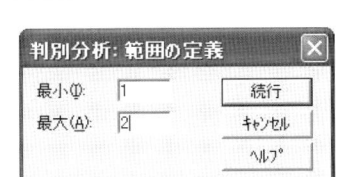

左のウィンドウが表示される.
グループ化変数を選択する.
この場合,先発選手と控え選手のデータは「群」に示されているので,「群」を選択し,▶をクリックすると,グループ化変数に「群」が選択される.
群 (??) と表示されるので,
「範囲の定義」をクリックすると「範囲の定義」のウィンドウが表示される. 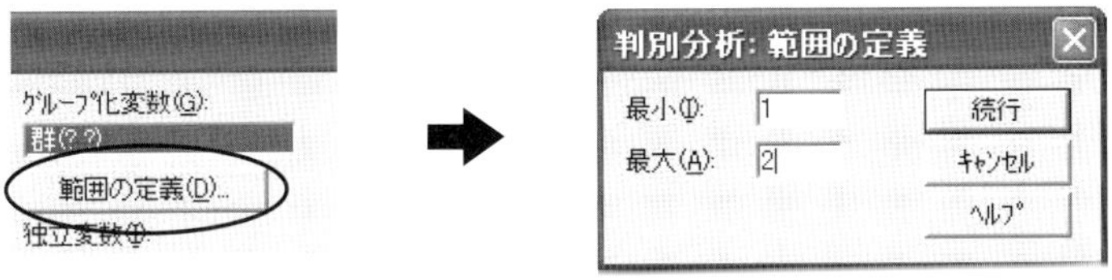
群の数は 2 つなので,「最小 (I)」に 1,「最大 (A)」に 2 を入力し,「続行」をクリックする. 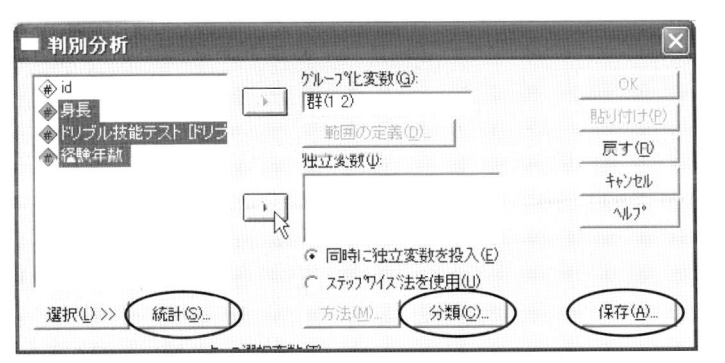
独立変数 (I) を選択する.「id」を除くすべての変数を選択し,▶をクリックする.
「独立変数 (I)」に選択した変数が移動する.
つぎに出力する統計量を選択する.「統計 (S)」をクリックする.

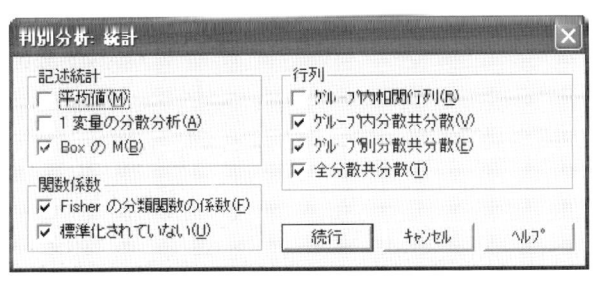

チェックボックスをチェックすることによって出力する統計量を選択することができる.
「判別分析の基本的分析手順」において説明したように,判別分析では,まず分散共分散の相等性の検討を行なわなければならない.
「記述統計」の「Box の M (B)」は分散共分散

の相等性の検定の1つである．この検定は，a 個の正規母集団のグループの母集団共分散行列を Σ_1, Σ_2, ………, Σ_a としたとき，帰無仮説 $H_0 = \Sigma_1 = \Sigma_2 = \cdots\cdots\cdots = \Sigma_a$ が成立するかどうかを検定する．

また，「行列」の項目をチェックして，分散共分散行列を算出させて，行列から卓上計算機など利用して別に実施してもよい．その場合は，前ページ最下図の「行列」のようにチェックする．

「続行」をクリックする．

元の画面に戻るので，つぎに判別得点の出力について選択する．

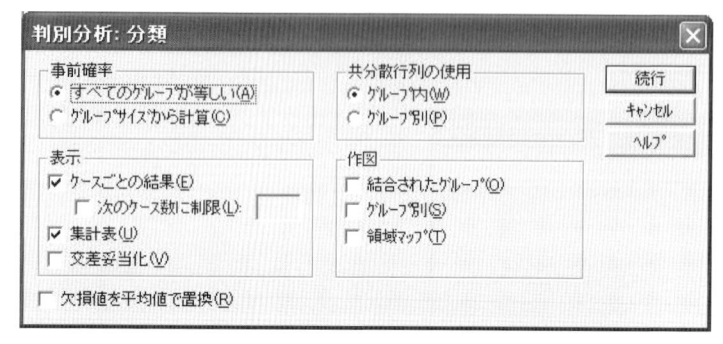

「分類（C）」をクリックすると左図の画面が表示される．

「ケースごとの結果（E）」と「集計表（U）」をクリックし，「続行」をクリックする．

元の画面に戻るので，つぎにデータシートに出力する結果について選択する．

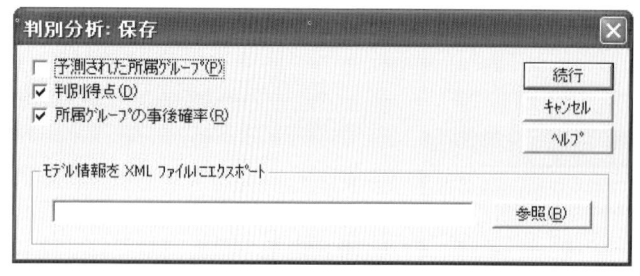

「保存（A）」をクリックすると，左図の画面が表示される．

「判別得点（D）」と「所属グループの事後確率（R）」のチェックボックスにチェックを入れて，「続行」をクリックする．

元の画面に戻るので，「OK」をクリックすれば，検定結果が表示される．

出力結果と結果の解釈

前述したように，線型判別分析は各群の分散共分散行列が等しいと仮定できることが前提となる．仮定できない場合の判別境界は，2次曲線を利用しなければならない．しかしながら，分散共分散行列に相等性が認められないと判定されても，SPSS では，2次判別分析を利用した解析ができない．この場合，①別の解析ソフトを利用して2次判別分析を行なう，②データの見直し，もしくはデータの補充を行ない相等性が認められるようにする，③保証されたと仮定して線型判別分析を利用する，のいずれかが選択される．①もしくは②を選択し，③は避けたい．

分散共分散行列の相等性の検定により，2つの群の母分散共分散行列が互いに等しいか否かを検定する．「共分散行列」の値から卓上計算機などを利用して，以下の手順で検定してもよい（Box の M 検定）．

共分散行列[a]

V2		V3	ドリブル技能テスト	V5
1	V3	14.967	1.482E-02	2.960
	ドリブル技能テスト	1.482E-02	1.964	-.851
	V5	2.960	-.851	9.608
2	V3	16.065	1.362	-.917
	ドリブル技能テスト	1.362	6.756	-2.665
	V5	-.917	-2.665	8.277
合計	V3	16.440	-.171	1.820
	ドリブル技能テスト	-.171	5.299	-2.669
	V5	1.820	-2.669	9.630

a. 全共分散行列の自由度が 49 です．

もし，S_1とS_2が等しければ，$\chi_o^2 \leq \chi^2\{q(q+1)/2, \alpha\}$ が成立する．qは独立変数の数，αは有意水準を示す．

$$\chi_o^2 = [1-\{1/(n_1-1)+1/(n_2-1)-1/(n_1+n_2-2)\} \times (2q^2+3q-1)/6(q+1)] \times \log_e[|S|^{n_1+n_2-2}/|S_1|^{n_1-1}|S_2|^{n_2-1}]$$

共分散行列の差の Box 検定

対数行列式

群	階数	対数行列式
1	3	5.539
2	3	6.646
プールされたグループ内	3	6.360

表示された行列式の階数と自然対数はグループ共分散行列のものです．

検定結果

BoxのM検定		9.536
F値	近似	1.479
	自由度1	6
	自由度2	14244.369
	有意確率	.181

グループ共分散行列が等しいという帰無仮説を検定します．

n_1, n_2：群1と2の人数，$|S|$, $|S_1|$, $|S_2|$ はそれぞれ，全体，群1，および群2の群内行列を示す．

SPSSでは，分散共分散行列の相等性の検定として，「BoxのM検定」が利用できる．

「検定結果」において，BoxのM検定により算出されたF値の近似値が有意（一般的に有意確率<0.05）であれば，分散共分散行列の**相等性が保証されない**と判定される．

検定の結果，F値の近似値は有意水準5%で有意ではないので，分散共分散行列の相等性は保証されたと判定できる．つまり，線型判別分析が利用できる．

固有値

関数	固有値	分散の%	累積%	正準相関
1	.298ª	100.0	100.0	.479

a. 最初の1個の正準判別関数が分析に使用されました．

Wilksのラムダ

関数の検定	Wilksのラムダ	カイ2乗	自由度	有意確率
1	.771	12.121	3	.007

線形判別分析の結果を解釈してみよう．

固有値が大きいほど，線型判別関数によって，うまく判別されることを示す．

Wilks（ウィルクス）のラムダは，2群の母平均に有意差が認められるかを示している．

$$\Lambda = (グループ内変動)/(全変動)$$

で定義される．これは，判別関数の有意性の検定に利用され，ラムダが小さければ小さいほど，より有意になりやすくなる．つまり，ラムダは0〜1の間をとり，0に近いほど，2群がうまく判別されていることを示す．

$\chi^2=12.121$ であり，$p<0.05$ であるから，2群には有意差が認められることを示している．

「標準化された正準判別関数係数」は，この係数の大きい独立変数は，判別の貢献度が高いことを示す．つまり，「身長」および「ドリブル技能テスト」が重要な変数であることがわかる．

標準化された正準判別関数係数

	関数 1
身長	.544
ドリブル技能テスト	-.676
経験年数	.374

構造行列

	関数 1
ドリブル技能テスト	-.735
経験年数	.607
身長	.508

判別変数と標準化された正準判別関数間のプールされたグループ内相関変数は関数内の相関の絶対サイズにしたがって並べ替えられます．

「構造行列」は判別変数と標準化された正準判別関数間の相関係数を示している．

正準判別関数係数

	関数
	1
身長	.138
ドリブル技能テスト	-.313
経験年数	.126
(定数)	-19.084

標準化されていない係数

「正準判別関数係数」は判別関数を示しており，
$$z = 0.138X_1 - 0.313X_2 + 0.126X_3 - 19.084$$
X_1：身長，X_2：ドリブル技能テスト，X_3：経験年数により，2群を判別することになる．

この直線式は，図2-2で示す，両群の楕円を最もうまく分ける直線を意味する．

分類関数係数

	群 1	群 2
身長	10.974	10.826
ドリブル技能テスト	1.963	2.301
経験年数	.442	.307
(定数)	-967.839	-947.213

Fisher の線型判別関数

「分類関数係数」は Fisher の線型判別関数の係数を示している．データを判別するための関数の係数であり，各データを各分類関数に代入し，大きい値が得られた群に属することになる．群1は「先発選手」，2は「控え選手」を示す．

ケースごとの統計

ケース番号	実際のグループ	予測グループ	最大グループ P(D>d G=g) p	自由度	P(G=g|D=d)	重心へのMahalanobisの距離の2乗	2番目のグループ グループ	P(G=g|D=d)	重心へのMahalanobisの距離の2乗	判別得点 関数1
元のデータ 1	1	1	.891	1	.606	.019	2	.394	.883	.466
2	1	1	.209	1	.874	1.580	2	.126	5.447	1.860
3	1	1	.548	1	.773	.362	2	.227	2.818	1.205
4	1	1	.746	1	.717	.105	2	.283	1.963	.927
5	1	1	.952	1	.626	.004	2	.374	1.034	.543
6	1	1	.501	1	.787	.452	2	.213	3.061	1.275

上の図は，「ケースごとの統計」を示している．

「ケースごとの統計」のうち，「判別得点」は，正負の符号によっていずれの群に近いデータであるかがわかる．この場合，正の値は，群1に近く，負の場合は群2に近いことを意味し，予測グループに対応する．予測グループの数字に＊＊がついている場合は，判別得点より予測した群と実際の群が間違っていたことを示す．

分類結果[a]

		群	予測グループ番号 1	2	合計
元のデータ	度数	1	18	4	22
		2	11	17	28
	%	1	81.8	18.2	100.0
		2	39.3	60.7	100.0

a. 元のグループ化されたケースのうち 70.0% 個が正しく分類されました。

この正答率をまとめたのが，「分類結果」である．2群の**判別確率（判別的中率：予想した群と実際の群が正しく判定された確率）**は50%〜100%の間をとる．判別確率がどの程度であればよいかという客観的な基準はないが，経験的には，以下のように解釈される．

90%〜100%……判別確率（判別精度）が非常に高い
75%〜90%……判別確率（判別精度）がややよい
50%〜75%……判別確率（判別精度）が低い

本例の場合，群1と群2に正しく分類されたのはそれぞれ18と17であるから，$(18+17)/50 \times 100 = 70$%となり，判別確率は低いといえる．

ここまでは，「すべての独立変数を投入」して，判別分析を行なったが，重回帰分析のところでも説明したように，一般的には独立変数の個数を増やすことは，その判別結果が不安定なものになる（交差妥当性が低い）．また，実用性を考慮した場合，できるだけ少ない変数で有効な判別ができることを第1の目標とする場

合もある．そこで，**ステップワイズ法**を利用する．ステップワイズ法には変数増加法，減少法，増減法，および減増法などが提案されているが，SPSS の判別分析では，変数増加法が利用されている．これは，最初に最もよく群の判別に貢献する独立変数（外的基準との相関係数が最も大きいもの）を判別式に入れる．つぎに，2つ目の独立変数（2番目に相関係数の高い変数）を方程式に追加する．すべての変数を投入するか，新たに変数を投入しても判別精度が高まらない場合に終了する．

　ステップワイズ法の長所は，数多くの独立変数を利用して判別分析を行なう場合には，判別力を全変数を利用したときとほとんど変わらずに，より少ない独立変数で判別することができる．また，独立変数について，重要性の順序付けができる．一方，短所は主に，解釈に関連する．例えば，2つの独立変数に相関関係があれば，その1つの独立変数は判別関数に入るが，一方の独立変数は入らない場合がある．また，外的基準との相関係数が低くても，独立変数の組み合わせによって判別精度が高まる場合があるが，変数増加法のステップワイズ分析では，この組み合わせを見出すことはできない．なぜなら，独立変数が新たに式に投入されるためには，さらに判別力を高めなければならないからである．これは，変数をできるだけ少なくする目的ではよいことかもしれないが，一方の変数が判別関数に含まれないからといって，すぐに群間の差に関係しないと結論づけることには注意しなければならない．

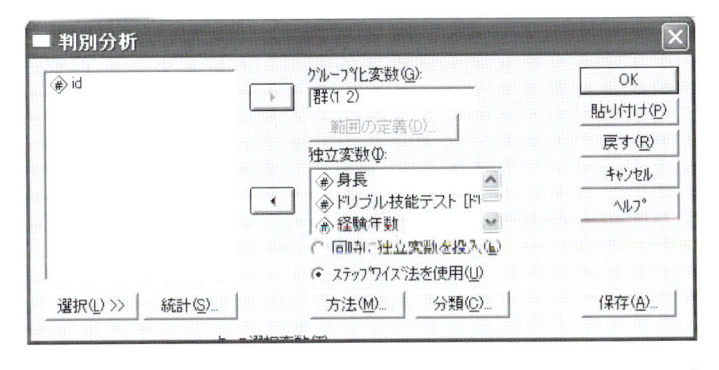

ステップワイズ分析を選択する場合は，「ステップワイズ法を使用(U)」をチェックして，「OK」をクリックする．

結果が表示される．

投入済み/除去済みの変数 [a,b,c,d]

ステップ	投入済み	Wilks のラムダ				正確な F 値			
		統計量	自由度1	自由度2	自由度3	統計量	自由度1	自由度2	有意確率
1	ドリブル技能テスト	.861	1	1	48.000	7.724	1	48.000	.008
2	身長	.794	2	1	48.000	6.111	2	47.000	.004

各ステップで全体の Wilks のラムダを最小化する変数が投入されます．
a. 最大ステップ数は6です．
b. 投入するための偏 F 値の最小値は 3.84 です．
c. 削除するための偏 F 値の最大値は 2.71 です．
d. 計算を続行するには F 水準，許容度，または VIN が不十分です．

ステップワイズ法により，いかなる変数が選択され，また削除されたかは，「投入済み/除去済みの変数」を確認すればよい．「経験年数」は貢献度が低いと判定され，除去された．

その他の結果の解釈については，「すべての独立変数を投入」した場合と同じである．つまり，「ドリブル技能テスト」と「身長」の2変数から先発選手と控え選手を判別することができると結論づけられる．

データシートには，判別分析「保存」ダイアログで，チェックした項目である「判別得点」「所属グループの事後確率」が記録されている．

所属グループの事後確率とは，算出された判別得点より，そのデータがどちらの群にどのくらいの確率で所属するかということを示している．たとえば，被験者1の場合，判別得点は0.46579で，群1に所属する確率は60.638%であった．つまり，群2に所属する確率は39.362%ということになる．ちなみに，ステップワイズ法の場合の結果が隣の列以降に示されている．比較してみると，被験者1の場合，判別得点は，0.14835で群1に所属する確率は44.766%であり，群2に所属する確率は，55.234%ということになる．

結果のまとめ

例題の結果をまとめると以下のようになる．

1. 身長，ドリブル技能テスト，経験年数によって，先発選手と控え選手を判別できる可能性がある．
2. 身長，ドリブル技能テスト，経験年数のうち，ドリブル技能テストと身長が先発選手と控え選手を判別するのに重要な項目といえる．

研究のポイント

本例では独立変数があらかじめ決定されていたが，数多くある独立変数からある程度絞ってから判別分析に入る手順もある．その判断基準として 1) もしくは 2) の検定を行ない，3) で相互間の相関係数が高い場合，いずれか一方を除外する．

1) 従属変数と各独立変数との相関比を計算し，有意である変数のみを独立変数として選択する．
2) 従属変数による各群における独立変数の平均値の有意差検定を行い，有意であった変数のみを独立変数として選択する．
3) 1) もしくは 2) で選択した変数相互の相関係数を算出し，高い相関が認められる場合，いずれか一方の変数を削除する．

(山次俊介・出村慎一)

2.4.2. 多群の線型判別分析

前節では，線型式による 2 群の判別を行なったが，3 つ以上の群（多群）を判別する場合にも適用できる．2 群の判別と多群の判別は，SPSS で分析する手順に大きな違いはない．2 群の判別の場合，1 本の判別関数により群を判別したが，3 群以上の場合，複数の判別関数が必要となる（3 群の判別の場合，2 本の判別関数が導かれる）．本項では，線形式による多群の判別を行なう．

例題 2.7.

機能水準の異なる 3 つの高齢者群（寝たきり群，要介護群，自立群）に対し「起立動作」「歩行動作」「寝返り動作」の成就の可否を評価した（表 2-7）．これらの変数は 3 つの高齢者群を判別できるかどうか検定しなさい．

解析のポイント

例題 2.7.の解析のポイントは，
1. 3 つの動作の評価値から各高齢者群をどの程度の確率で判別できるか．
2. 各高齢者群の判別には，どの動作の評価値が重要となるか．

表 2-7

グループ	起立	歩行	寝返り
2	1	1	4
2	1	0	4
2	0	1	4
2	2	1	4
2	1	1	3
2	2	0	4
2	2	0	3
2	2	1	5
2	2	1	4
2	2	1	4
3	3	3	4
3	4	4	4
3	4	3	4
3	3	3	3
3	4	3	4
3	4	5	4
3	3	3	4
3	4	0	4
3	4	3	4
3	4	3	4
1	0	1	3
1	1	1	3
1	0	0	3
1	1	0	3
1	0	1	3
1	1	0	4
1	1	1	4
1	0	0	4
1	2	0	3

データ入力

データの入力形式は 2 群の判別の場合と変わらない．グループ変数と判別に用いる変数を並列する．多群の判別の場合は，グループ変数の水準が 3 以上となる．

本例題では，表 2-7 のデータを用いる．グループ変数は「1＝寝たきり高齢者，2＝要介護高齢者，3＝自立高齢者」を意味する．

操作手順

操作手順は 2 群の判別の場合とほとんど変わらない．
「グループ化変数」の「範囲の定義」を判別する群の水準に合わせて定義すればよい．この例題では 3 つの群を用いているので「最大」が 3 になる．

固有値

関数	固有値	分散の %	累積 %	正準相関
1	7.191[a]	96.5	96.5	.937
2	.259[a]	3.5	100.0	.454

a. 最初の2個の正準判別関数が分析に使用されました。

Wilks のラムダ

関数の検定	Wilks のラムダ	カイ2乗	自由度	有意確率
1 から 2 まで	.097	60.670	6	.000
2	.794	5.991	2	.050

標準化された正準判別関数係数

	関数 1	関数 2
起立	.841	.076
歩行	.601	-.384
寝返り	-.013	.924

構造行列

	関数 1	関数 2
起立	.800*	.260
歩行	.548*	-.344
寝返り	.162	.918*

判別変数と標準化された正準判別関数間のプールされたグループ内相関変数は関数内の相関の絶対サイズにしたがって並べ替えられます。

*. 各変数と任意の判別関数間の最大絶対相関

正準判別関数係数

	関数 1	関数 2
起立	1.317	.119
歩行	.726	-.463
寝返り	-.028	1.976
(定数)	-3.435	-6.907

標準化されていない係数

分類関数係数

	グループ 1	グループ 2	グループ 3
起立	-.449	1.514	7.434
歩行	.151	.624	4.315
寝返り	15.195	17.435	15.718
(定数)	-26.067	-36.451	-51.975

Fisher の線型判別関数

出力結果と結果の解釈

3群の判別の場合には，判別関数が2本導かれる．出力される統計量は2群の判別の場合と同様である．

各変数における「標準化された正準判別関数係数」および「構造行列」を見ると，第1判別関数は「起立動作」および「歩行動作」，第2判別関数は「寝返り」が群の判別に対し高い貢献度を有していることがわかる．各高齢者群の特徴を考慮すると，第1判別関数は自立高齢者かその他の高齢者かを判別し，第2判別関数は寝たきり高齢者か要介護高齢者かを判別する関数であることが窺える．

「正準判別関数」は各判別関数の係数を示している．つまり，

第1判別関数 $= 1.317X_1 + 0.726X_2 - 0.028X_3 - 3.435$

第2判別関数 $= 0.119X_1 - 0.463X_2 + 1.976X_3 - 6.907$

X_1：起立動作得点，X_2：歩行動作得点，

X_3：寝返り動作得点

の2つの直線式が3つの高齢者群を最もよく判別する．

個々のデータがそれぞれどの群に判別されるかは，左の「分類関数係数」を用いて決定できる．個人の3変数の値をグループごとの分類関数に代入し，どのグループの分類関数に当てはめたときに，分類関数から得られる値が最も大きくなるかを確認する．すなわち，以下の各グループの関数に測定値を代入した時に，例えば $Y_1 > Y_2 > Y_3$ であれば「グループ1」，$Y_3 > Y_1 > Y_2$ であれば「グループ3」に分類される．

グループ1：$Y_1 = -0.449X_1 + 0.151X_2 + 15.195X_3 - 26.067$

グループ2：$Y_2 = 1.514X_1 + 0.624X_2 + 17.435X_3 - 36.451$

グループ3：$Y_3 = 7.434X_1 + 4.315X_2 + 15.718X_3 - 51.975$

X_1：起立動作得点，X_2：歩行動作得点，X_3：寝返り動作得点

次ページの「ケースごとの統計」は，ケースごとの分析結果である．たとえばケース1の人の場合，起立得点 $=1$，歩行得点 $=1$，寝返り得点 $=4$ であるから（表2-7），分類関数から得られる値は，グループ2，グループ1，グループ3の順に大きく，グループ2に分類されると予測されている．

ケースごとの統計

	ケース番号	実際のグループ	予測グループ	最大グループ P(D>d|G=g) p	自由度	P(G=g|D=d)	重心へのMahalanobisの距離の2乗	2番目のグループ	P(G=g|D=d)	重心へのMahalanobisの距離の2乗	判別得点 関数1	関数2
元のデータ	1	2	2	.906	2	.733	.197	1	.267	2.218	-1.504	.652
	2	2	2	.453	2	.631	1.582	1	.369	2.658	-2.230	1.115
	3	2	1**	.546	2	.722	1.209	2	.278	3.113	-2.821	.533
	4	2	2	.678	2	.950	.777	1	.049	6.724	-.187	.771
	5	2	1**	.445	2	.774	1.621	2	.226	4.079	-1.476	-1.324
	6	2	2	.835	2	.924	.359	1	.076	5.361	-.913	1.234
	7	2	2	.372	2	.565	1.976	1	.435	2.497	-.885	-.742
	8	2	2	.078	2	.994	5.099	1	.005	15.526	-.215	2.746
	9	2	2	.678	2	.950	.777	1	.049	6.724	-.187	.771
	10	2	2	.678	2	.950	.777	1	.049	6.724	-.187	.771
	11	3	3	.648	2	.998	.868	2	.002	13.751	2.583	-.037
	12	3	3	.521	2	1.000	1.304	2	.000	33.411	4.626	-.382
	13	3	3	.901	2	1.000	.208	2	.000	24.932	3.900	.081
	14	3	3	.118	2	1.000	4.269	2	.000	20.587	2.611	-2.013
	15	3	3	.901	2	1.000	.208	2	.000	24.932	3.900	.081
	16	3	3	.143	2	1.000	3.885	2	.000	43.374	5.353	-.845
	17	3	3	.648	2	.998	.868	2	.002	13.751	2.583	-.037
	18	3	3	.054	2	.784	5.828	2	.216	8.405	1.721	1.471
	19	3	3	.901	2	1.000	.208	2	.000	24.932	3.900	.081
	20	3	3	.901	2	1.000	.208	2	.000	24.932	3.900	.081
	21	1	1	.604	2	.961	1.007	2	.039	7.391	-2.793	-1.443
	22	1	1	.445	2	.774	1.621	2	.226	4.079	-1.476	-1.324
	23	1	1	.502	2	.975	1.379	2	.025	8.709	-3.519	-.979
	24	1	1	.910	2	.846	.189	2	.154	3.594	-2.202	-.861
	25	1	1	.604	2	.961	1.007	2	.039	7.391	-2.793	-1.443

**：間違って分類されたケース

グループ1：$Y_1 = -0.449 \times 1 + 0.151 \times 1 + 15.195 \times 4 - 26.067 = 34.415$

グループ2：$Y_2 = 1.514 \times 1 + 0.624 \times 1 + 17.435 \times 4 - 36.451 = 35.427$

グループ3：$Y_3 = 7.434 \times 1 + 4.315 \times 1 + 15.718 \times 4 - 51.975 = 22.646$

また，マハラノビスの距離も分類関数が最も大きくなるグループにおいて最も短くなっている．

予測されたグループと実際のグループが異なった場合には「予測グループ」の欄に**で示されている．

「分類結果」には，判別関数によって予測された群と実際の群との一致度が示されている．表の対角線上にすべての群の度数が分類されれば，100％の確率で判別できたことを意味する．本例題の場合，グループ3は100％の確率で判別された．また，グループ1の場合，70％は正確に判別され，30％は異なる群に判別された（同様にグループ2では，80％が正当，20％が

分類結果[a]

		グループ	予測グループ番号 1	2	3	合計
元のデータ	度数	1	7	3	0	10
		2	2	8	0	10
		3	0	0	10	10
	％	1	70.0	30.0	.0	100.0
		2	20.0	80.0	.0	100.0
		3	.0	.0	100.0	100.0

a. 元のグループ化されたケースのうち83.3％個が正しく分類されました．

グループ重心の関数

グループ	関数 1	関数 2
1	-2.447	-.501
2	-1.061	.653
3	3.508	-.152

グループ平均で評価された標準化されていない正準判別関数

正準判別関数

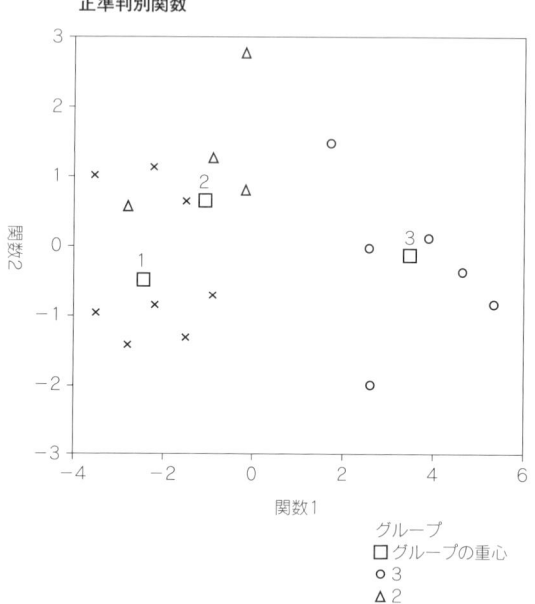

（グラフ：横軸 関数1、縦軸 関数2）

グループ
□ グループの重心
○ 3
△ 2
× 1

誤りであった）．

　各グループの分布の重心や判別得点の分布は以下の図の通りである．左プロット図は各グループの関係を視覚的に理解しやすい．

結果のまとめ

例題の結果をまとめると以下のようになる．

1. 「起立」「歩行」「寝返り」の3つの動作の評価値から，寝たきり，要介護，自立の3つの高齢者群の判別を試みた．その結果，自立群は100%，寝たきりおよび要介護高齢者群はそれぞれ70%および80%の確率で判別が可能であった．
2. 自立高齢者か否かを判別するには，「起立動作」および「歩行動作」が，また，寝たきり高齢者か要介護高齢者かを判別するには「寝返り動作」の成就の可否が重要である．

判別分析を利用した研究論文

1. Kelly B, Burnett P, Pelusi D, et al.：Factors associated with the wish to hasten death：a study of patients with terminal illness. Psychological Medicine. 33（1）：75-81, 2003.
2. 小林秀紹，出村慎一：青年用疲労自覚症状尺度による慢性疲労のスクリーニング．日本公衆衛生雑誌, 49（10）：1062-9, 2002.
3. Sato S, Demura S, et al.：Utility of ADL index for partially dependent older people：Discriminating the functional level of an older population. Journal of Physiological Anthropology and Applied Human Science 20：321-326, 2001.

（佐藤　進・出村慎一）

引用・参考文献

1) 管　民郎：〜初心者がらくらく読める〜多変量解析の実践（上）．現代数学社, 1993.
2) 石村貞夫：SPSSによる多変量データ解析の手順．東京図書, 2001.
3) 石村貞夫，デズモンド・アレン：すぐわかる統計用語．東京図書, 1997.
4) 山口和範, 宿久洋, 浅野長一郎：Excelによる多変量解析入門．エコノミスト社, 2002.

2.5. 数量化Ⅱ類

数量化Ⅱ類とは，質的な要因に基づいて質的な外的基準を**予測**あるいは**判別**するための手法である．各説明変数が量的な測定値で与えられる場合は，2.4.の判別分析が適用できることはすでに述べた．つまり，数量化Ⅱ類とは，**判別分析において説明変数が質的変数で与えられた場合に相当**する．また，数量化Ⅰ類が，質的な要因を説明変数として量的な外的基準の値を予測することはすでに2.3.で述べた．

数量化Ⅱ類に適用できるデータは，目的（外的基準）変数および説明変数のいずれも定数変数（非連続データ）である（出村，2001b）．方法論的には，判別分析にダミー変数を適用したものと解釈することができる．

表2-8　数量化Ⅱ類のデータの形式

注）個体の総数 $n = n_1 + n_2 + \cdots + n_K$

各個体（サンプル）について，K個の分類からなる外的基準の値と，種々（R個）のアイテムのカテゴリーへの反応が得られているとする．要因のアイテムとは，性別や疾病の有無などの項目を，カテゴリーとは性別ならば男性，女性，疾病の有無ならば疾病あり，疾病なしといった分類を意味することはすでに述べた（2.3.参照）．外的基準のK個の群について，各個体が質的な要因アイテムの，どのカテゴリーに反応したかという情報に基づいて群間の判別を行なう手法である．

よって，数量化Ⅱ類では，数量化Ⅰ類と同様に，要因のアイテム・カテゴリーにある数量を付与し，各個体の反応したカテゴリーの数量を合計した値を，その個体の数量とする．このとき，各個体の数量によってK個の群が最もよく判別されるように，カテゴリーに付与する数量を操作的に定めようというのが，数量化Ⅱ類の考え方である．

計算上，**外的基準**が分類（グループ）で与えられているとき，同じ外的基準グループに属するケースは相互に近い値を，異なるグループに属するケースは互いに離れた値をとるように，一組の定性的変数を総合した**判別得点**を求める．この場合，判別効果の測度として**相関比 η^2** を考え，これが最大になるように個々の変数のカテゴリー（変数値）を数量化する．分析のねらいは判別分析と何ら異なるところはなく，算出された各変数のカテゴリーの数値を大きさや方向について比較して，ケースのどんな特性が各グループ（一般に2つ以上）の差異に強く影響しているかを知ることができる．また，η^2 が十分高ければ新しいケースがどのグループに属するかの判別が可能となる（本書2章2.4.判別分析参照）．

ここで，数量化Ⅱ類をSPSSで行なう手順を以下に説明する．

基本的分析手順

数量化Ⅱ類の一般的な分析手順（分析内容）は以下の通りである．また，＊で示した手法については専門書（駒澤，1982）を参照のこと．

数量化Ⅱ類の基本的分析手順

＊：一般的にはあまり用いられない手法．詳細は専門書（駒澤，1982）を参照のこと
アンダーラインは例題で用いた手法を示す．

事前準備	
データの吟味（欠損値，正規性の検定など） 各変数の基礎統計値の算出 度数，関連係数の算出，カテゴリーの統合	数量化Ⅱ類に用いるデータ 通常，目的変数および説明変数のいずれも質的（性別，疾病の有無など）データを用いる．

数量化理論Ⅱ類	
変数リスト	変数リストに説明変数を選択し，挿入する 説明変数に対する欠損値の定義は無効であり，欠損値のないデータを挿入する 説明変数は最大75個まで，カテゴリー総数は150までの制限がある

変数の最小値・最大値設定	
変数名　最小値 　　　　最大値	各説明変数に用いたカテゴリーの最小値を入れる 各説明変数に用いたカテゴリーの最大値を入れる データの中に，上下限（範囲）を超える変数値，および範囲の中に度数0の変数値がある場合は，分析できない

数量化理論Ⅱ類	
説明変数リスト	変数リストの中から分析で実際に使用する説明変数を選択する

インクルージョンレベル設定	
レベル設定　指定せず 　　　　　　＊正の値（ステップワイズ機能） 　　　　　　＊負の値（ステップワイズ機能）	全ての変数が1度に投入される 投入の順序を表し，値が小さいものから順に説明変数として投入される その変数は最初のステップ全て投入され，その値が示すステップで除外される nは−9から99までの0を除く整数で指定する レベルに奇数，偶数によるモードの差はない インクルージョンレベルの値は，連続して設定する必要がある 負の値を設定する場合，レベル1は省略可能

数量化理論Ⅱ類	
外的基準変数	変数リストの中から分析で実際に使用する外的基準変数を選択する 外的基準グループ，すなわち外的基準変数の幅は2〜15以下である 判別得点は，最大5次元まで算出可能

変数の最小値・最大値設定	
変数名　最小値 　　　　最大値	各外的基準変数に用いるカテゴリーの最小値を入力（2以上） 各外的基準変数に用いるカテゴリーの最大値を入力（15以下） 外的基準の欠損値は無視される ただし，データの中に，上下限（範囲）を超える変数値のケースは除外される 範囲の中に度数0の変数値がある場合は分析できないので，1以上に必ず再コード化しておく

オプション選択

Options

オプション 5, 6, 7, 8, 9, 7 はそれぞれ，追加統計の 3, 5, 4, 6, 6, 7 と関連するので注意が必要

変数間クロス表診察時のラベル出力の省略（1）	変数相互間の総クロス集計表の印刷（追加統計1）に際し，変数値ラベルの印刷を省略する
カテゴリースコア出力の際のラベル印刷の省略（2）	説明変数の各カテゴリーに与えられた数値の表における変数値ラベルの印刷を省略する
ソートしたカテゴリースコア出力の省略（3）	説明変数の各カテゴリーに与えられた数値の表で，カテゴリー値の降順に並べた表の出力を省略する
指定した変域を超える説明変数の値の上下限値での置換え（4）	指定した範囲を越える説明変数値を上下限値に置き換えて，計算を続行する
ケース得点間の相関行列を最終ステップに追加（5）	ケース得点間の相関行列の印刷（追加統計3）を最終ステップのみにする
偏相関係数を最終ステップに限定（6）	偏相関係数の印刷（追加統計5）を最終ステップのみにする
ケーススコアの度数表を最終ステップに限定（7）	ケース得点の度数表（追加統計4）あるいは累積%表の印刷（追加統計7）を最終ステップのみにする
ケーススコアを最終ステップに限定（8）	ケース得点の印刷（追加統計6）を最終ステップのみにする
ケーススコアを作業ファイルに追加（9）	ケース得点を新たな変数として，実行ファイルに追加する
第1軸によるヒストグラムの出力（11）	第1軸の値をいくつかの階級に分け，階級ごとの頻度をグループ別に示す図を出力する
第1軸と第2軸による散布図の出力（12）	第1, 2軸に基づいて，各ケースをグループ番号で示す図を出力する

追加統計選択

Statistics

全変数間のクロス集計表（1）	選択した全変数相互間のクロス集計表を出力する
外的基準グループごとのケース得点の平均，分散，標準偏差（2）	外的基準変数に定義された範囲を越えるケースは除外される 外的基準グループごとのケース得点の平均，分散，標準偏差（ステップごと）を出力する
外的基準グループおよび次元ごとのケーススコア間の相関係数（3）	外的基準グループおよび次元ごとのケース得点間の相関係数（ステップごと）を出力する 但し，外的基準グループ数が3以上のときのみ適用
ケーススコアの度数表（4）	ケース得点の度数表（ステップごと）を出力する ケース得点の最小値と最大値の間を49区分して度数表を作成する
外的基準変数と説明変数間の偏相関係数（5）	外的基準変数と説明変数の間の偏相関係数（ステップごと）を出力する
ケース得点（6）	ケース得点（ステップごと）を出力する
統計（4）の累積度数表（7）	統計4の度数表の累積%表を出力する 平均値が負のグループは最小値の側が100%に，正のグループは最大値の側が100%になる
固有値計算時の収束状況（8）	固有値を求める際の収束状況を示す表（ステップごと）を出力する この値が0.0005以下になると収束したとする（外的基準グループが3以上のときのみ出力）

2.5. 数量化Ⅱ類

結果の解釈
相関比 η^2 とその平方根の大きさから予測の精度，関係の高さを判断する 説明変数の各カテゴリーに与える数値（カテゴリースコアの範囲）により基準変数に及ぼす説明変数の貢献度を確認する 第1軸によるヒストグラムと第1，2軸による散布図により視覚的に結果の解釈を確認する

用語の説明

インクルージョンレベルの設定：投入する説明変数の順番を決めること．
ケース得点：得られた算出式によって求められる推定値のこと．
相関比(η)：相関比が最大になれば，各群が最もよく区分されているといえる．相関比は，全変動を S_T，級間変動を S_B とすると $\eta^2 = S_T \div S_B$ で与えられる．

表 2-5 の女性高齢者のデータを利用する．表 2-5 の項目，カテゴリーの説明は 2.3.1.を参照のこと．

例題 2.8.
女性高齢者 94 名について，健康であると自覚している者 (1) と自覚していない者 (2) について，①運動実施の有無，②睡眠時間，③骨折の有無，④年齢について調べた．データは表 2-5 に示すとおりである．これらの変数は健康・不健康な者を判別するか検定せよ．

解析のポイント

例題 2.8.の解析のポイントは，

1. 運動実施の有無，睡眠時間，骨折の有無，年齢によって，健康であると自覚している者と自覚していない者をどの程度判別できるか．
2. 運動実施の有無，睡眠時間，骨折の有無，年齢のうち，いずれの項目が健康であると自覚している者と自覚していない者を判別するのに重要な項目であるか．

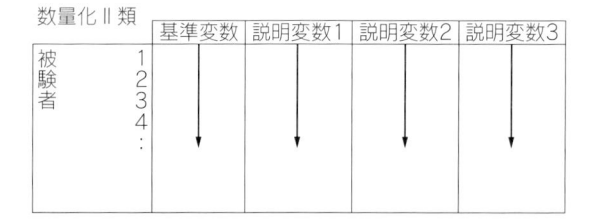

データ入力

数量化Ⅱ類を行なう際のデータ入力形式は左図の通りである．「基準（外的基準）変数」には外的基準変数に用いる数値を入力し，以下「説明変数」には外的基準変数を説明する変数の数値を入力する．行には被験者を入力する．

以下は例題のデータの一例である．数量化Ⅱ類を行なう場合，被験者数が少ないと結果が安定せず，一般化が困難となる．変量数の 10 倍程度の被験者を確保することが望ましい．

2章 データを予測する   75

	A	B	C	D	E	F	G	H	I	J	K	L
2	ID	運動実施	睡眠時間	健康感	骨折	年齢	ID	運動実施	睡眠時間	健康感	骨折	年齢
3	2	1	3	1	2	1	1088	1	1	1	2	2
4	49	1	1	1	2	1	1102	1	1	2	2	1
5	64	1	3	1	1	2	1119	1	2	2	1	1
6	74	1	1	1	2	1	1122	1	2	2	1	1
7	76	2	2	1	1	1	1127	1	1	1	2	1
8	95	1	2	1	1	2	1133	2	2	1	2	1
9	107	2	2	2	2	2	1136	1	2	1	1	1
10	125	1	2	1	2	1	1145	2	1	1	1	1
11	141	1	2	1	1	1	1150	1	1	2	1	1
12	145	1	2	1	1	1	1153	1	1	2	1	1
13	166	2	3	2	2	1	1167	1	2	1	2	1
14	174	2	2	1	1	2	1172	1	1	1	2	2
15	198	2	3	2	1	1	1174	1	1	2	1	1
16	219	1	1	1	1	1	1175	1	1	1	1	1
17	238	2	2	1	1	1	1176	1	1	1	2	1
18	239	2	2	2	2	1	1183	1	1	2	2	1
19	248	1	1	1	1	1	1193	1	1	1	1	1
20	250	1	2	1	2	1	1198	1	1	1	1	2
21	251	1	3	1	1	1	1200	1	1	2	2	1
22	259	2	3	1	1	1	1203	1	2	1	2	2
23	265	2	2	1	1	1	1214	1	3	1	1	2

操作手順

「分析（A）」から「数量化理論」を起動する．下の画面が表示される．

ダイアログボックスで「数量化理論II類」をクリックすると，つぎの画面が表示される．

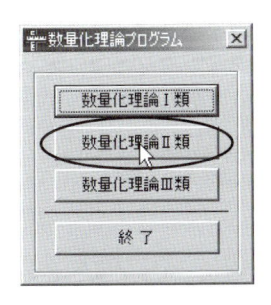

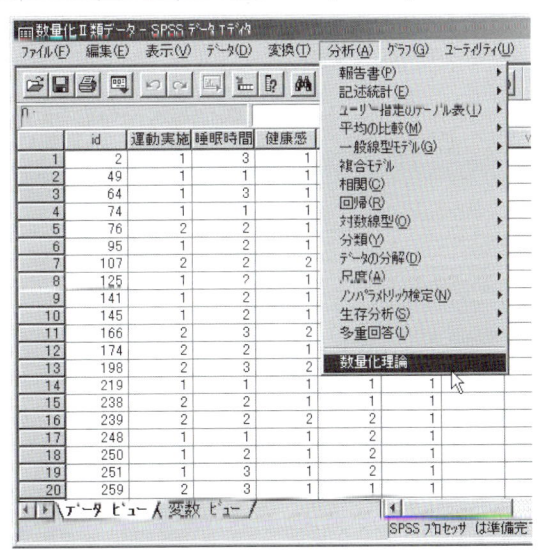

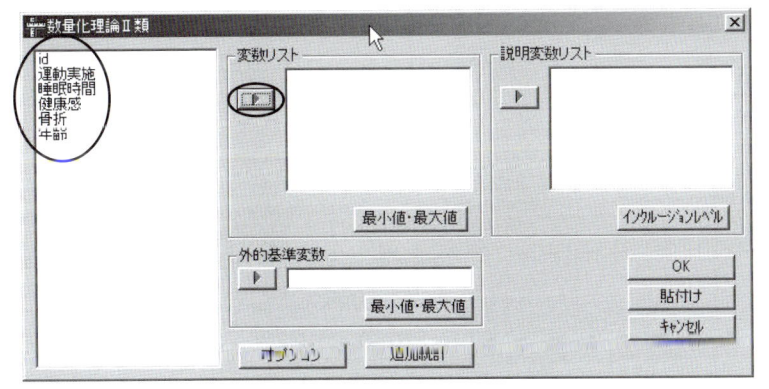

「変数リスト」では，解析に使用する説明変数の選択とその値の範囲の指定を行なう．この指定は必須である．ダイアログボックスの左端の枠内に表示されている全変数リストから説明変数（ここでは運動実施，睡眠時間，骨折，年齢）を選択し，その右の▶ボタンをクリックする．

説明変数にはその範囲（最小値・最大値）の指定が必要である．デフォルトの設定（自動的に選択されること）はないので必ず指定をする．範囲の指定，変数リストの中から分析で実際に使用する説明変数リストの選択，およびインクルージョンレベルの指定については，本章 2.3.2. を参照のこと．

2.5. 数量化Ⅱ類

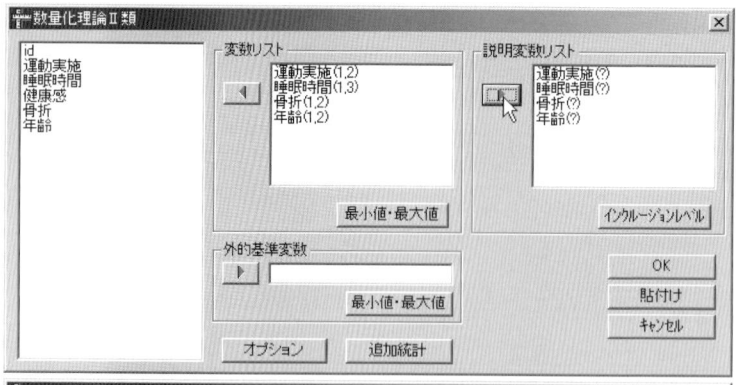

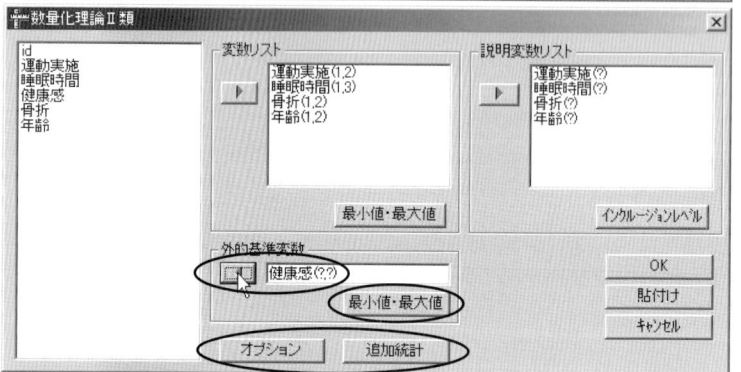

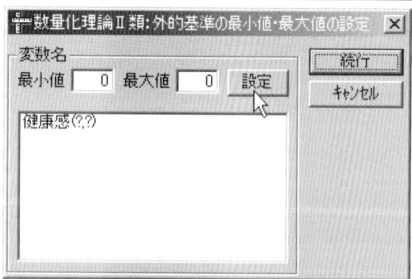

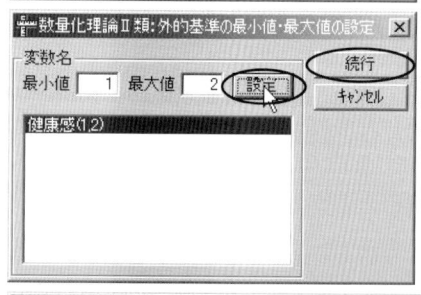

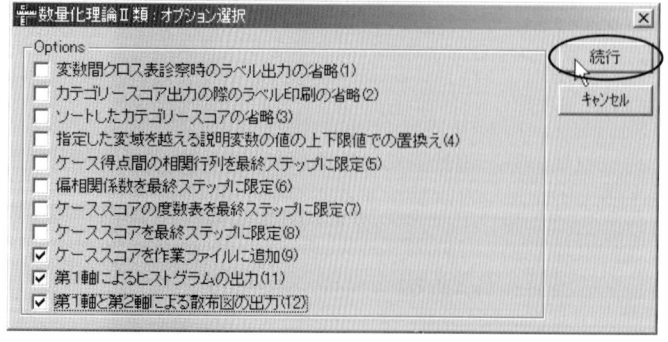

ここでも，説明変数に選択したすべての変数を使用するので，インクルージョンレベルの指定は行なわない（2章2.3.2.参照）．

ここまでの設定ができれば，左のような画面となる．

「外的基準変数」の指定は必須である．ここでは，1つの外的基準変数「健康感」を指定する．数量化理論Ⅱ類では，外的基準変数は非連続量である．左側のダイアログボックスの全変数リストから変数を1つ選択して，その右の▶をクリックする．すると，外的基準変数に「健康感(?, ?)」と表示される．非連続量であるから以下のように範囲の指定が必要である．

自動的に選択されることはないので必ず指定をする．範囲を指定するにはまず，外的基準変数上で，「最小値・最大値」ボタンをクリックする．すると右のダイアログボックスが表示される．

基準変数，ここでは「健康感」を選択し，最小値に「1」と最大値に「2」を入力した後，「設定」ボタンをクリックする．変数について指定（修正・変更のときはその変数についての指定）を終えたら「続行」ボタンをクリックして前のダイアログボックスに戻す．指定作業を中止するときは「キャンセル」ボタンをクリックする．

オプションと追加統計は，それぞれのボタンをクリックして左図のように表示されるダイアログボックスで，該当する項目の前のチェックボックスをチェックすることにより，指定・選択を行なうことができる．ここでは，オプションの「ケーススコアを作業ファイルに追加(9)」，「第1軸によるヒストグラムの出力(11)」，「第1軸と第2軸による散布図の出力(12)」にチェックを入れる．「ケーススコアを作業ファイルに追加(9)」を選択すると，自動的に算出されたケー

2章 データを予測する　77

ススコア（予測得点）が，分析実施後，データファイルに新たな変数として保存され，その後，他の変数と同様にケーススコアを変数として用いた解析（差の検定など）を行なうことができる．ヒストグラムや散布図の出力により，視覚的に分析結果の確認が可能になる．選択が完了したら，「続行」をクリックして前のダイアログボックスに戻る．

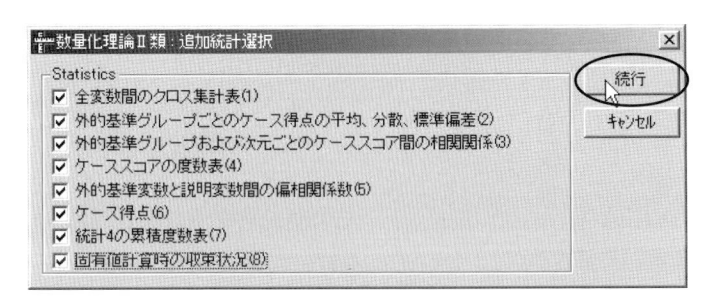

追加統計は，すべてにチェックを入れ，「続行」をクリックする．

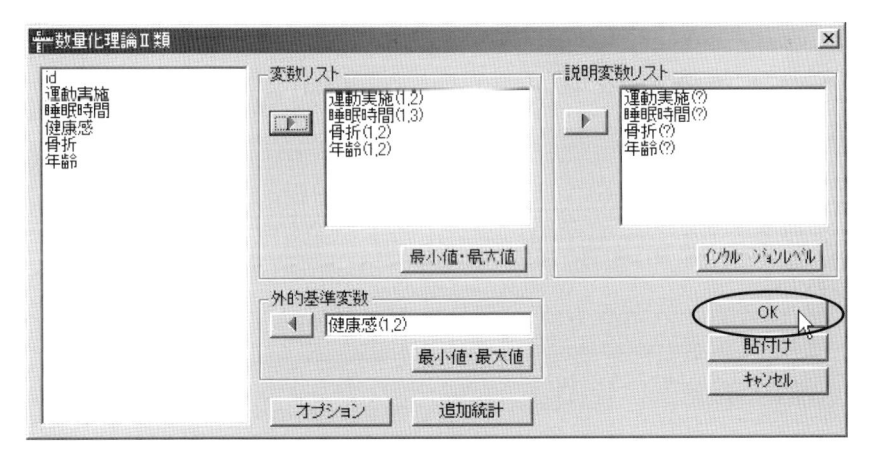

左のダイアログボックスが表示されるので，「OK」をクリックする．

出力結果と結果の解釈

数量化Ⅰ類でも述べたように，ログの表示は行数に制限があり，そのままでは出力結果のすべてを表示させることができない．出力結果の全体を見るにはコンテンツ枠（右側の枠）内の結果出力の適当な箇所をクリックし，「ハンドラー」をドラッグして表示枠を拡張する（本章 2.3.2.参照）．

「使用変数の情報」は，解析に用いた外的基準変数と説明変数を示し，外的基準変数に用いた「健康感」のグループ数は「2」，説明変数に用いたカテゴリーの和「9」を示している．

●外的基準変数と説明変数間のクロス表
外的基準変数：健康感

健康感	変数名コード	度数	運動実施 1.	2.	睡眠時間 1.	2.	3.	骨折 1.	2.	年齢 1.	2.
	1.	76	55	21	39	32	5	15	61	52	24
	2.	18	13	5	9	6	3	3	15	16	2
合計		94	68	26	48	38	8	18	76	68	26

「外的基準変数と説明変数間のクロス表」は，外的基準変数と説明変数相互のクロス集計結果を示している．

健康感「1：健康」に76名，「2：不健康」に18名が属し，健康感と各説明変数とのクロス集計結果を示している．

「説明変数間のクロス表」は，説明変数相互のクロス集計結果を示している．運動を「1：行なっている」，骨折が「2：ない」のは57名である．

ただし，対角線上の数値（例．運動実施 1. の 68 など）は，単純集計の結果を示している．対角線上以外の数値がクロス集計の結果と一致する．

●説明変数間のクロス表
外的基準変数：健康感

変数名	コード	運動実施 1.	2.	睡眠時間 1.	2.	3.	骨折 1.	2.	年齢 1.	2.
運動実施	1.	68	0	44	20	4	11	57	51	17
	2.	0	26	4	18	4	7	19	17	9
睡眠時間	1.	44	4	48	0	0	4	44	37	11
	2.	20	18	0	38	0	12	26	25	13
	3.	4	4	0	0	8	2	6	6	2
骨折	1.	11	7	4	12	2	18	0	11	7
	2.	57	19	44	26	6	0	76	57	19
年齢	1.	51	17	37	25	6	11	57	68	0
	2.	17	9	11	13	2	7	19	0	26

●相関比
外的基準変数：健康感　　　ステップ：1

	相関比	相関比の平方根
1	.00000165	.00128601
2	.02154993	.14679890
3	.02235073	.14950160
4	.05210371	.22826240

「相関比」は，以下に示すカテゴリースコアを求めるために利用される．すなわち，サンプルスコア（理論値）と実測値との相関比が最大となるようなカテゴリースコアを求める．固有値は相関比の2乗に相当する．よって，相関比の√をとったものが固有値であり，固有値あるいは累積固有値をプロットして次元数を決定するのが一般的である．この基準の決定には第1固有値から累積値をプロットして増大が極端に低下した次元の前までを採用する，累積寄与率が70～80%に達するまでを採用する等がある．しかし，絶対的な基準はなく，研究目的や仮説，専門的知識を考慮して決定すべきである．後述するサンプルスコアをプロットして視覚的に判断することも大切である．詳細は，専門書（駒澤，1982；林，1983）を参照．ここでは，運動実施以下4項目で相関比は 0.052 とかなり低い．

```
●カテゴリースコア
外的基準変数：健康感          ステップ：1

                                    1
  説明変数     値
  運動実施
                  1.        .01016670
                  2.       -.02658984
  睡眠時間
                  1.        .13358590
                  2.        .25180920
                  3.      -1.99760900
  骨折
                  1.        .11264300
                  2.       -.02667862
  年齢
                  1.       -.47356110
                  2.       1.23854500

  有効ケース数    －    94
  欠損ケース数    －     0
```

```
●カテゴリースコア
  解 1 の昇順に並べ替えたもの
外的基準変数：健康感          ステップ 1

                                    1
  説明変数     値
  睡眠時間         3.      -1.99760900
  年齢           1.       -.47356110
  骨折           2.       -.02667862
  運動実施        2.       -.02658984
  運動実施        1.        .01016670
  骨折           1.        .11264300
  睡眠時間         1.        .13358590
  睡眠時間         2.        .25180920
  年齢           2.       1.23854500
```

```
●カテゴリースコアの説明変数別範囲
外的基準変数：健康感          ステップ：1

  説明変数     範囲
                 1
  運動実施       .03675654
  睡眠時間      2.24941800
  骨折          .13932160
  年齢         1.71210000
```

```
●ケーススコアの変数への追加
  次の値を変数としてファイルに追加しました
      追加した変数
  HYO2W001   スコア  1
```

「カテゴリースコア」は，外的基準変数と説明変数のクロス集計結果からの計算結果を右辺，説明変数相互のクロス集計結果からの計算結果を係数とした，連立方程式を解くことによって得られる．ここで，カテゴリースコアが大きく（小さく）なるほど，健康である（健康でない）という傾向がみられる．つまり，カテゴリースコアをみれば，健康である人のプロフィール，健康でない人のプロフィールを類推することができる．たとえば，年齢が「2：80～89歳」のカテゴリースコア（1.24）が最も高く，次いで睡眠時間が「2：8～9時間」（0.25）のカテゴリースコアが高かった．<u>カテゴリースコアの解釈で注意すべき点は，数量化Ⅰ類と同様に，カテゴリースコアやケーススコアの原点が任意であり，絶対的な大きさは意味がなく，間隔尺度として取り扱う必要があるということである．</u>

「カテゴリースコアの説明変数別範囲」は，範囲の大きいアイテムほど外的基準に及ぼす影響が強いことを意味する．つまり，範囲は外的基準に影響を及ぼす要因を明らかにする．

範囲＝（最大カテゴリースコア）－（最小カテゴリースコア）で求められる．ここでは，健康感（健康・不健康群）に対する影響は，睡眠時間（2.25），年齢（1.71），骨折（0.13）の順に大きいことがわかる．

少数のサンプルから求められた範囲は，計算上不当な値を示すことが確かめられている．その場合，上述したようにカテゴリー統合を行ない，再計算後，レンジを求める必要がある．

2.5. 数量化Ⅱ類

●外的基準グループ別統計
外的基準変数:健康感　　　ステップ:1

```
                                    1
GROUP 1             1.    MEAN       .11108710
                          VARIANCE   .90608350
                          S.D.       .95188420

GROUP 2             2.    MEAN      -.46903440
                          VARIANCE  1.12443600
                          S.D.      1.06039400
```

●偏相関係数
外的基準変数:健康感　　　ステップ:1

```
              変数                    1
              運動実施          .00378749
              睡眠時間          .14097340
              骨折              .01267467
              年齢              .17472190
```

「外的基準グループ別統計」は，外的基準（健康感）の群別の平均値，分散，および標準偏差を示す．

「偏相関係数」は，範囲と同様に，各説明変数の外的基準に及ぼす影響力を表す．ここでは，年齢 (0.17)，睡眠時間 (0.14)，骨折 (0.01) の順に偏相関係数の値は高く，範囲の結果とほぼ一致している．

数量化Ⅱ類では，範囲と偏相関係数の両者を掲載する．偏相関係数の説明は，2章2.1.を参照すること．

	id	運動実施	睡眠時間	健康感	骨折	年齢	hys2v001
1	2	1	3	1	2	1	-2.49
2	49	1	1	1	2	1	-.36
3	64	1	3	1	1	2	-.64
4	74	1	1	1	2	1	-.36
5	76	2	2	1	1	1	-.14

SPSSでは，前述した「オプション選択」のダイアログにおいて，「ケーススコアを作業ファイルに追加 (9)」をチェックしておくと，ケーススコアがデータシートの変数として「hys2 v001」として追加される（左図）．この解析を再度繰り返す場合，データシートの変数名「hys2 v001」を「スコア1」のように変更しておかないとつぎの解析実行時にエラーメッセージが出力されるので注意が必要である．

ケーススコアは，ある個人があるアイテムの中であるカテゴリーを選択した場合，そのカテゴリースコアはそのアイテムに対応する数量となり，これを全項目について加算することで求められる．

●外的基準グループ別ケーススコアの頻度分布
外的基準変数健康感　　　ステップ 1

```
              解番号 : 1
                              グループ
              クラス           1    2
              1     -2.52      2    3
              2     -2.44      1    0
              3     -2.36      0    0
              4     -2.28      0    0
              5     -2.19      0    0
              6     -2.11      0    0
              7     -2.03      0    0
              8     -1.95      0    0
              9     -1.86      0    0
              10    -1.78      0    0
              11    -1.70      0    0
              12    -1.61      0    0
              13    -1.53      0    0
              14    -1.45      0    0
              15    -1.37      0    0
              16    -1.28      0    0
              17    -1.20      0    0
              18    -1.12      0    0
              19    -1.03      0    0
              20     -.95      0    0
              21     -.87      0    0
              22     -.79      1    0
              23     -.70      0    0
              24     -.62      0    0
```

たとえば，先の図における一番上 (id2) の者の各説明変数の値は，運動実施 (1)，睡眠時間 (3)，健康感 (1)，骨折 (2)，年齢 (1) であった．ケーススコアは以下のように求められる．

ケーススコア $= 0.01 + (-2.00) + (-0.03) + (-0.47) = -2.49$

「外的基準グループ別ケーススコアの頻度分布」は，外的基準の群別に，バラツキ具合を詳細に知るために，群別の度数分布表を示したものである．

外的基準のケーススコアが -2.44 以下の者がグループ1：健康群に3名，グループ2：不健康群に3名が該当していることを意味する．

2章 データを予測する　　81

累積相対度数分布（％）			
		グループ	
クラス		1	2
1	-2.52	2.6	100.0
2	-2.44	3.9	83.3
3	-2.36	3.9	83.3
4	-2.28	3.9	83.3
5	-2.19	3.9	83.3
6	-2.11	3.9	83.3
7	-2.03	3.9	83.3
8	-1.95	3.9	83.3
9	-1.86	3.9	83.3
10	-1.78	3.9	83.3
11	-1.70	3.9	83.3
12	-1.61	3.9	83.3
13	-1.53	3.9	83.3
14	-1.45	3.9	83.3
15	-1.37	3.9	83.3
16	-1.28	3.9	83.3
17	-1.20	3.9	83.3
18	-1.12	3.9	83.3
19	-1.03	3.9	83.3
20	-.95	3.9	83.3
21	-.87	3.9	83.3
22	-.79	5.3	83.3
23	-.70	6.6	83.3
24	-.62	6.6	83.3

両群のサンプル数が同じ場合には度数を用いるが，必ずしも同じになるとは限らない．

その場合，左の相対度数を利用する．

これらを図式化したものが下の図である．

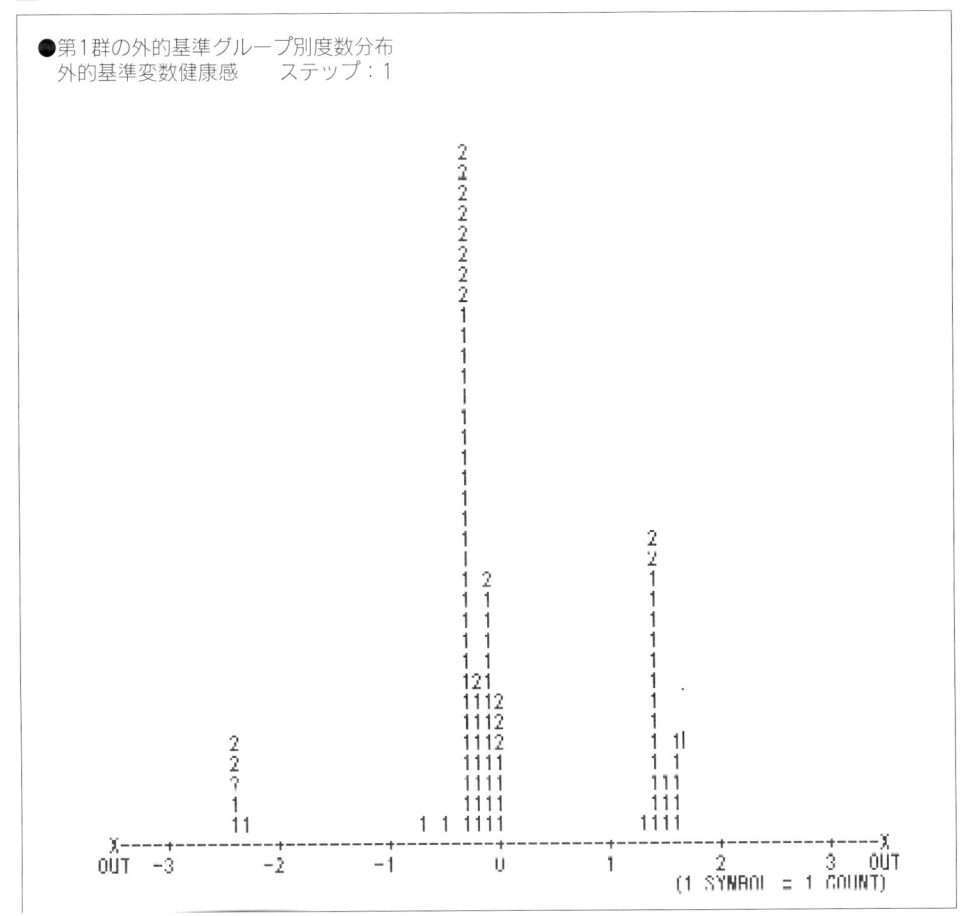

```
●第1群の外的基準グループ別度数分布
  外的基準変数健康感    ステップ：1

                              2
                              2
                              2
                              2
                              2
                              2
                              2
                              2
                              1
                              1
                              1
                              1
                              1
                              1
                              1
                              1
                              1
                              1                2
                              1                2
                              1   2            1
                              1   2            1
                              1   1            1
                              1   1            1
                              1   1            1
                              121              1
                              1112             1
                              1112             1
            2                 1112             1     11
            2                 1111             1      1
            ?                 1111             111
            11          1  1  1111             1111
       X----+---------+---------+---------+---------+---------+----X
       OUT -3        -2        -1         0         1         2         3 OUT
                                              (1 SYMBOL = 1 COUNT)
```

SPSS では，前述した「オプション選択」のダイアログにおいて，「第1軸によるヒストグラムの出力（11）」をチェックしておくと，上図のように示される．このように視覚的にみると，当てはまり度合いがよくわかる．

最初の変数である「運動実施」だけではうまく判別できていないことが理解できる．したがって，このスコアで完全に被験者を2群に分類することは不可能で誤判別が生じる可能性が高いことがわかる．

このように相関比も低く，うまく判別できない場合は，用いた標本，サンプルサイズ，各説明変数に関する内容・情報等の再検討を要し，追試を行なう必要がある．特に，この例では健康感の度数と各説明変数の独立性のχ^2検定を実施し，項目の反応の偏りを吟味することが重要である．

数量化II類では，前述したようにケーススコアを算出することはできるが，この値は連続変量であるので，サンプルを具体的にどのような基準で判別するか，すなわち，判別のための区分点を決定する必要がある．たとえば，2グループの場合，判別区分点（b）は，

b＝$(y_1 S_2 + y_2 S_1)/(S_1 + S_2)$　と設定できる．ただし，y_1とS_1は第1群のサンプルスコアの平均と標準偏差である．前述の結果から，

b＝$(0.11 \times 1.06 + (-0.47) \times 0.95)/(0.95 + 1.06) = -0.16$　となる．

その他，各グループの重心からのユークリッド距離を算出して最も近い群と判別する方法もある．詳細は，大澤ら（1992）を参照のこと．

数量化II類が質的な外的基準を予測する手法であることはすでに述べた．この基準化された線型判別式を使用して，健康か，不健康か不明な女性高齢者の健康感を判別してみる．この女性高齢者の各アイテムに対する調査を行なった結果，運動を行なっている（1），7～8時間の睡眠時間（2），骨折なし（2），年齢は77歳（1）であった．この女性高齢者のケーススコアは，以下のように算出される．

ケーススコア＝$0.01 + 0.25 + (-0.03) + (-0.47) = -0.24$

数量化I類と同様に，この結果の精度は高くはなく，より精度（妥当性）の高い推定式を開発し，適用すること，たとえ利用するとしても同様な身体機能をもつ女性高齢者にしか適用することができない．

結果のまとめ

例題の結果をまとめると以下のようになる．

1. 運動実施の有無，睡眠時間，骨折の有無，年齢によって，健康であると自覚している者と自覚していない者を精度高く判別できない．
2. 運動実施の有無，睡眠時間，骨折の有無，年齢のうち，睡眠時間，年齢が健康であると自覚している者と自覚していない者を判別するのに重要な項目と考えられる．女性高齢者の場合，年齢が若く，睡眠時間を確保している者はより健康と自覚している傾向にある．

（長澤吉則・出村慎一）

引用・参考文献

1) 出村慎一：健康・スポーツ科学のための統計学入門．不昧堂出版，2001b．
2) 駒澤　勉：統計ライブラリー　数量化理論とデータ処理．朝倉書店，1982．
3) 駒澤　勉，橋口捷久，石崎龍二：統計科学選書2 新版パソコン数量化分析．朝倉書店，1998．

4) 林知己夫：統計ライブラリー 数量化—理論と方法—．朝倉書店，1993．
5) 田中　豊，垂水共之：Windows版統計解析ハンドブック多変量解析．共立出版，1995．
6) 田中　豊，垂水共之，脇本和昌：パソコン統計ハンドブックII多変量解析編．共立出版，1984．
7) 木下栄蔵：わかりやすい数学モデルによる多変量解析入門．啓学出版，1987．
8) 菅　民郎：初心者がらくらく読める多変量解析の実践（下）．現代数学社，1993．
9) 大澤清二，稲垣　敦，菊田文夫：生活科学のための多変量解析．家政教育社，1992．
10) 有馬　哲，石村貞夫：多変量解析のはなし．東京図書，2001．

2.6. 正準相関分析

　正準相関分析（Canonical Correlation Analysis）は，複数の項目からなる2つの項目群に対して，重みづけした後に群ごとに合成したもの（**正準変量**とよぶ）同士の関係を検討するための分析である（図2-4）．原理的には2組のデータ行列の一次結合（$ax_1 + bx_2 + ...$）によるベクトル間の相関を最大にする分析方法である．2組の変数群間の相関が正準相関である．線型方程式モデルが重回帰分析であり，2組の線型方程式モデル間の相関の最大化が正準相関分析である．正準相関分析は**複数の連続変数の2組の間の相関関係の分析**であるが，同じ原理でデータ行列における変数の数や変数の尺度水準によって，回帰分析，判別分析，数量化理論，コンジョイント分析などいくつかの分析方法に分類することができる（朝野，1996）．そのために，多変量データ解析モデルとしては重要であるものの，あまり利用されていない分析方法である．なお，正準相関分析法の詳細は柳井（1994）などを参照されたい．

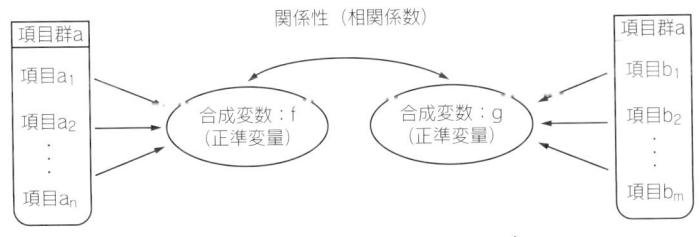

図2-4　正準相関分析のイメージ

モデル

　正準相関分析モデルをベクトル表現したのが図2-5である（柳井・岩坪，1976）．2つの平面の相関係数，つまり$\cos\theta$が**正準相関係数**であり，各平面では2つずつの変数の合成変数が算出されていることが理解される．正準相関分析モデルを行列とベクトルを用いて線型方程式で表現すると，

2.6. 正準相関分析

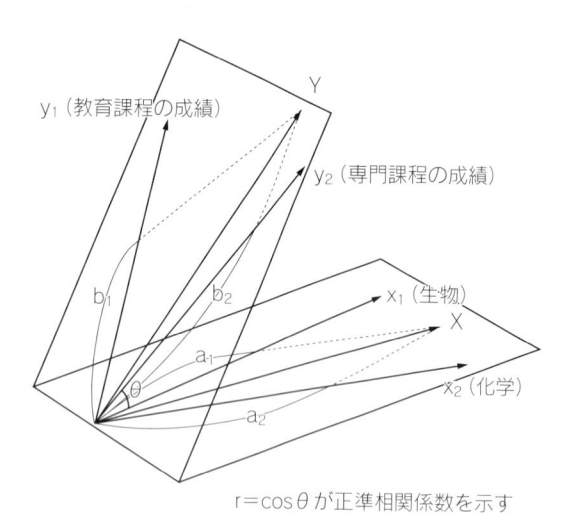

図2-5 正準相関分析モデルのベクトル表現
(柳井・岩坪：複雑さに挑む科学，講談社，1976)

$r=\cos\theta$ が正準相関係数を示す

$f = Xa$, $g = Yb$
の2組の変数群があるとき，

$r(f, g) = (Xa, Yb)/([[Xa]] [[Yb]])$

である．ここで，rは正準相関係数，X, Yは各変数の平均値が0の平均偏差行列で，この行列の列は変数，行は標本で構成されている．a, bは各変数X, Yに対する重みベクトルである．f, gは合成変数ベクトルで，平均偏差ベクトルである．$a'X'Xa=1$, $b'Y'Yb=1$ という制約条件の下でrが最大になるようにa, bを求める．

基本的分析手順

正準相関分析における一般的な分析手順（分析内容）は，①データセット作成，②各項目の標本数，平均値，標準偏差の算出，③相関行列の算出，④正準相関，正準係数（重み係数），正準負荷量行列（正準変量とその正準変量を構成する各変数との相関係数）の算出，⑤冗長性分析（正準変量と他の変数群との関係），⑥各標本の正準得点の算出，である．他の多変量解析と異なりSPSSによるプルダウンメニューからの実行はできず，分析方法などに選択する項目はない．

例題 2.9.

高齢者を対象に，体格項目として身長（cm），体重（kg）を測定し，歩行能力項目として8の字歩行（s），タイムアップアンドゴー（s），10m障害物歩行（s），6分間歩行（m）を測定した．正準相関分析を適用して，体格と歩行能力との関係を検証せよ．つまり，体格＝a_1×身長＋a_2×体重，歩行能力＝b_1×8の字歩行＋b_2×タイムアップアンドゴー＋b_3×10m障害物歩行＋b_4×6分間歩行と仮定し，体格と歩行能力の合成変数間の相関関係と変数の寄与を分析する．

解析のポイント

例題 2.9.の解析のポイントは

1. 2項目で測定される体格と4項目で測定される歩行能力との間の相関関係はどの程度なのか．

データ入力形式

正準相関分析を行なう際のデータ入力形式は下図の通りである．行に同一被験者の各変数の値，列に同一変数の各被験者の値を入力する．

	身長	体重	8の字歩	タイムアップ	10m障	6分間歩
1	160.0	64.6	17.25	3.64	7.19	605
2	153.0	64.4	16.98	3.77	7.48	610
3	145.6	44.2	14.43	3.44	5.89	511
4	173.4	81.4	18.93	4.04	5.37	615
5	159.0	56.2	17.11	3.61	6.46	614
6	146.0	49.5	16.30	3.65	6.17	605
7	168.7	54.5	18.68	4.17	5.78	615

操作手順

アプリケーションソフトウェアは Windows 版 SPSS11.5J を使用する．図2-6のように正準相関分析はシンタックスエディタで分析する．シンタックスの1行目

は，プログラムファイルの SPSS フォルダ内にある canonical correlation.sps のプログラムを用いることを示す．具体的には，「ファイル (F)」→「新規作成 (N)」→「シンタックス (S)」の順に選択する．下図に示すシンタックスエディタが現れたら，図 2-6 に示したシンタックスを入力する．注意しなければならないことは，canonical correlation.sps のプログラムがハードディスクのどこに存在しているかを指定することである．今回は C ド

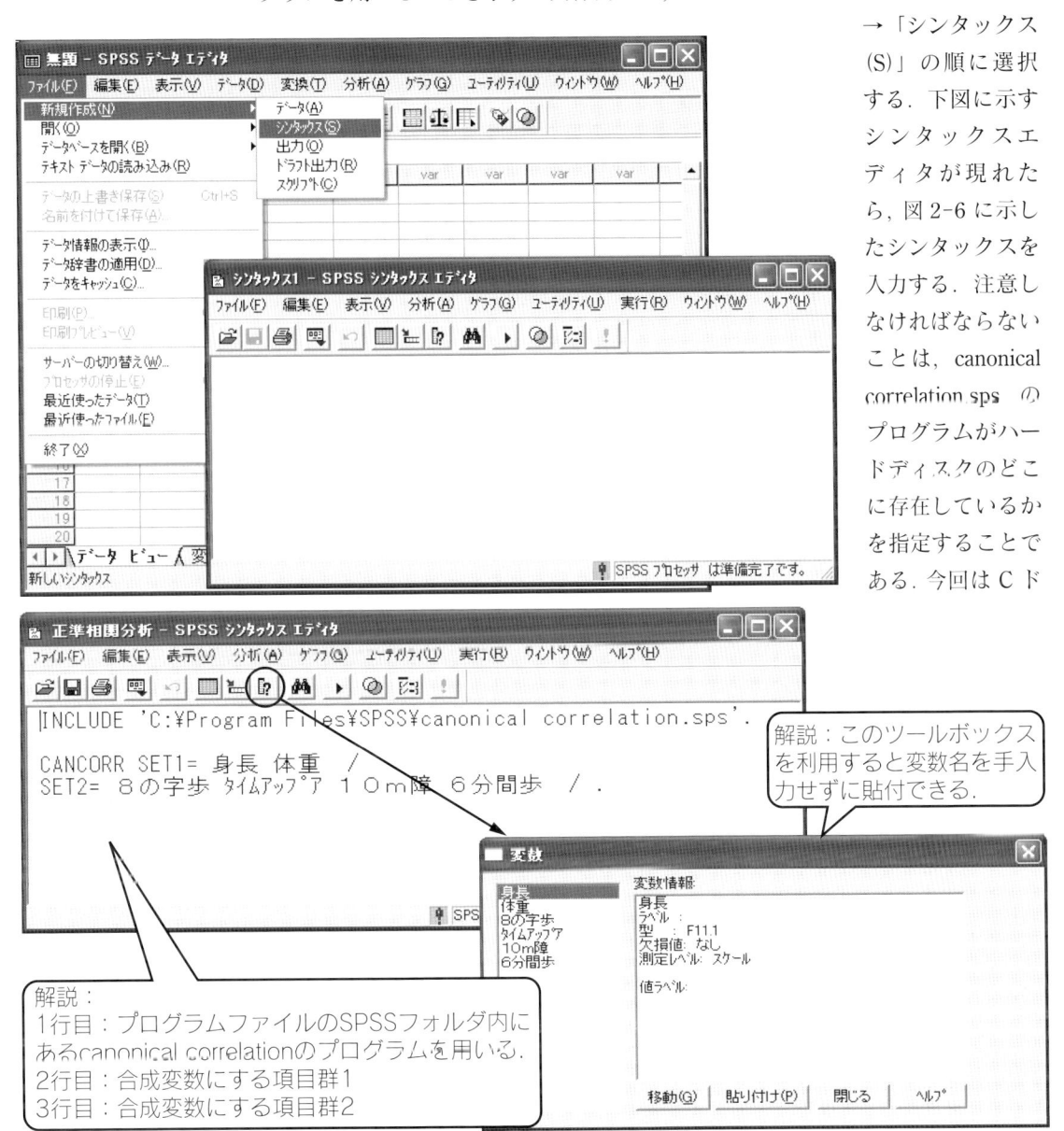

図 2-6　正準相関分析の手順

ライブ内の Program Files フォルダに存在しているため「INCLUDE'C:¥Program Files¥SPSS¥canonical correlation.sps'.」のように入力した．2 行目は合成変数にする項目群 1 の定義を示し，独立変数に体格変数である身長と体重を用いる．3 行目は合成変数にする項目群 2 の定義を示し，独立変数に歩行能力を測定する 8 の字歩行，タイムアップアンドゴー，10 m 障害物歩行，6 分間歩行の 4 変数を用いる．「ユーティリティ (U)」→「変数 (R)」ツールボックスを利用すると，変数名をキーボードから手入力せずに貼付できる．

86   2.6. 正準相関分析

図 2-7 シンタックスの実行

　　シンタックスの実行は，図 2-7 のように入力したシンタックスの部分をアクティブにした状態で「実行 (R)」→「選択部分 (S)」を選択するか，入力部分をアクティブにせず，「すべて (A)」を選択する．
　　なお，シンタックスの入力に際し，図に示す内容を正確に入力しなければならない．特に 1 行目と 2 行目の間などのスペースを入れることに注意する必要がある．

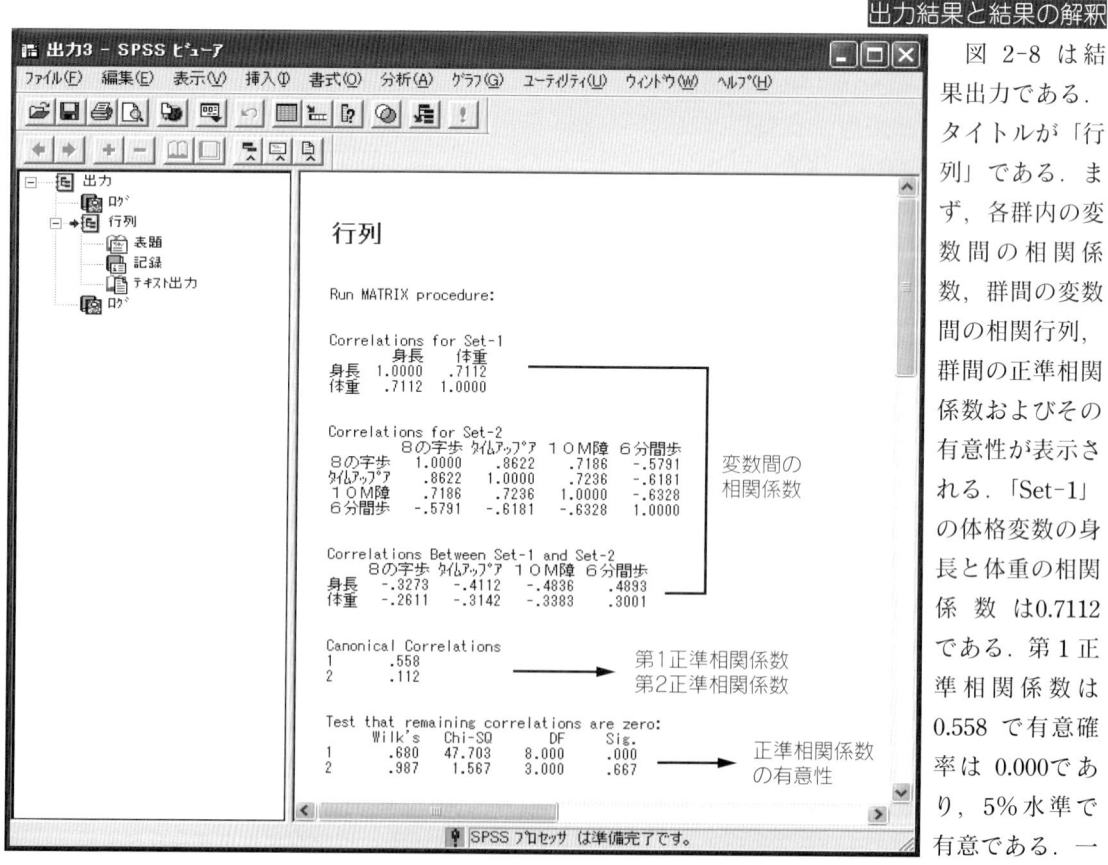

出力結果と結果の解釈

図 2-8 正準相関分析出力結果 1

　　図 2-8 は結果出力である．タイトルが「行列」である．まず，各群内の変数間の相関係数，群間の変数間の相関行列，群間の正準相関係数およびその有意性が表示される．「Set-1」の体格変数の身長と体重の相関係数は0.7112である．第 1 正準相関係数は0.558で有意確率は 0.000であり，5％水準で有意である．一方，第 2 正準相

関係数は 0.112 で有意確率は 0.667 であり，5%水準で有意ではない．したがって，第1正準相関係数が採択される．

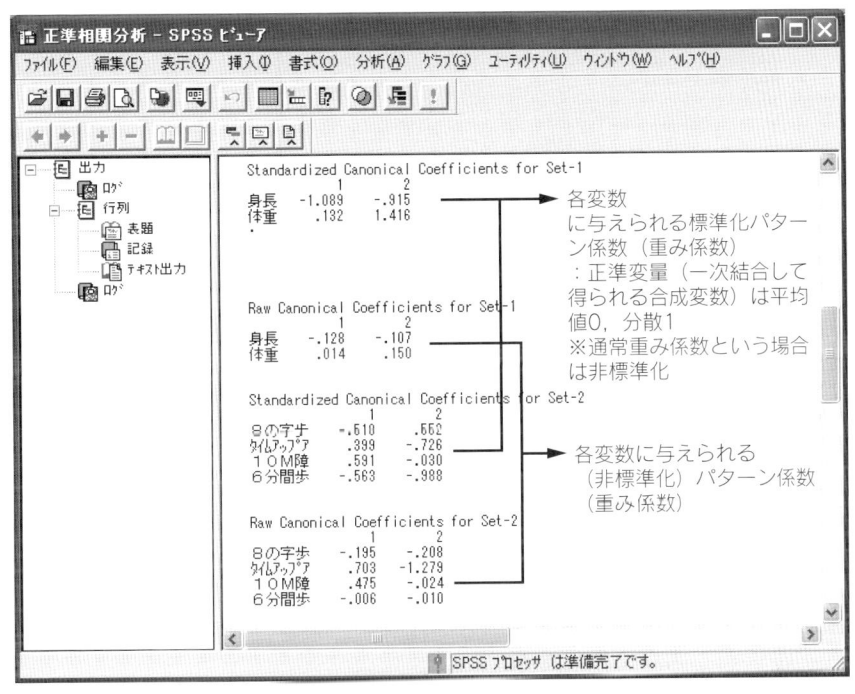

図 2-9 正準相関分析出力結果 2

図 2-9 および図 2-10 には各群の標準化正準係数と非標準化正準係数，正準負荷量，関連負荷量が出力されている．体格変数群の身長と体重について2つの正準変量の標準化正準係数および非標準化正準係数が示されている．第1正準変量に対する重みは体重よりも身長の方が高いことが理解される．歩行能力変数群では，タイムアップアンドゴー以外は同等な重みである．体格変数群の正準負荷量行列は各変数と正準変量との相関関係を示す構造係数行列である．

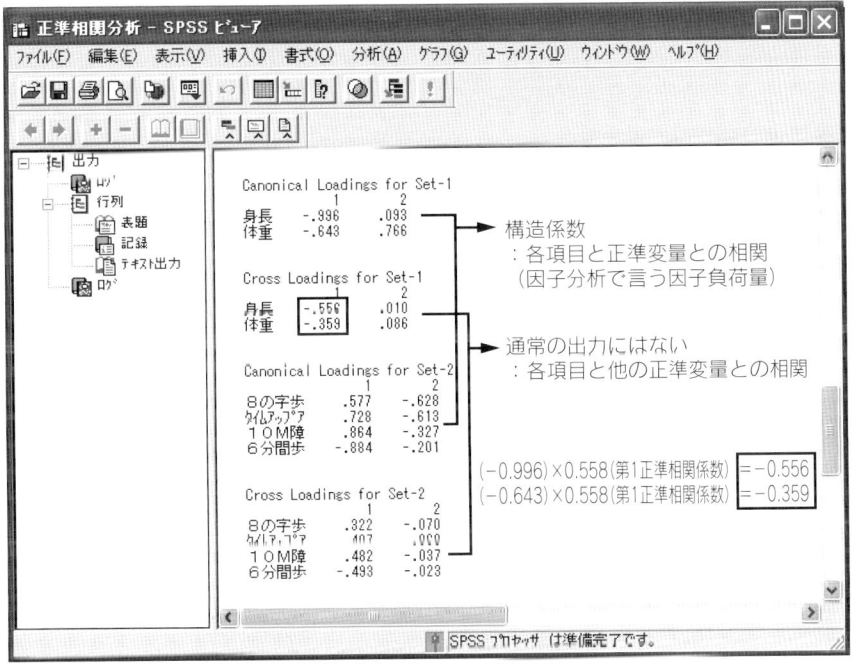

図 2-10 正準相関分析出力結果 3

88   2.6. 正準相関分析

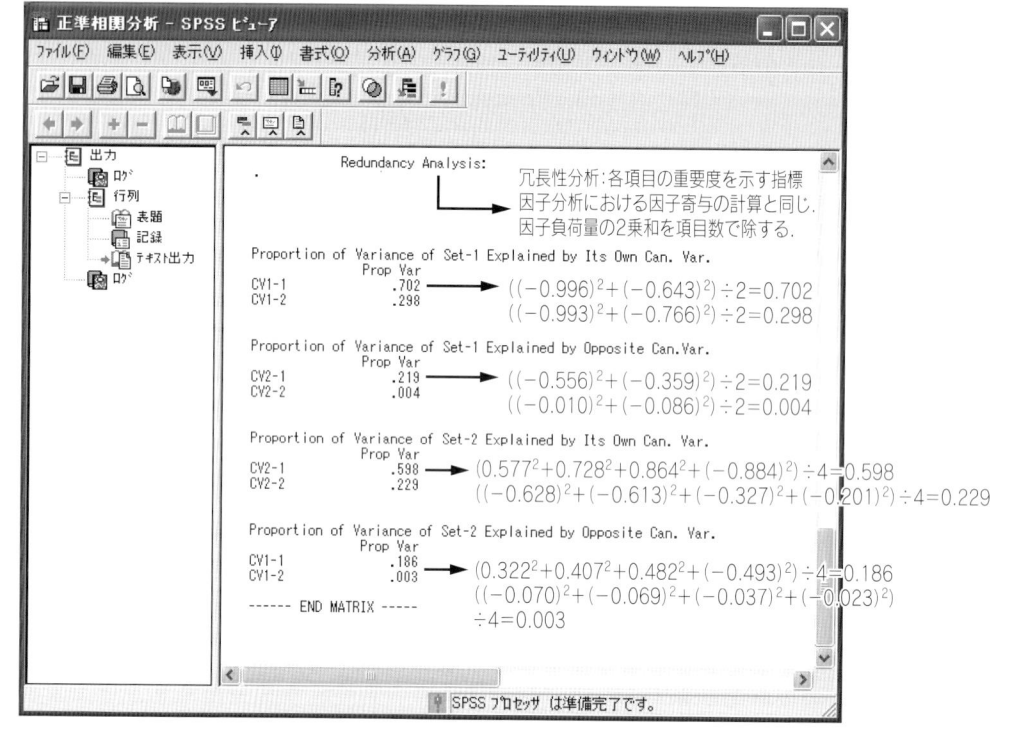

```
Redundancy Analysis:        冗長性分析:各項目の重要度を示す指標
                            因子分析における因子寄与の計算と同じ.
                            因子負荷量の2乗和を項目数で除する.

Proportion of Variance of Set-1 Explained by Its Own Can. Var.
         Prop Var
CV1-1      .702     →   $((-0.996)^2+(-0.643)^2)\div 2=0.702$
CV1-2      .298         $((-0.993)^2+(-0.766)^2)\div 2=0.298$

Proportion of Variance of Set-1 Explained by Opposite Can. Var.
         Prop Var
CV2-1      .219     →   $((-0.556)^2+(-0.359)^2)\div 2=0.219$
CV2-2      .004         $((-0.010)^2+(-0.086)^2)\div 2=0.004$

Proportion of Variance of Set-2 Explained by Its Own Can. Var.
         Prop Var
CV2-1      .598     →   $(0.577^2+0.728^2+0.864^2+(-0.884)^2)\div 4=0.598$
CV2-2      .229         $((-0.628)^2+(-0.613)^2+(-0.327)^2+(-0.201)^2)\div 4=0.229$

Proportion of Variance of Set-2 Explained by Opposite Can. Var.
         Prop Var
CV1-1      .186     →   $(0.322^2+0.407^2+0.482^2+(-0.493)^2)\div 4=0.186$
CV1-2      .003         $((-0.070)^2+(-0.069)^2+(-0.037)^2+(-0.023)^2)$
                        $\div 4=0.003$
------ END MATRIX -----
```

図 2-11　正準相関分析出力結果 4

　図 2-11 は冗長性分析結果を示している．これは各変数の重要度を示す指標であり，因子分析の因子寄与の計算と同様に負荷量の 2 乗和を項目数で除す．体格変数群の第 1 正準変量への寄与は 0.702，体格変数群の第 2 正準変量への寄与は 0.298 である．歩行能力変数群の第 2 正準変量への寄与は 0.598 であり，第 1 正準変量への寄与は 0.229 である．

	身長	体重	8の字歩	タイムアップ	10m障	6分間歩	s1_cv001	s2_cv001	s1_cv002	s2_cv002
1	160.0	64.6	17.25	3.64	7.19	605	-19.53	-.81	-7.47	-14.43
2	153.0	54.4	16.98	3.77	7.48	610	-18.78	-.56	-8.25	-14.59
3	145.6	44.2	14.43	3.44	5.89	511	-17.98	-.49	-8.99	-12.62
4	173.4	81.4	18.93	4.04	5.37	615	-21.01	-1.78	-6.39	-15.34
5	159.0	56.2	17.11	3.61	6.46	614	-19.52	-1.21	-8.63	-14.43
6	146.0	49.5	16.30	3.65	6.17	605	-17.95	-1.11	-8.24	-14.22
7	168.2	54.5	19.68	4.17	5.29	615	-20.72	-1.88	-9.87	-15.66

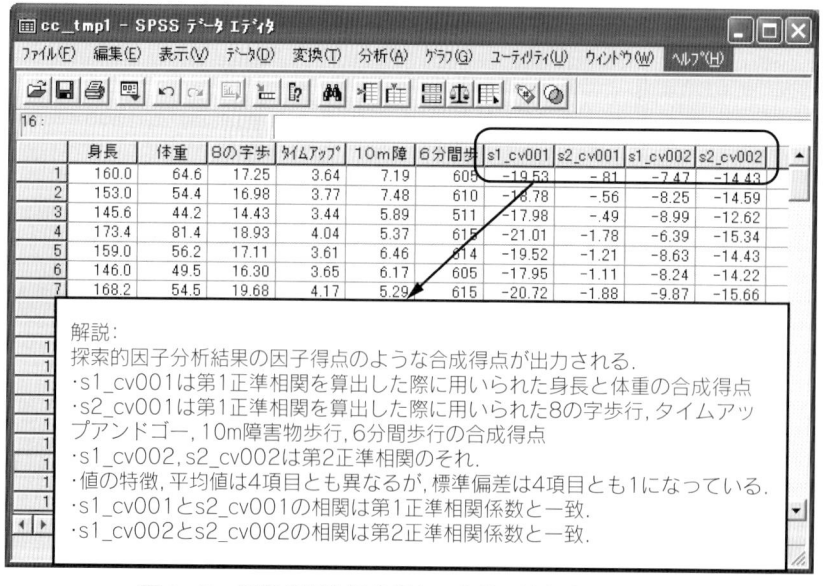

解説:
探索的因子分析結果の因子得点のような合成得点が出力される.
・s1_cv001は第1正準相関を算出した際に用いられた身長と体重の合成得点
・s2_cv001は第1正準相関を算出した際に用いられた8の字歩行,タイムアップアンドゴー,10m障害物歩行,6分間歩行の合成得点
・s1_cv002, s2_cv002は第2正準相関のそれ.
・値の特徴,平均値は4項目とも異なるが,標準偏差は4項目とも1になっている.
・s1_cv001とs2_cv001の相関は第1正準相関係数と一致.
・s1_cv002とs2_cv002の相関は第2正準相関係数と一致.

図 2-12　正準相関分析を行なった後に追加される項目

図 2-12 はデータセットに追加された 4 つの正準得点を示している．変数名「s1_cv001」の s1 は set 1（群 1），体格変数群を示し，cvoo1 は canonical variable 1（正準変数 1）を示している．4 変数は平均値は異なるが，標準偏差は 1 である．

結果のまとめ

例題の結果をまとめると以下のようになる．
1．体格 2 項目と歩行能力 4 項目の間の第 1 正準相関係数は有意であり，体格と歩行能力の（正準）相関は 0.558 であった．

最近の研究論文

　本邦では，合否（質的）判定に基づく幼児の運動能力テストと CGS 単位の間隔尺度を用いて量的に捉える運動能力テストとの関係性を捉えるために，正準相関分析を利用した郷司ら（1999）の研究などがある．海外では，多次元的完全キ義指向性とスポーツにおける目標指向性を測定する尺度間の正準相関を検討した Dunn et al.（2002）の研究などがある．

〈鈴木宏哉・西嶋尚彦〉

引用・参考文献
1) 朝野熙彦：入門多変量解析の実際．pp113-126, 講談社, 1996.
2) Dunn John GH, et al.：Relationship between multidimensional perfectionism and goal orientations in sport. Journal of Sport and Exercise Psychology 24：376-395, 2002.
3) 郷司文男ほか：合否判定に基づく幼児の運動能力テストと間隔尺度に基づくテストの関係．体育学研究, 44：345-359, 1999.
4) 柳井晴夫：多変量データ解析法　pp78-92, 東京大学出版会, 1994.
5) 柳井晴夫, 岩坪秀一：複雑さに挑む科学．p172, 講談社, 1976.

3章 データを分類・結合する

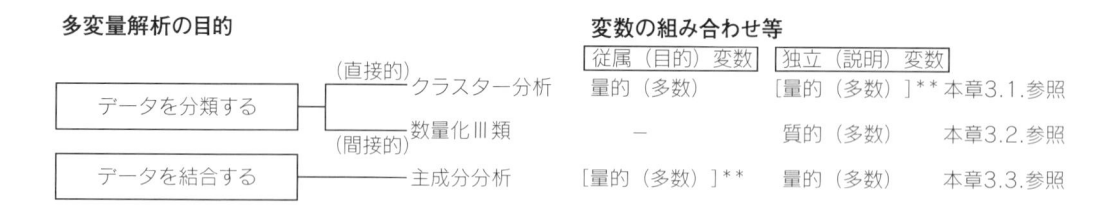

多変量解析の目的		変数の組み合わせ等		
		従属（目的）変数	独立（説明）変数	
データを分類する ─（直接的）─ クラスター分析		量的（多数）	[量的（多数）]**	本章3.1.参照
─（間接的）─ 数量化Ⅲ類		─	質的（多数）	本章3.2.参照
データを結合する ─ 主成分分析		[量的（多数）]**	量的（多数）	本章3.3.参照

［量的（多数）］**とは、多数の説明変数の代わりに、多数の基準変数を用いてもよいということを意味する

　データを分類・結合する上で基本的かつ重要な知見を提示してくれる手法として，**クラスター分析**，**数量化Ⅲ類**，および**主成分分析**がある．

　クラスター分析（cluster analysis）は，運動選手の成績や実績による分類，症状や検査値に基づく疾患の分類などさまざまな分野に応用される．ただし，スポーツ・健康科学の分野では，クラスター分析を利用した研究報告は多くはみられない．スポーツ・健康科学の分野では，たとえば，体力測定における各体力要素の5段階評定値のデータから各個人を体力面から分類する場合等に利用されよう．

　数量化Ⅲ類（theory of quantification Ⅲ）とは，外的基準が無く，観測されている複数個の質的なデータに基づいて，個体（被験者）とカテゴリーの両者を同時に数量化し，個体とカテゴリーの相互の関連を明らかにする（表現，分類を行なう）手法である．スポーツ・健康科学の分野では，スポーツ種目の嗜好性や食べ物の嗜好性などを明らかにする場合等に利用される．

　主成分分析（principal component analysis）とは，いくつかの変量間の関係を手がかりに，複数個の変量を総合的に扱う（変量を圧縮・総合する）手法である．スポーツ・健康科学の分野では，複数個の体力測定データに基づいて，総合体力（基礎体力）指標を用いて評価する場合等に利用される．

　各解析において示される例題は，スポーツ・健康科学の領域で高い頻度で用いられるデータ，あるいは利用可能なデータをもとに作成されている．1章で説明した「多変量解析の準備」の手順に従い，手持ちのデータからこれらの解析法を適宜行ない，解析を進めて頂きたい．

3.1. クラスター分析（Ward法）

　前述したように，クラスター分析とは種々の異なる性質のものが混在しあっている対象のうち，互いに類似したものどうしを集めて**クラスター（集落）**をつく

り，それらの対象を分類する方法を総称したものである．

クラスター分析は，因子分析と同様，外的基準（基準変数）のない場合の多変量解析に分類される．因子分析と異なる点は，主に個体を多次元空間に表示する代わりに，植物の系統分類のように，個体が幾つかのクラスターにまとめられていく過程を**樹形図（ツリー，デンドログラム）**として表現することにある（階層的方法）．また，2章2.4.で説明した判別分析とは類似した方法にみえるが，判別分析は外的基準としてあらかじめ群が設定されており，その各群から個体が抽出されるのに対し，クラスター分析は幾つのクラスターから構成されるか，得られた個体はどのクラスターに属するかは事前にはわからない（外的基準がない）点が異なる．しかし，判別分析を実施した場合，同じデータに対してクラスター分析を実施すると有益な情報が得られる．

多変量解析法の多くが変数の1次式（線型関係）を前提とするのに対し，クラスター分析では個体間の類似度（似ている度合い）を表す尺度として距離や相関係数を利用する．個体間相関係数を利用する以外，正規性や線形性の仮定は全く必要ない．つまり，クラスター分析は，基準変数，説明変数のいずれにも適用可能で，数値で与えられる量的変数（連続データ）を用いる（出村，2001b）．

クラスター分析は，個体について測定された変量データを用いて，個体を各変量データ値が近い個体どおしを集める，いわゆる**サンプルクラスター**と，各変数間を相関関係を手がかりに幾つかのグループに分類する，いわゆる**変数クラスター**の大きく2種類がある．一般的に，類似度を表す尺度として，前者では**距離**を，後者では**相関係数**を用いる．

クラスター分析を簡単なモデルで説明してみる．まず，10種類の対象があるとして，それぞれの組についてその類似度を直接評定して（段階評価で数値が大きいほど類似），その平均値を利用する，いわゆる対象間の類似度や距離が対ごとに直接与えられる場合も利用できるが，ここでは，元の多変量データ（n個の個体のそれぞれについてp種類の特性値が得られている場合）から，間接的に類似度（あるいは距離）を計算して分析する場合を考える．

たとえば，データとしてn個の個体のそれぞれについてp種類の特性値が得られているとする．類似度の計算方法には以下に述べるように幾つか考えられるが，最も簡単な方法は，すべてのサンプル（個体）について，値の差の2乗和をとる方法である．

たとえば，サンプルAとサンプルBについて，

$$d^2_{ab} = \sum_{n=1}^{P}(x_{ap}-x_{bp})^2 \text{ または，} d_{ab}=\sqrt{\sum_{n=1}^{P}(x_{ap}-x_{bp})^2}$$

表3-1 クラスター分析のデータ

個体＼変量	x_1	・・・	x_p
1	x_{11}		x_{p1}
・	・		・
・	・		・
n	x_{1n}	・・・	x_{pn}

を算出し，この値が小さいほど類似している（距離が近い）と考える．X_{ap}はサンプルAの変量pについての測定値である．この方法は，それぞれの変量を独立次元と考えて，サンプルAとサンプルBとの**ユークリッド距離（euclid distance）**を求めている．このユークリッド距離は，用いる変量の単位に依存する形をとるので，あらかじめ各変量を平均0，分散1に標準化してから求める**標準化ユークリッド距離**や，2章2.4.で詳細に述べた**マハラノビスの距離**（いくつかの点が存在す

るときに，周囲の点のバラツキ（分散）を考慮して計算された任意の2点間の距離）などがある．

また，変数間の距離の測定には相関係数が用いられる．クラスター分析で利用する距離は，個体間あるいは変数間が相互に類似している場合，その値が小さくなることを前提とする．相関係数は，その値が大きいほど，その変数間が類似していることを表す尺度であるので，相関係数を類似度の尺度として利用する場合，以下の尺度変換を行なうことが必要になる．

d＝2×(1−r)（ただし，rは相関係数）

この変換により，相関係数rの値が大きいほど，距離dの値が小さくなる．

クラスター分析を実施する以前に，分類したい対象の属性（現象）が実際どのようになっているのかを十分吟味した上で，そのモデルを構築することが重要となる．このモデルに適合した，計算方法から最適な方法を選択する．分析の目的や用途に応じて，さまざまな方法が考案され，それ故，クラスター分析を実施し，解釈することが困難である．また，用いる方法により，異なる結果が得られるので，1つの方法の結果のみから結論づけるのではなく，クラスター分析以外の多変量解析法を駆使して総合的な判断を下すことが重要である．

ここでは，代表的な2つの方法について説明する．クラスター分析の計算方法は，**階層的方法**と**非階層的方法**とに分けられる．非階層的方法は，あらかじめ決められたグループ数に，各サンプルを分類する方法であり，最適な分類ができるまで分析を繰り返すので，計算量が膨大となり，計算にも非常に時間を要するため，一般的には階層的方法を用いる．階層的方法は，最も近いサンプル（変数）から順に近づけ，最終的に類似したサンプル（変数）が隣り合うように分類し，樹形図で表現する．求めるクラスターの数は，この樹形図をみて決定する．

この階層的方法では，樹形図を形成していく過程，すなわち個々の点をまとめた各クラスター間の距離を決定する幾つかの方法があり，代表的なものに，**最短距離法（最近隣法）**，**最長距離法（最遠隣法）**，**群平均法（グループ間平均連結法）**，**重心法**，**メディアン法**，**Ward（ウォード）法**がある（基本的分析手順の方法を参照）．これらの手法のうち，前者の3つ（最近隣法，最遠隣法，群平均法）は，前述した全ての距離および類似度に用いることができるが，他の手法はユークリッド距離以外用いることができない点は注意を要する．SPSSでは，その他，**グループ内平均連結法**が分析方法として用意されている．以下，クラスター分析をSPSSで行なう手順を説明する．前述したようにクラスター分析には多くの手法があるので，紙面の都合上，階層的方法（平方ユークリッド距離，Ward（ウォード）法）を適用した例題を以下に示す．

基本的分析手順

クラスター分析における一般的な分析手順（分析内容）は以下の通りである．また，＊で示した手法については専門書（柳井ら，1986）を参照のこと．

クラスター分析の基本的分析手順

*：一般的にはあまり用いられない手法．詳細は専門書（柳井ら 1986）を参照のこと
アンダーラインは例題で用いた手法を示す．

事前準備
　データの吟味（欠損値，グラフ化など）
　各変数の基礎統計値の算出
　散布図の作成

　クラスター分析に用いるデータ
　　通常，量的（相関係数が正しく算出できる）データを用いる．
　　但し，個体間相関係数を用いる以外，正規性や線型性の仮定は必要ない．
　　また，類似度を表す尺度として，サンプルクラスターでは距離を，変数クラスターでは相関係数を用いる．

階層クラスター

クラスター対象	ケース	ケース（個体）を分類する場合に設定：変数に最低1つの数値型変数を選択
	変数	変数を分類する場合に設定：変数に最低3つの数値型変数を選択
表示	統計	統計の結果を表示する場合にチェックする
	作図	作図の結果を表示する場合にチェックする

統計

	クラスター凝集経過行程	各段階で結合されたケースまたはクラスター，結合中のケースまたはクラスター間の距離，ケース（または変数）がクラスターに結合した最後のクラスターレベルを表示する
	*距離行列	項目間の距離または類似度を計算する
所属クラスター	なし	各ケースが割り当てられているクラスターを表示しない
	*単一の解	クラスターを結合する1つの段階で各ケースが割り当てられているクラスターを表示
	*解の範囲	クラスターを結合する複数の段階で，各ケースが割り当てられているクラスターを表示

作図

	デンドログラム	形成されたクラスターの結合性の評価に使用
つららプロット	すべてのクラスター	ケースの全てのクラスターへの結合の仕方に関する情報を表示
	クラスターの範囲指定	ケースの指定された範囲のクラスターへの結合の仕方に関する情報を表示
	なし	ケースのクラスターへの結合する仕方に関する情報を表示しない
作図の方向	垂直	作図を垂直方向に行う
	水平	作図を水平方向に行う

方法

クラスター化の方法	Ward 法	情報損失量をもとにクラスターにまとめる
	*グループ間平均連結法	群平均法とも呼ばれ，各クラスターの距離の平均値を用いる
	*グループ内平均連結法	各クラスターのグループ内の平均値の距離を用いる
	*最近隣法	最短距離法とも呼ばれ，各クラスターの内最も短い個体間の距離を用いる
	*最遠隣法	最長距離法とも呼ばれ，各クラスターの内最も長い個体間の距離を用いる
	*重心法	各クラスターの重心間の距離を用いる
	*メディアン法	各クラスターの距離の中央値を用いる
測定方法：間隔	平方ユークリッド距離	各変量を平均0，分散1に標準化したユークリッド距離
	*ユークリッド距離	
	*コサイン	
	*Pearson の相関	
	*Chebychev	

3.1. クラスター分析（Ward 法）

```
                    ＊都市ブロック
                    ＊Minkowski
                    ＊カスタマイズ
 測定方法：度数    カイ 2 乗測度
                    ファイ 2 乗測度
 測定方法：2 値    平行ユークリッド距離
                    ＊ユークリッド距離
                    ＊サイズの差異
                    ＊パターンの差異
                    ＊分散
                    ＊散らばり
                    ＊形
                    ＊単純マッチング
                    ＊ファイ 4 分点相関係数
                    ＊ラムダ
                    ＊Anderberg の D
                    ＊dice
                    ＊Hamann
                    ＊Jaccard
                    ＊Kulczynski 1
                    ＊Kulczynski 2
                    ＊Lance と Williams
                    ＊落合
                    ＊Rogers と Tanimoto
                    ＊Russel と Rao
                    ＊Sokal と Sneath 1
                    ＊Sokal と Sneath 2
                    ＊Sokal と Sneath 3
                    ＊Sokal と Sneath 4
                    ＊Sokal と Sneath 5
                    ＊Yule Y
                    ＊Yule Q
 値の変換：標準化                    近接度を計算する前に，ケースまたは値のデータを標準化する
                                     それぞれ変数ごと，ケースごとに値を変換できる
                    なし
                    Z 得点           標準化された得点：平均 0，分散 1
                    ＊−1 から 1 の範囲
                    ＊0 から 1 の範囲
                    ＊最大値を 1
                    ＊平均値を 1
                    ＊標準偏差を 1
 測定方法の変換                      距離の測定方法によって生成された値を変換する
                                     変換した値は，距離を計算した後で適用される
                    ＊絶対値
                    ＊符号変換
                    ＊01 の範囲で尺度化
```

用語の説明

サンプルクラスター：個体を各変量データ値が近い個体どおしを集める方法
変数クラスター：各変数間を相関関係を手がかりに幾つかのグループに分類する方法

例題 3.1.

　サッカーのドリブル技能テストと，調整力を代表するジグザグドリブルテストを，大学サッカー選手 10 名を対象に行なった．ドリブル技能テストと，ジグザグドリブルテストにより，各サンプル（選手）はいかなるグループに分類できるか，クラスター分析（平方ユークリッド距離，Ward（ウォード）法）を用いて検討せよ．

3章 データを分類・結合する

解析のポイント

例題 3.1.の解析のポイントは，
1. ドリブル技能テストと，ジグザグドリブルテストから，各サンプルはどのような分類が可能か．
2. ドリブル技能テストと，ジグザグドリブルテストから捉えられる身のこなしの能力に，何らかの分類がみられるか．

クラスター分析

対象　1, 2, 3, 4　例，被験者　国名

変数1　変数2　変数3　変数4

変数は、基準あるいは説明変数のいずれでもよい。

データ入力形式

クラスター分析を行なう際のデータ入力形式は，左図の通りである．「変数」にはクラスターに分類したい変数に用いる数値を入力する．行には対象（たとえば，被験者や国名）を入力する．

表 2-2 で示した大学サッカー選手 50 名のドリブル技能テストと調整力のデータより，ID1～10 のデータを利用する．

以下は例題 3.1.のデータの一例である．

	id	年齢	身長	体重	反復横跳	スカットスラス	ジグザグ	棒上片足	動的平衡	連続逆上	ドリブル
1	A	23.3	165.0	62.0	55	7.25	12.64	120	89.47	6	15.45
2	B	21.9	177.0	65.0	54	7.00	12.60	83	95.23	7	15.64
3	C	20.0	171.8	65.0	55	9.00	11.46	120	101.44	8	14.64
4	D	22.0	175.0	65.0	50	7.00	13.44	120	76.77	5	17.90
5	E	20.3	172.0	70.0	54	7.50	13.45	120	113.82	6	16.32
6	F	22.3	177.0	72.0	52	8.50	15.10	40	70.50	5	18.15
7	G	19.3	170.4	63.0	53	7.50	15.50	30	106.01	5	24.07
8	H	18.9	167.1	58.0	56	8.50	12.50	36	98.07	7	18.71
9	I	18.5	168.7	65.4	44	6.25	19.30	32	89.70	6	22.53
10	J	20.1	174.0	61.0	51	8.00	14.00	13	98.37	5	20.69

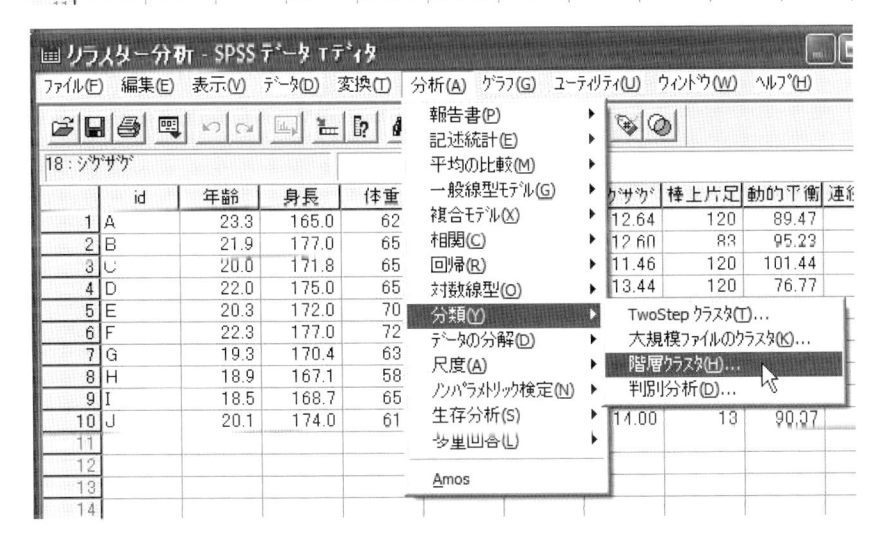

操作手順

「分析 (A)」をクリックし，「分類 (Y)」から「階層クラスタ (H)」を起動する．

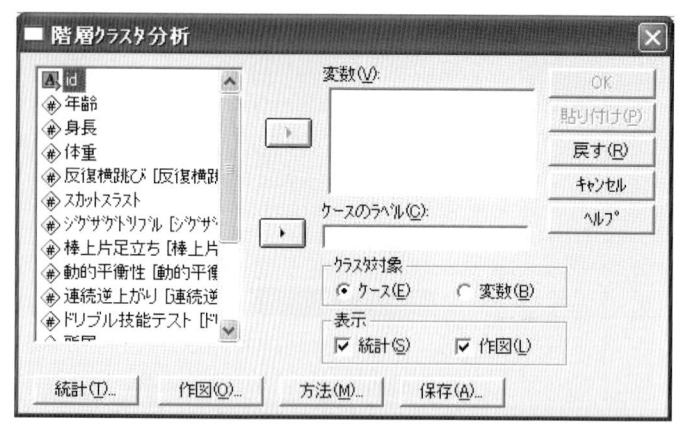

96   3.1. クラスター分析（Ward法）

左の画面が表示される．
まず，変数（V）に投入する変数を選択する．

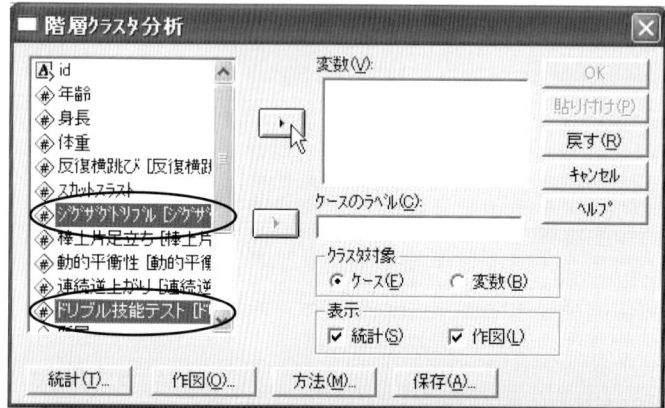

「ジグザグドリブル」と「ドリブル技能テスト」を選択し（青色に変えてから），▶をクリックする．

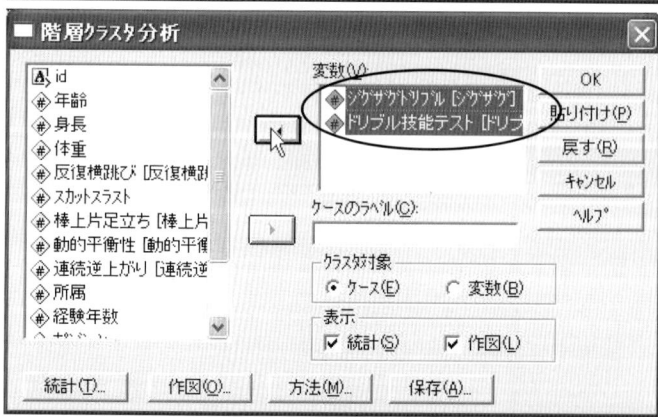

「変数（V）」に「ジグザグドリブル」と「ドリブル技能テスト」が加えられる．

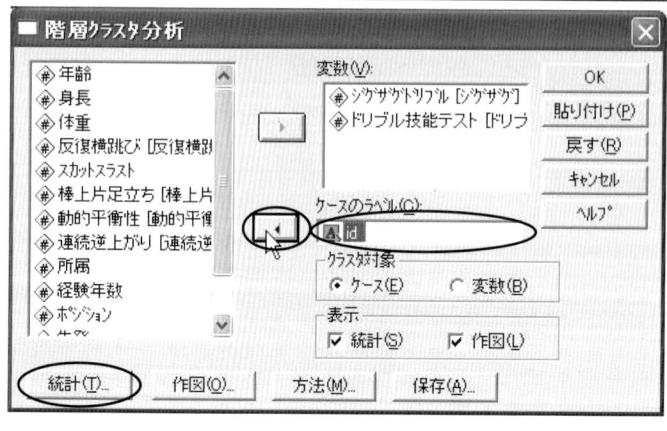

つぎに，「id」を選択する．ダイアログボックス内にある▶をクリックすると，「ケースのラベル（C）」のリストに「id」が加えられる．
つぎの手順に進む．

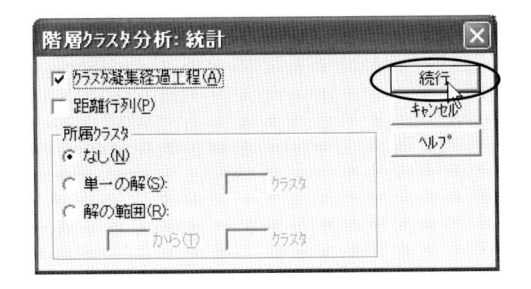

クラスター分析に先立ち，所属クラスターの選択の確認をするために，画面下の「統計（T）」をクリックすると，左図が現れる．

この解析の場合，そのまま「クラスタ凝集経過工程（A）」の□（チェックボックス）のチェックマークが付いたまま，「続行」をクリックする．

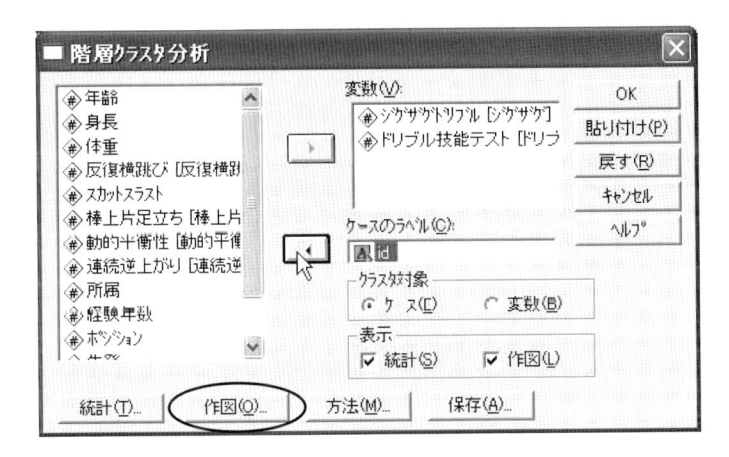

元のサブメニュー画面に戻ったら，デンドログラム（樹形図）を作図するために，「作図（O）」をクリックする．

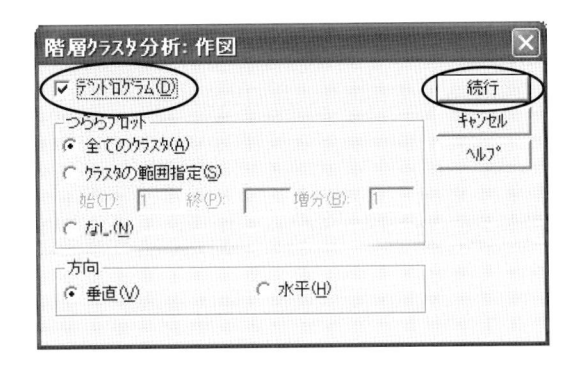

左図のサブメニューが現れたら，「デンドログラム（D）」の□（チェックボックス）をクリックする．チェックマークがついたら，「続行」をクリックする．

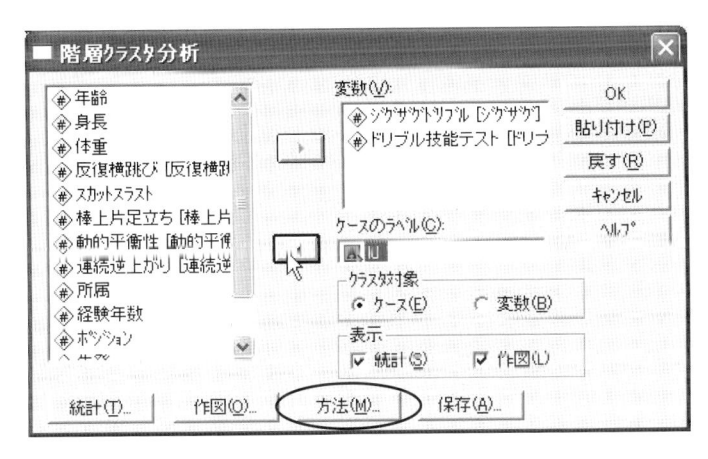

元のサブメニュー画面に戻ったら，クラスター化の方法，値の変換などを設定するために，「方法（M）」をクリックする．

3.1. クラスター分析（Ward 法）

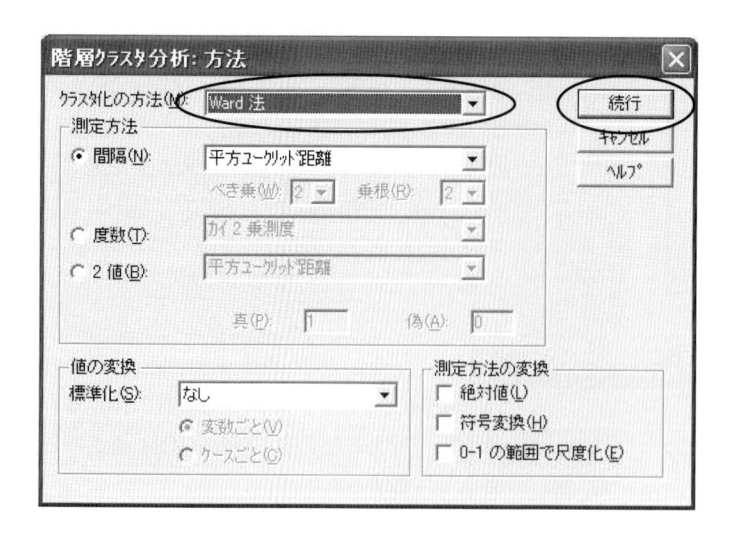

左図が現れる．ここでは，「クラスタ化の方法 (M)」の中から一般的に用いられる「Ward 法」を選択する．Ward 法とは，情報損失量と言われるクラスター間の距離を用いる．その他の方法の特徴については基本的操作手順の表を参照のこと．また，ここでの変数は間隔尺度であり，一般的に用いられる「平方ユークリッド距離」のまま分析する．平方ユークリッド距離とは，ユークリッド距離（2 章 2.4.）を 2 乗したものを指す．その他の方法および変数に度数あるいは 2 値データを用いる場合の方法の特徴については基本的操作手順の表を参照のこと．「Ward 法」に変わったことを確認してから，「続行」をクリックする．

元の画面に戻ったら，「OK」をクリックすると分析が開始される．

出力結果と結果の解釈

「処理したケースの要約」は，平方ユークリッド距離，および Ward 法による連結式の算出に投入したサンプルの情報を示す．

ここでは，投入した全サンプルが有効として処理されたことを意味する．

処理したケースの要約[a,b]

ケース					
有効		欠損		合計	
度数	パーセント	度数	パーセント	度数	パーセント
10	100.0	0	.0	10	100.0

a. 平方ユークリッド距離 使用された
b. Ward 連結

クラスタ凝集経過工程

段階	結合されたクラスタ クラスタ1	結合されたクラスタ クラスタ2	係数	クラスタ初出の段階 クラスタ1	クラスタ初出の段階 クラスタ2	次の段階
1	1	2	.019	0	0	3
2	4	8	.789	0	0	5
3	1	5	1.648	1	0	4
4	1	3	4.211	3	0	8
5	4	6	7.252	2	0	6
6	4	10	11.782	5	0	8
7	7	9	20.188	0	0	9
8	1	4	45.622	4	6	9
9	1	7	134.319	8	7	0

「クラスタ凝集経過工程」は，Ward 法による計算過程により，一番近いものから順にクラスターを連結した結果を第 1 段階から順に示したものである．結合されたクラスタをみると，サンプル A (1) とサンプル B (2) の者が最も近く「0.019」，サンプル A (1) とサンプル G (7) が最も遠い「134.319」であることを意味する．

垂直つらら

クラスタの数	ケース
	9:I 7:G 10:J 6:F 8:H 4:D 3:C 5:E 2:B 1:A
1	X X X X X X X X X X X X X X X X X X X
2	X X X X X X X X X X X X X X X X X X
3	X X X X X X X X X X X X X X X X
4	X X X X X X X X X X X X X X
5	X X X X X X X X X X X X
6	X X X X X X X X X X X
7	X X X X X X X X X X
8	X X X X X X X X
9	X X X X X X X

「垂直つらら」は，ケースがどのようにクラスタに結合されていくかを示している．下部（水平プロットの右側）ではケースは結合されない．図表を（または水平プロットに向けて左右に）読みあげていくと，結合されたケースがその間にある列のXまたは棒により示され，一方別のクラスターがその間にある空白により示される．垂直つららは，クラスターの凝集過程を示したものであるが，十分理解することが困難であるため，つぎに示すデンドログラムをクラスターの確認に利用するとよい．

```
******HIERARCHICAL  CLUSTER  ANALYSIS******

Dendrogram using Ward Method

                    Rescaled Distance Cluster Combine
    C A S E      0         5        10        15        20        25
  Label    Num   +---------+---------+---------+---------+---------+
  A          1   ─┐
  B          2    ├─┐
  E          5   ─┘ ├─────┐
  C          3   ───┘     │
  D          4   ─┐       ├──────────────────────────────────────┐
  H          8   ─┤       │                                      │
  F          6   ─┼───────┘                                      │
  J         10   ─┘                                              │
  G          7   ───────────────────────────────────────────────┬┘
  I          9   ───────────────────────────────────────────────┘
```

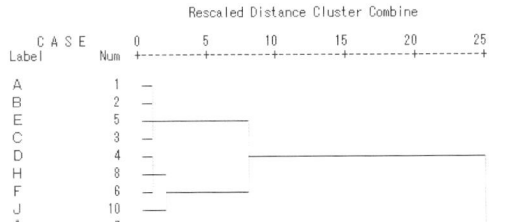

「デンドログラム (Dendrogram)」とは，結合されるクラスターと距離係数の値をステップごとに示す階層的クラスターのステップを，図で表現したものである．縦線で結合ケースを示す．デンドログラムは実際の距離を作図するのではなく，ステップ間の距離の比を保ちながら，それらを0から25の数字にスケールし直している．

デンドログラムの結果より，距離5.0で分類すると，大きく3つのグループに集約することができる．1:(A, B, E, C)，2:(D, H, F, J)，3:(G, I) は，それぞれサッカーにおける身のこなし能力の優，普通，劣群と解釈できる．

結果のまとめ

例題の結果をまとめると以下のようになる．

1. ドリブル技能テストとジグザグドリブルテストから，用いた10名のサンプルはドリブル技能テストとジグザグドリブルテストから3つのグループに分類できる．

2. ドリブル技能テストとジグザグドリブルテストから捉えられる身のこなしの能力において優，普通，劣群に分類され，10名の各サンプルの類似度が視覚的に明らかとなった．

> 最近の論文例

1．白石弘巳，守屋裕文：日本における精神科救急医療の現状と問題点．臨床精神医学，29：1545-1552, 2000.
2．Godin G, Lambert LD, Owen N, et al.：Stages of motivational readiness for physical activity：A comparison of different algorithms of classification. British Journal of Health Psychology. 9：253-67, 2004.
3．Ledikwe JH, Smiciklas-Wright H, Mitchell DC, et al.：Dietary patterns of rural older adults are associated with weight and nutritional status. Journal of the American Geriatrics Society 52（4）：589-595, 2004.

（長澤吉則・出村慎一）

引用・参考文献

1) 出村慎一：例解 健康・スポーツ科学のための統計学入門．不昧堂出版，2001b.
2) 柳井晴夫，高木廣文，市川雅教ほか：多変量解析ハンドブック．現代数学社，1986.
3) 田中　豊，垂水共之：Windows 版統計解析ハンドブック多変量解析．共立出版，1995.
4) 田中　豊，垂水共之，脇本和昌：パソコン統計ハンドブックⅡ多変量解析編．共立出版，1984.
5) 木下栄蔵：わかりやすい数学モデルによる多変量解析入門．啓学出版，1987.
6) 菅　民郎：初心者がらくらく読める多変量解析の実践（下）．現代数学社，1993.
7) 奥野忠一，久米均，芳賀敏郎ほか：多変量解析法（改訂版）．日科技連，1981.
8) 奥野忠一，芳賀敏郎，矢島敬二ほか：続多変量解析法．日科技連，1976.
9) 石村貞夫：SPSS による多変量データ解析の手順．東京図書，1998.
10) 石村貞夫：すぐわかる統計処理．東京図書，1994.
11) 石村貞夫，デズモンド・アレン：すぐわかる統計用語，東京図書，1997.
12) 海保博之：心理・教育データの解析法 10 講応用編．福村出版，1986.

3.2. 数量化Ⅲ類

　数量化Ⅲ類とは，外的基準が無く，観測されている複数個の質的な要因に基づいて，これらを代表する**総合的指標**を求めたり，項目間の関係を視覚的に捉え，それに基づいて**分類**をするための手法である．つまり，個体のいろいろなカテゴリーへの反応パターンに基づいて，個体とカテゴリーの両者を数量化し，個体やカテゴリーの表現，分類を行なう手法である．各説明変数が量的な測定値で与えられる場合は，3 章 3.3.の主成分分析が適用できる．つまり，主成分分析は説明変数が量的な変数を用いるのに対し，ここで述べる数量化Ⅲ類は，**説明変数が質的変数で与えられている場合**に利用する．

数量化Ⅲ類に適用できるデータは，説明変数がいずれも質的変数（非連続データ）である（出村，2001b）．方法論的には，主成分分析やクラスター分析に**ダミー変数**を適用したものと解釈することができる．

各個体（サンプル）について，R 個のアイテム・カテゴリーへの反応が得られているとする．要因のアイテムとは，性別や疾病の有無などの項目を，カテゴリーとは性別ならば男性，女性，疾病の有無ならば疾病あり，疾病なしといった分類を意味することはすでに述べた（2 章 2.3. 参照）．反応の仕方の似た個体，反応のされ方の似たカテゴリーをそれぞれ集めて分類するには，個体とカテゴリーを適当に並べ替えて対角の部分に集まるように配列する．

よって，数量化Ⅲ類では，要因のアイテム・カテゴリーへの反応の仕方の似た個体，個体からの反応のされ方の似たカテゴリーには近い数量を付与し，このとき，個体とカテゴリーの対応関係（相関）が最大となるように，個体とカテゴリーに付与する数量を操作的に定めようというのが，数量化Ⅲ類の考え方である．

ここで，数量化Ⅲ類を SPSS で行なう手順を以下に説明する．

表 3-2 各サンプルのカテゴリーへの反応パターン

カテゴリー＼サンプル	1	2	3	…	R
1	✓		✓		
2		✓	✓		
⋮					
n	✓		✓		✓

基本的分析手順

数量化Ⅲ類における一般的な分析手順（分析内容）は以下の通りである．また，＊で示した手法については専門書（駒澤，1982）を参照のこと．

数量化Ⅲ類の基本的分析手順

＊：一般的にはあまり用いられない手法．詳細は専門書（駒澤，1982）を参照
アンダーラインは例題で用いた手法を示す．

事前準備	数量化Ⅲ類に用いるデータ
データの吟味（欠損値，正規性の検定など） 各変数の基礎統計値の算出 度数，関連係数の算出，カテゴリーの統合	通常，外的基準はなく，説明変数に質的（性別，疾病の有無など）データを用いる．

数量化理論Ⅲ類	
変数リスト	変数リストに説明変数を選択し，挿入する 説明変数は最大 100 個まで，カテゴリー総数は 5 以上 150 までの制限がある

変数の最小値・最大値設定	
変数名　　最小値 　　　　　　最大値	各説明変数に用いたカテゴリーの最小値を入れる 各説明変数に用いたカテゴリーの最大値を入れる 各変数の指定された範囲を越えるケースは分析から除外される 他の分析での扱いと異なるので注意が必要 これを分析に何等かの形で含める方法としては，オプション 4 による方法がある．つまり，1 変数当り 1 カテゴリーの場合の数量化Ⅲ類の計算ができる
1）最小値と最大値に同じ値を指定	どの変数においても指定した値に該当しないケースは値をもたないことになり，使用した全カテゴリーに対するケースの正の反応の数はケースごとに異なる

3.2. 数量化Ⅲ類

2）全ての変数が範囲に収まる値を指定

全ケースが変数ごとに指定したカテゴリーの最小値と最大値の幅の中にすべて含まれていれば，ケースの正の反応数はどのケースについても同じである

欠損値の定義はできない
データの中に，度数 0 の変数値がある場合は，分析が中断する
全変数にわたって指定された幅を外れるケースは計算から除外される

グループ変数

グループ変数	グルーピングのための変数を指定する
	指定された変数のカテゴリーグループごとに，ケース得点が集計され，その平均，分散，標準偏差が印刷される（追加統計 2 の指定が必要）
	グループ変数は最大 100 個まで，1 変数のカテゴリー数は 100 までの制限がある
	この変数には欠損値の定義は有効　また，この定義を一時停止するオプションも用意されている（オプション 1 参照）

次元数

次元数	追加統計 4 により，算出された数量化値を用いて，カテゴリー間の距離行列を求めさせるときの，次元数 m を指定する
	このサブコマンドを省略して追加統計 4 を要求すると，説明率が 95% に達した次元数（ただし 50 を超えるときは 50）が採用される

オプション選択　Options

オプション 3, 3, 7 はそれぞれ，追加統計の 2, 3, 1 と関連するので注意することが必要

グルーピング変数の欠損値の無視（1）	グルーピング変数の欠損値の定義を無視する
カテゴリースコア出力の際の変数値ラベル印刷の省略（2）	変数のカテゴリーに与えられた数値の表における変数値ラベルの印刷を省略する
その他の出力でのラベル印刷の省略（3）	ケースの得点の，グルーピング変数のカテゴリー別平均，標準偏差の表（追加統計 2），および次元間の相関係数の表（追加統計 3）におけるラベルの印刷を省略する
指定した変域の上限を超える説明変数の値の上限値への置換え（4）	指定したデータ値の幅を越えた値を，指定した最大値に自動的に変換する
カテゴリースコアのソート出力の省略（5）	変数の各カテゴリーに与えられた数値を，昇順に並べた表の印刷を省略する
ケーススコアを作業ファイルに追加（7）	ケース得点を新たな変数として，実行ファイルに追加する
カテゴリースコアの散布図（9）	変数の各カテゴリーに与えられた数値に基づく散布図を出力する

追加統計選択　Statistics

ケース得点（1）	ケース得点を出力する
グループごとのケース数，ケーススコアの平均，分散，標準偏差（2）	グルーピング変数のカテゴリーごとに，ケース数，ケース得点の平均，分散，標準偏差を印刷する
グループごとのケーススコアの次元間相関係数（3）	グルーピング変数のカテゴリーごとに，ケース得点の次元間の相関係数を求める
カテゴリー間の距離行	変数リストにある全変数カテゴリー間の距離行列を，m 次元内のユー

列（4）	クリッド距離として求める
	m は次元数で指定された値，または固有値の累積比率が 95％に達した次元数（ただし，m が 50 を越えるときは 50）である
固有値計算時の収束状況（5）	固有値を求める際の収束状況を出力する

結果の解釈

固有値，相関係数，全固有値に対する各固有植の累積比率の大きさから軸の数（一般的に解釈の関係上，第 2 軸）を判断する

説明変数の各カテゴリーに与える数値（カテゴリースコアの範囲）により，説明変数の背後にある因子を検討する

主に，第 1, 2 軸による散布図により視覚的に結果の解釈を確認する　特に軸の解釈が重要

用語の説明

固有値：度数分布表における相関係数 r を求め，その相関係数 r が最大となるような方程式を解いて，固有値 r^2 を求める．その後，カテゴリースコアおよびサンプルスコアを求める手順をとる．

カテゴリースコアの説明変数別範囲：カテゴリースコアの説明変数別範囲は，各軸における説明変数の関与の大きさを示す．この値とカテゴリースコアの散布図により各軸の意味を解釈する．

カテゴリー間の距離行列：カテゴリー間の距離行列は，値が小さい，すなわち近いほどカテゴリー間の関連が高く，逆に値が大きい，すなわち遠いほど関連が低いことを意味する．

例題 3.2.

女性高齢者 94 名について，健康を保つために行なっている生活習慣・年齢を調査した．①運動実施の有無，②睡眠時間，③骨折の有無，④年齢のデータから，生活習慣とそれを実践している人の特性を分析し，生活習慣の実践方法の傾向について検討せよ

解析のポイント

例題 3.2. の解析のポイントは，

1. 運動実施の有無，睡眠時間，骨折の有無，年齢によって，健康習慣を有する者，有しない者などいかなる分類が可能であろうか．
2. 運動実施の有無，睡眠時間，骨折の有無，年齢のうち，いずれの項目が健康習慣を有する者を捉えるのに重要で，背後にいかなる要因が関係しているか．

数量化Ⅲ類

	説明変数1	説明変数2	説明変数3	説明変数4
被験者 1	↓	↓	↓	↓
2				
3				
4				
:				

データ入力

数量化Ⅲ類を行なう際のデータ入力形式は左図の通りである．分析に用いる変数を横並びに入力する．すなわち，「説明変数」には使用する変数の数値を入力する．行には被験者を入力する．

3.2. 数量化Ⅲ類

	id	運動実施	睡眠時間	健康感	骨折	年齢
1	2	1	3	1	2	1
2	49	1	1	1	2	1
3	64	1	3	1	1	2
4	74	1	1	1	2	1
5	76	2	2	1	2	1
6	95	1	2	1	1	2
7	107	2	2	2	2	2
8	125	1	2	1	2	1
9	141	1	2	1	2	1
10	145	1	2	1	2	1
11	166	2	3	2	2	1
12	174	2	2	1	2	2
13	198	2	3	2	2	1
14	219	1	1	1	1	1
15	238	2	2	1	1	1
16	239	2	2	2	2	1
17	248	1	1	1	2	1
18	250	1	2	1	2	1
19	251	1	3	1	2	1
20	259	2	3	1	1	1

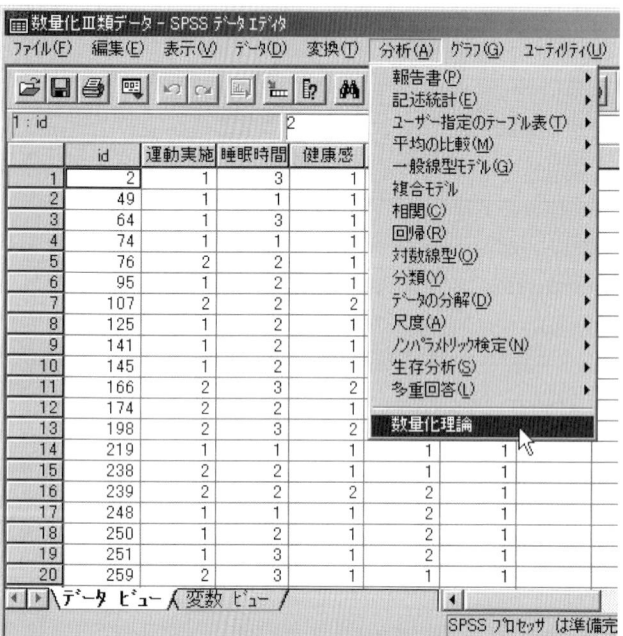

表 2-5 の女性高齢者のデータを利用する．表 2-5 の項目，カテゴリーの説明は 2 章 2.3.1.を参照のこと．

以下は例題 3.2.のデータの一例である．数量化Ⅲ類を行なう場合，被験者数が少ないと結果が安定せず，一般化が困難となる．変量数の 10 倍程度の被験者を確保することが望ましい．

操作手順

「分析 (A)」をマウスでクリックし，「数量化理論」を起動する．左の画面が表示される．

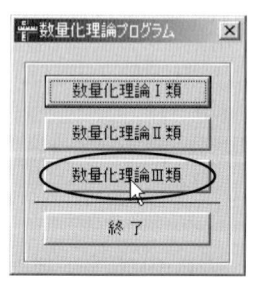

ダイアログボックスで「数量化理論Ⅲ類」をクリックすると，つぎの画面が表示される．

「変数リスト」では，解析に使用する説明変数の選択とその値の範囲の指定を行なう．この指定は必須である．ダイアログボックスの左端の枠内に表示されている全変数リストから説明変数（ここでは運動実施，睡眠時間，骨折，年齢）を選択し，その右の▶ボタンをクリックする．

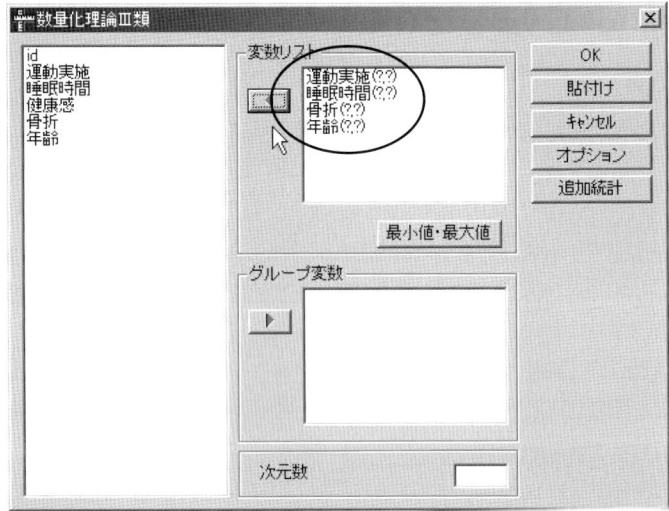

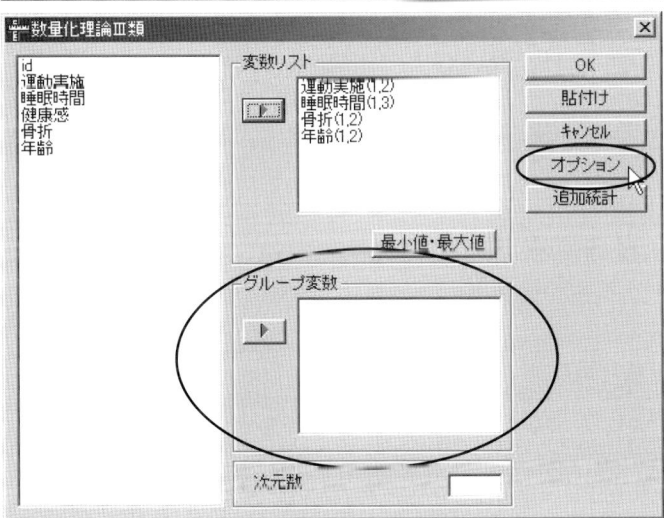

3章 データを分類・結合する　105

図のように変数リストに選択した説明変数が表示される（運動実施(?,?)）．

説明変数にはその範囲（最小値・最大値）の指定が必要である．自動的に選択されることはないので必ず指定をする．範囲の指定は，2章2.3.2.を参照のこと．

数量化Ⅲ類によって得られたケーススコア（ケースに割り当てられた数量化値）については，グループ変数のカテゴリー別に，平均や標準偏差などの記述統計量を算出することができる．「グループ変数」セクションでは，これに使用する変数を指定することができる．左側の全変数リストからグループ化したい変数を選んで▶ボタンをクリックする．この例題では，グループ変数の指定は行なわないため，この欄は空白とする．

　数量化Ⅲ類では，カテゴリースコアからカテゴリー間の距離を求めることができる．カテゴリースコアは第1から第5軸まで求められ，そのうちの軸までを距離の計算に使用するかを指定する．指定するには，次元数セクションのテキストボックスに1から5までの値を入力する．ここでは，特に指定せず，第5軸までのすべての結果を表示する．ここで示す次元数とは後述の出力結果の軸あるいは解のことをいう．

　オプションと追加統計は，それぞれのボタンをクリックして以下の図のように表示されるダイアログボックスで，該当する項目の前のチェックボックスをチェックすることにより，指定・選択を行なうことができる．

106   3.2. 数量化III類

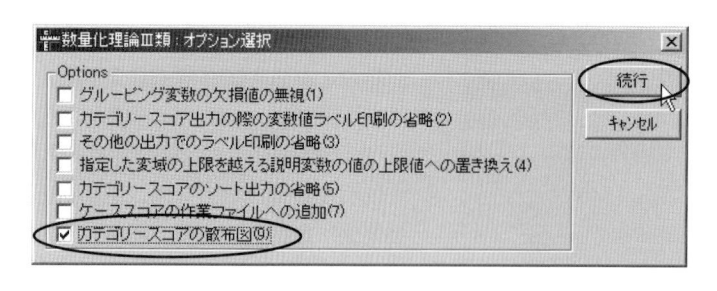

上記の「オプション」をクリックする．ここでは，オプションの「カテゴリースコアの散布図（9）」にチェックを入れ，「続行」をクリックする．

「カテゴリースコアの散布図（9）」により，視覚的に分類結果の確認が可能になる．

ここで，「ケーススコアの作業ファイルへの追加（7）」を選択すると，自動的に算出されたケーススコア（予測得点）が，分析実施後，データファイルに新たな変数として保存され，その後，他の変数と同様にケーススコアを変数として用いた解析（差の検定など）を行なうことができる．

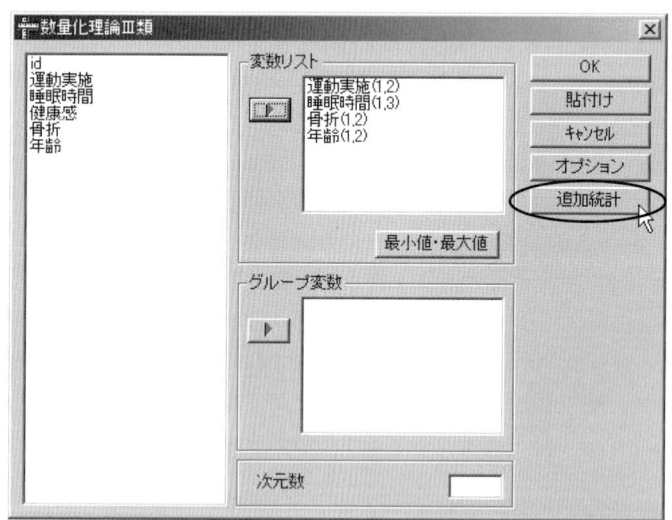

元の画面に戻るので，次いで「追加統計」をクリックする．

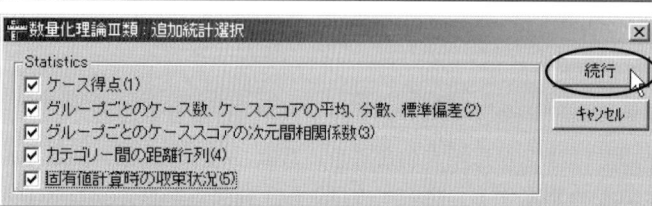

追加統計は，すべてにチェックを入れ，「続行」をクリックする．

元のダイアログボックスが表示されるので，「OK」をクリックする．

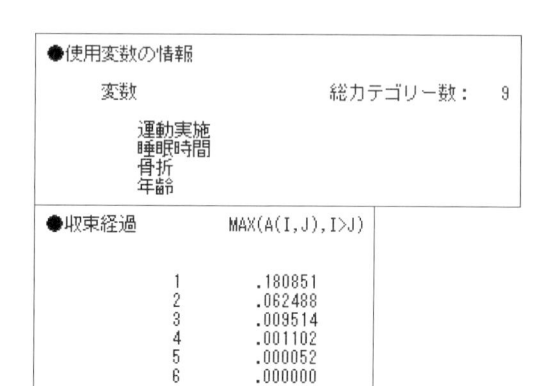

出力結果と結果の解釈

数量化I類でも述べたように，ログの表示は行数に制限があり，そのままでは出力結果のすべてを表示させることができない．出力結果の全体を見るにはコンテンツ枠（右側の枠）内の結果出力の適当な箇所をクリックし，「ハンドラー」をドラッグして表示枠を拡張する（2章2.3.参照）．

「使用変数の情報」は，解析に用いた説明変数を示し，説明変数に用いたカテゴリーの和「9」を示している．

●相関係数

	固有値	相関係数	全分散に対する累積比
1	.40950	.63992	.32760
2	.26286	.51270	.53788
3	.22984	.47941	.72175
4	.21641	.46520	.89488
5	.13140	.36249	1.00000
6	.00000	.00000	1.00000
7	.00000	.00000	1.00000
8	.00000	.00000	1.00000
9	.00000	.00000	1.00000

「収束経過」は，集中化プロセスを示している．

「相関係数」の情報は，固有値，相関係数，および全分散（全固有値）に対する各固有値の累積比を示す．固有値は並べ替えがうまくできたかどうかを示す基準であり，0から1の間をとり，1に近いほど並べ替えがよいことを示す．固有値は単相関係数の2乗で表すことができる．

数量化Ⅲ類においても，主成分分析と同様に，次元数を決定することは結果の解釈に大きな影響を与える．また，数量化Ⅱ類と同様に，各次元に対応する固有値のプロットや第1固有値からの累積プロットを次元数の決定に用いれば良い．また，全分散に対する累積比がある程度になった時点の次元を採用することも可能である．ただし，数量化Ⅲ類は各カテゴリーや変数のような形で扱うので，主成分分析のように少ない成分で高い寄与率を得ることは極めて希である．したがって，情報の圧縮，特性の抽出といった研究目的や仮説，専門的知識を考慮して次元数を決定すべきである．次元の解釈に重みをおき，解釈可能な次元を採用することも可能である．

ここでは，相関係数が0.5以上を示した第2軸（0.5127）までを利用することにする．その場合，2つの軸で全分散の53.8%（全分散に対する累積比：0.53788）を説明することができる（上図の2行目までを参照のこと）．因みに，用いた説明変数はこの場合，第5軸まで使用すれば全分散を説明することができる．解析結果は，第5軸までの結果が得られているが，一般に解釈の関係上，主として第2軸までを用いて説明する場合が多い．ただし，何らかの総合指標を見いだしたい場合は1軸で全体の32.8%を説明するので，この例では「健康的生活習慣」得点などと命名し，利用することも可能である．

●カテゴリースコア

変数	値	カウント	1	2	3	4
運動実施	1.	68	-.69904	.34438	.24952	-.52
	2.	26	1.82826	-.90070	-.65260	1.38
睡眠時間	1.	48	-1.24186	.33379	.33189	-.05
	2.	38	1.34981	.68019	-1.12340	.29
	3.	8	1.03958	-5.23366	3.34484	-1.06
骨折	1.	18	1.82530	.91093	.30215	-3.35
	2.	76	-.43231	.21575	-.07156	.79
年齢	1.	68	-.34806	-.59251	-.93715	-.42
	2.	26	.91032	1.54965	2.45100	1.10
有効ケース数	-	94				
欠損ケース数	-	0				

数量化Ⅲ類は，度数分布表における相関係数 r を求め，その相関係数 r が最大となるような方程式を解いて，固有値 r^2 を求める．その後，カテゴリースコアおよびサンプルスコアを求める手順をとる．

「カテゴリースコア」は，説明変数カテゴリーとサンプル相互の関係の計算結果（値が大きいほど距離が近く，逆に値が小さいほど距離が遠い）から得た，連立方程式を解くことによって得られる．一番上の行の1〜4の数字は軸の

3.2. 数量化Ⅲ類

番号を示し，各カテゴリーごとにそれぞれカテゴリースコアが表示される．カテゴリースコアの解釈で注意すべき点は，数量化Ⅰ類およびⅡ類と同様に，カテゴリースコアやケーススコアの原点が任意であり，軸間でのカテゴリースコアの比較には意味がないということである．

●カテゴリースコア
解 1 の昇順に並べ替えたもの

変数	値	カウント	1	2	3
睡眠時間	1.	48	-1.24186	.33379	.33189
運動実施	1.	68	-.69904	.34438	.24952
骨折	2.	76	-.43231	-.21575	-.07156
年齢	1.	68	-.34806	-.59251	-.93715
年齢	2.	26	.91032	1.54965	2.45100
睡眠時間	3.	8	1.03958	-5.23366	3.34484
睡眠時間	2.	38	1.34981	.68019	-1.12340
骨折	1.	18	1.82530	.91093	.30215
運動実施	2.	26	1.82826	-.90070	-.65260

●カテゴリースコア
解 2 の昇順に並べ替えたもの

変数	値	カウント	1	2	3
睡眠時間	3.	8	1.03958	-5.23366	3.34484
運動実施	2.	26	1.82826	-.90070	-.65260
年齢	1.	68	-.34806	-.59251	-.93715
骨折	2.	76	-.43231	-.21575	-.07156
睡眠時間	1.	48	-1.24186	.33379	.33189
運動実施	1.	68	-.69904	.34438	.24952
睡眠時間	2.	38	1.34981	.68019	-1.12340
骨折	1.	18	1.82530	.91093	.30215
年齢	2.	26	.91032	1.54965	2.45100

●カテゴリースコアの説明変数別範囲

説明変数	範囲				
	1	2	3	4	5
運動実施	2.52729	1.24508	.90213	1.91197	2.75391
睡眠時間	2.59167	5.91386	4.46824	1.36353	2.94129
骨折	2.25761	1.12668	.37371	4.15299	1.44329
年齢	1.25838	2.14216	3.38814	1.52349	.13416

ここで，各軸の解釈が必要となる．各軸のカテゴリースコアを昇順に並べ替えたものが左の図である．解5まで出力されるが，紙面の都合上，第1軸と第2軸の結果を示す．ソート順は下に向かうほどその軸への反応度（因子分析でいう因子負荷量）が高いと考える．1軸の結果をみると，＋側：運動せず，骨折経験があり，睡眠時間は適度といった非健康タイプ，－側：睡眠時間が短く，運動を行わない，骨折経験がない健康優良タイプ，2軸の結果をみると，＋側：年代が高く，骨折経験があり，睡眠が適度，運動しているといった努力家タイプ，－側：睡眠時間が長く，運動せず，年代が若いといったのんびり，あるいは怠け者タイプと解釈できる．後述するスコアの散布図と照らして解釈すると理解しやすい．

「カテゴリースコアの説明変数別範囲」は，各軸における説明変数の関与の大きさを示している．第1軸では運動実施（2.527）と骨折（2.258）が，第2軸では睡眠時間（5.914）と年齢（2.142）の関与が大きいことがわかる．

●カテゴリースコアの散布図

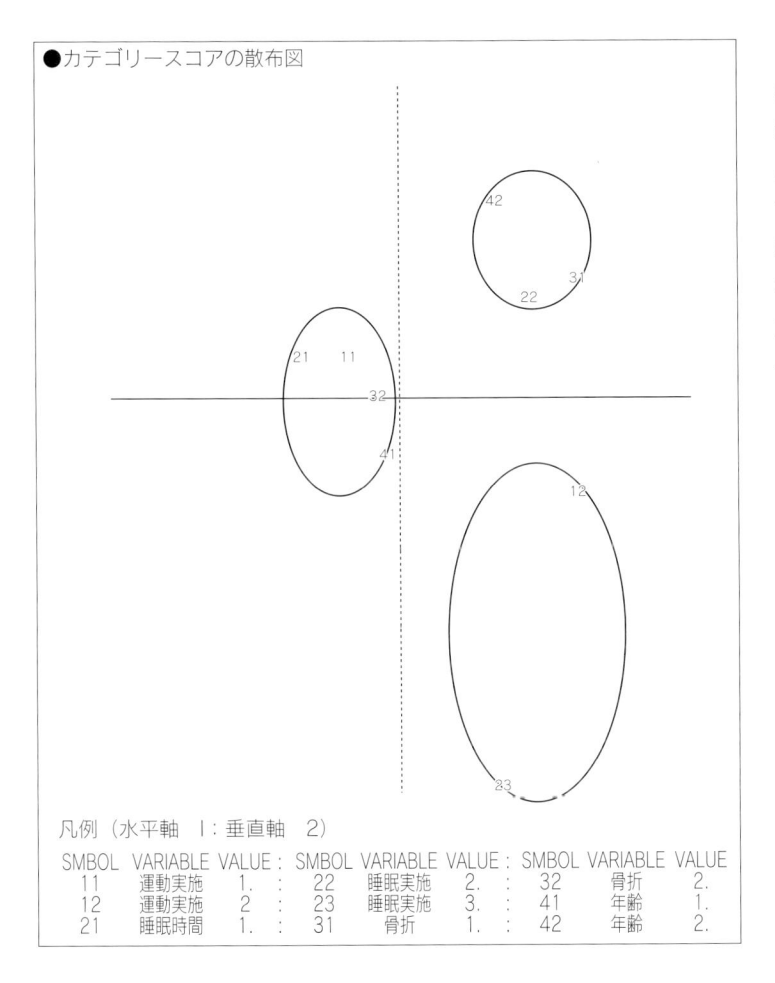

凡例（水平軸 1：垂直軸 2）
SMBOL VARIABLE VALUE : SMBOL VARIABLE VALUE : SMBOL VARIABLE VALUE
11　運動実施　1.　：　22　睡眠実施　2.　：　32　骨折　　2.
12　運動実施　2.　：　23　睡眠実施　3.　：　41　年齢　　1.
21　睡眠時間　1.　：　31　骨折　　　1.　：　42　年齢　　2.

「カテゴリースコアの散布図」は，上記の表では十分理解できない軸の解釈が容易にできるようにグラフ化したものである．すなわち，第1軸を横軸に，第2軸を縦軸にとり，カテゴリースコアの散布図を示したものである．その他，1軸と3軸，1軸と4軸，…とすべての組み合わせの散布図が出力される．

　数量化Ⅲ類は，このように軸を1つの物差しとするため，それぞれの軸が何を表すか，その解釈が求められる．一般的には，解釈するにとどまらず，各軸に名前をつける必要がある．数量化Ⅲ類で得られた軸を解釈する場合は，前述したカテゴリースコアの説明変数別範囲（カテゴリースコアのレンジ）を用いる．このレンジが大きい項目を重視して解釈する．これは，主成分分析による主成分を解釈する場合に，因子負荷量の絶対値の大きい項目を重視するのと同様である．また，軸の解釈は，カテゴリースコアの散布図をみて行なうと良い．

●距離行列（カテゴリー間）

変数名	コード	運動実施 1.	2.	睡眠時間 1.	2.	3.	骨折 1.
運動実施	1.	.0000	4.4711	2.3158	2.7247	6.6730	4.2917
	2.	4.4711	.0000	3.7809	4.0443	7.3117	5.2298
睡眠時間	1.	2.3158	3.7809	.0000	4.2105	7.4050	4.5522
	2.	2.7247	4.0443	4.2105	.0000	7.5429	4.7732
	3.	6.6730	7.3117	7.4050	7.5429	.0000	7.7388
骨折	1.	4.2917	5.2298	4.5522	4.7732	7.7388	.0000
	2.	1.5738	3.3777	2.1865	2.6157	6.6293	5.0829
年齢	1.	1.7489	3.4628	2.3158	2.7247	6.6730	4.2917
	2.	3.4628	4.5742	3.7809	4.0443	7.3117	5.2298

「距離行列（カテゴリー間）」は，アイテム同士のクロス相関を示している．値が小さい，すなわち，近いほどカテゴリー間の関連が高く，逆に値が大きい，すなわち，遠いほど関連が低いことを意味する．

3.2. 数量化Ⅲ類

●ケーススコアの変数への追加

次の値を変数としてファイルに追加しました
追加した変数

```
HYS3V001  スコア 1
HYS3V002  スコア 2
HYS3V003  スコア 3
HYS3V004  スコア 4
HYS3V005  スコア 5
```

SPSSでは，前述した「オプション選択」のダイアログにおいて，「ケーススコアを作業ファイルへの追加（7）」をチェックしておくと，ケーススコアがデータシートの変数として「hys3 v001～hys3 v005」として追加される（下図）．この解析を再度繰り返す場合，データシートの変数名「hys3 v001～hys3 v005」を「スコア 1～スコア 5」のように変更しておかないとつぎの解析実行時にエラーメッセージが出力されるので注意が必要である．

	id	運動実施	睡眠時間	健康感	骨折	年齢	hys3v001	hys3v002	hys3v003	hys3v004	hys3v005
1	2	1	3	1	2	1	-.11	-1.42	.65	-.31	.62
2	49	1	1	1	2	1	-.68	-.03	-.11	-.05	-.11
3	64	1	3	1	1	2	.77	-.61	1.59	-.96	.29
4	74	1	1	1	2	1	-.68	-.03	-.11	-.05	-.11
5	76	2	2	1	1	1	1.16	.02	-.60	-.53	-.42

●ケーススコア

```
ケース番号    1        2        3        4        5       ウェ?
    59.   -.10996  -1.42438   .64641  -.30597   .62085   1.0000
    59.   -.68032   -.03252  -.10682  -.05252  -.10914   1.0000
    59.    .76904   -.60718  1.58688  -.96335   .29357   1.0000
    59.   -.68032   -.03252  -.10682  -.05252  -.10914   1.0000
    59.   1.16382    .02448  -.60275  -.52535  -.42312   1.0000
    59.    .84660    .87129   .46982  -.62247   .29890   1.0000
    59.    .91402    .27835   .15086   .89377  -.02875   1.0000
    59.   -.03240    .05408  -.47065   .03491   .62618   1.0000
    59.    .53200    .33575  -.37722 -1.00334   .26536   1.0000
    59.   -.03240    .05408  -.47065   .03491   .62618   1.0000
    59.    .52186  -1.73565   .42088   .17202  -.06763   1.0000
    59.    .91402    .27835   .15086   .89377  -.02875   1.0000
    59.    .52186  -1.73565   .42088   .17202  -.06763   1.0000
    59.   -.11592    .24915  -.01340  -1.09076  -.46996   1.0000
    59.   1.16382    .02448  -.60275  -.52535  -.42312   1.0000
    59.    .59942   -.25719  -.69618   .51290  -.06229   1.0000
    59.   -.68032   -.03252  -.10682  -.05252  -.10914   1.0000
    59.   -.03240    .05408  -.47065   .03491   .62618   1.0000
    59.   -.10996  -1.42438   .64641  -.30597   .62085   1.0000
    59.   1.08627  -1.45398   .51431  -.86623  -.42845   1.0000
    59.   1.16382    .02448  -.60275  -.52535  -.42312   1.0000
    59.    .59942   -.25719  -.69618   .51290  -.06229   1.0000
    59.    .91402    .27835   .15086   .89377  -.02875   1.0000
    59.    .59942   -.25719  -.69618   .51290  -.06229   1.0000
    59.   -.68032   -.03252  -.10682  -.05252  -.10914   1.0000
    59.    .91402    .27835   .15086   .89377  -.02875   1.0000
    59.   -.68032   -.03252  -.10682  -.05252  -.10914   1.0000
    59.   -.36572    .50302   .74021   .32836  -.07560   1.0000
```

「ケーススコア」は，サンプルスコアを示し，ここでは計算の結果，「被験者」についた得点を示す．この例では，グループ変数は指定せずに，行なったが，たとえば，各被験者の性別あるいは年齢別など属性毎の平均や標準偏差を求める場合は，分析の最初のダイアログボックスにて，グループ変数に求めたい属性を指定する．101ページの全変数リストの年齢（75～79歳：1，80～89歳：2）グループ変数リストに代入すると，年齢別のケーススコアが算出される．

また，データシートに保存したケーススコアを用いて，棒グラフ等を描き，視覚的にどこにどのようなカテゴリーが，どのような人がプロットされるのかを評価することができる．さらに，このように単にカテゴリースコアやケーススコアをプロットするだけでなく，性，年代など外的な項目により分類された集団間の差異を検定したり，その集団をプロット（相関分析）して，他の外的条件との関連性を検討することができる．

結果のまとめ

例題の結果をまとめると以下のようになる．

1. 運動実施の有無，睡眠時間，骨折の有無，年齢によって，健康習慣の異なる

3群に分類される.
2．運動実施の有無，睡眠時間，骨折の有無，年齢のうち，いずれの項目も健康習慣を有する者を捉えるのに重要で，背後に「運動実施・骨折」，「睡眠時間・年齢」の要因が関係していると考えられる．

|最近の論文例|
1．郷司文男，出村慎一，宮口尚義ほか：幼児の食嗜好と運動能力の関係．教育医学，41 (2)：220-227, 1995.

(長澤吉則・出村慎一)

引用・参考文献
1) 出村慎一：健康・スポーツ科学のための統計学入門．不昧堂出版，2001b.
2) 駒澤　勉：統計ライブラリー数量化理論とデータ処理．朝倉書店，1982.
3) 駒澤　勉，橋口捷久，石崎龍二：統計科学選書2 新版パソコン数量化分析．朝倉書店，1998.
4) 林知己夫：統計ライブラリー数量化―理論と方法―．朝倉書店，1993.
5) 田中　豊，垂水共之：Windows 版統計解析ハンドブック多変量解析．共立出版，1995.
6) 田中　豊，垂水共之・脇本和昌：パソコン統計ハンドブックII多変量解析編．共立出版，1984.
7) 木下栄蔵：わかりやすい数学モデルによる多変量解析入門．啓学出版，1987.
8) 菅　民郎：初心者がらくらく読める多変量解析の実践（下）．現代数学社，1993.
9) 大澤清二，稲垣　敦，菊田文夫：生活科学のための多変量解析．家政教育社，1992.
10) 有馬　哲・石村貞夫：多変量解析のはなし．東京図書，2001.

3.3. 主成分分析

主成分分析（Principal Component Analysis：PCA）は体力・運動能力分析，健康行動分析によく用いられている．主成分分析が適している分析は，①**多くの要因を少数の要因に集約して総合的に評価する**とき，②**複数の変数を少数の合成変数にまとめる**とき，③複数の変数で測定されたデータの主要な分散を主成分で表現するとき，などである．主成分分析は4章で解説される因子分析と対比されて説明されることがあるが，因子分析は直接測定することができない潜在的な概念（因子）を抽出する手法であるのに対して，主成分分析では直接測定した複数の変数から情報の取りこぼしを最小限に抑えた（すなわち，合成変数の得点の分散が最大になるように）顕在的な合成変数（主成分）を作成する手法である（図3-1）．

3.3. 主成分分析

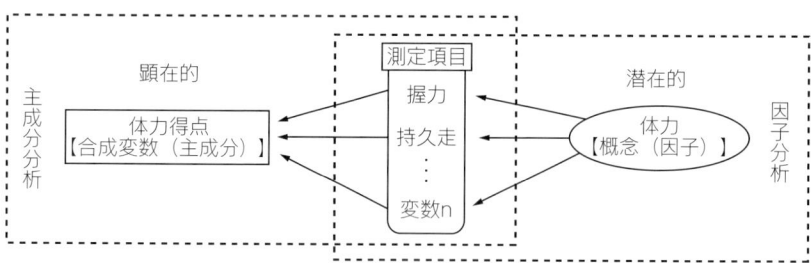

図3-1 主成分分析と因子分析の相違イメージ

分析の特徴は，用いられる変数が同一の単位で測定されている場合に，分散共分散行列から分析できることである．この場合には各変数の分散の大きさの違いが第1主成分に現れるため，「サイズファクター」と呼ぶことがある（朝野, 1996）．体力テストは一般的に単位の異なる項目から構成されているので相関行列から分析される．なお，主成分分析法の詳細は柳井（1994）などを参照されたい．

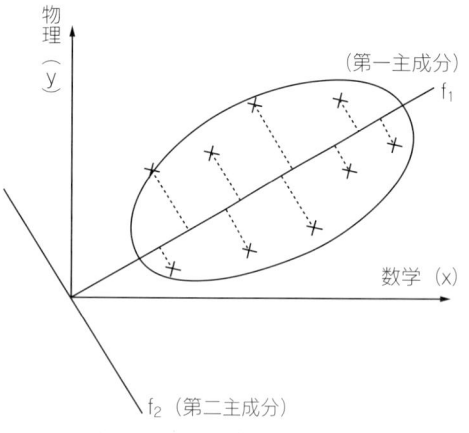

図3-2 主成分分析モデルのベクトル表現（柳井，岩坪：複雑さに挑む科学，講談社，1976）

モデル

主成分分析モデルをベクトル表現したのが図3-2である（柳井・岩坪, 1976）．各データについて第1主成分からの残差を最小化して第1主成分のパラメータが算出され，第1主成分とは独立に第2主成分が算出されることが理解される．主成分分析モデルを行列とベクトルを用いて線型方程式で表現すると，

$$f = Xa$$

である．ここで，X は各変数の平均値が0の平均偏差行列で，列は変数，行は標本である．a は各変数の重みベクトルである．f は主成分得点（スコア）ベクトルで，平均偏差ベクトルである．主成分得点（スコア）の分散は，$1/n\ (f, f)$ であり，$a'a=1$ という制約条件の下で主成分得点（スコア）の分散が最大になるように a を求める．

基本的分析手順

主成分分析における一般的な分析手順（分析内容）は以下の通りである．

主成分分析の基本的分析手順

事前準備	
各項目の尺度水準，分布（平均値，標準偏差，最頻値など），標本数，欠損値の確認	分析に用いるデータは間隔尺度水準以上である必要がある． しかし，順序尺度水準であっても4または5件法以上であれば間隔尺度と見なして分析しても良い． また間隔尺度と見なせない場合，SPSSではカテゴリカル主成分分析を用いて分析が可能である． 床効果や天井効果が現れている項目は質問方法などを修正するなどして正規分布に近づけるようにする． 標本数は項目数の10倍程度を最低限用意することが望ましい．

主成分の抽出
　　分散成分　　　　相関行列　　　　　　各項目の単位が異なるような場合に指定する．
　　　　　　　　　　分散共分散行列　　　各項目の単位が同じような場合に指定する
　　抽出方法　　　　主成分分析　　　　　デフォルトのまま使用
　　抽出の基準　　　最小の固有値　　　　固有値 1.0 以上（相関行列），全項目の固有値を平均した値の 1 倍以上（分散共分散行列）がデフォルト．
　　　　　　　　　　　　　　　　　　　　項目の分散は 1 であり，これより固有値の低い主成分は合成変数として必要ないとする考え方．
　　　　　　　　　　　　　　　　　　　　※固有値とは，全変数がその因子に対して寄与する割合を表す指標であり，因子負荷量の 2 乗和で求められる．
　　主成分数の決定　因子（主成分）数　　最小の固有値基準よりも多くの主成分を操作的に抽出できる．
　　　　　　　　　　累積寄与率　　　　　項目全体の分散に対する主成分の分散を第 1 主成分から累積した値が 60-80% となる主成分を採用する．
　　　　　　　　　　最小固有値　　　　　固有値が 1.0 以上の主成分を採用する．
　　　　　　　　　　スクリープロット　　固有値の大きさが急激に減少する直前までを採用する．

主成分の解釈
　　各項目と主成分との相関係数である主成分負荷量の大きさとその符号から，合成変数としての主成分の意味づけを行なう．
　　因子負荷量の大きさから潜在的な共通要因を解釈する因子分析とは異なり，まとめ上げた合成変数として主成分を解釈していることに注意．

主成分得点の算出
　　回帰法　　　　　　　　　　　　　　　主成分分析の場合，いずれの手法も同じ主成分得点を算出するため，
　　Bartlett 法　　　　　　　　　　　　　デフォルトのまま使用．
　　Anderson-Rubin 法　　　　　　　　　因子分析では因子得点は推定値であるが，主成分分析の場合，確定値ということができる．

例題 3.3.
　高齢者を対象に，身長 (cm)，体重 (kg)，8 の字歩行 (s)，タイムアップアンドゴー (s)，10 m 障害物歩行 (s)，6 分間歩行 (m) の 6 項目を測定した．総合評価をするために主成分分析を適用して少数の次元に集約せよ．

解析のポイント

例題 3.3. の解析のポイントは
1. 体格と歩行テストパフォーマンスの単位の異なる 6 項目から構成される合成変数はどのようなものか．

データ入力形式

主成分分析を行なう際のデータ入力形式は左図の通りである．行に同一被験者の各変数の値，列に同一変数の各被験者の値を入力する．欠損値がある場合，SPSS の主成分分析では「リストごとに除外」，「ペアごとに除外」，「平均値で置換」の

3つがあり，デフォルトでは「リストごとに除外」になっている．欠損値の出現に傾向が見られる場合（たとえば体重について 20 歳代の女性だけが欠損）には注意が必要である．詳しくは岩崎 (2002) を参照．

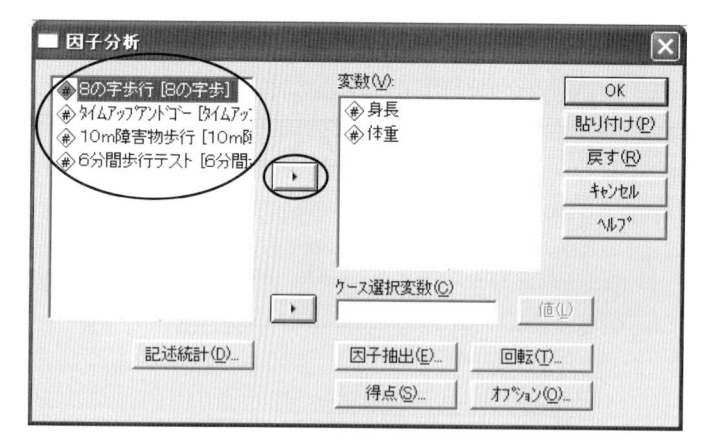

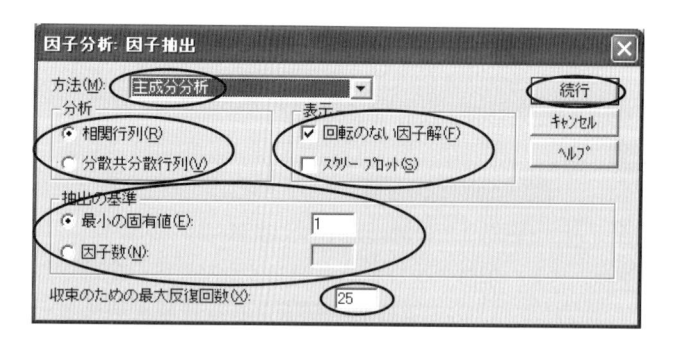

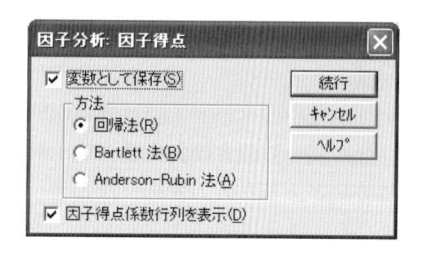

操作手順

SPSS では，主成分分析は因子分析の一部分として準備されているので，因子分析を選択する．左図のように，SPSS のデータエディタのプルダウンメニュー「分析 (A)」→「データの分解 (D)」→「因子分析 (F)」を選択すると，因子分析ウィンドウが表示される．

つぎに，主成分分析に用いる変数を選択し，左矢印ボタンをクリックして「変数 (V)」ボックスに表示する．図では身長と体重だけが投入された状態になっているが，例題では残りの 4 変数も投入する．「因子抽出 (E)」をクリックしてウィンドウを表示する．「分析」では「相関行列 (R)」を選択する．「表示」では「回転のない因子解 (F)」をチェックする．「抽出の基準」では「最小の固有値 (E)」をチェックし，デフォルト値の「1」とする．「収束のための最大反復回数 (X)」はデフォルト値の「25」とする．「続行」をクリックし，「因子分析」ウィンドウに戻る．「回転 (T)」「オプション (O)」は選択しない．「得点 (S)」をクリックし，「因子得点」ウィンドウを開く．「変数として保存 (S)」をチェックすると，データセットの右側の新しい列に主成分得点が追加される．主成分得点の算出方法では「回帰法 (R)」をチェックし，選択する．「因子得点係数行列を表示 (D)」をチェックすると，主成分得点の算出に用いる係数行列が表示される．「続行」をクリックし，「因子分析」ウィンドウに戻り，「OK」をクリックすると計算し，出力ウィンドウが表示される．

出力結果と結果の解釈

図3-3は主成分分析結果を示している.「タイトル」は因子分析と表示される.出力される表は上から,「共通性」「説明された分散の合計」「成分行列」「主成分得点係数行列」である.

共通性の表では左から分析に用いた6項目,「初期」に共通性の初期値,「因子抽出後」に因子抽出後の共通性が表示される.主成分分析では共通性は1である.固有値が1以上の主成分で説明される各変数の分散が示される.この場合は各変数の分散は1である.

説明された分散の合計の表では左から「成分」「初期の固有値」「抽出後の負荷量平方和」が表示される.「成分」では変数の数だけの行が表示される.「合計」には固有値が降順に表示される.固有値は主成分の分散である.第1主成分の固有値は3.636,第2主成分の固有値は1.191である.「分散の%」は全分散に対する主成分の分散割合を示す.全分散6に対する第1主成分の固有値の割合は60.608%である.「累積%」は主成分の分散の累積を示す.つまり,固有値1以上で2つの主成分が抽出され,全分散の80.465%を占めることを示している.「抽出後の負荷量平方和」は抽出された2つの主成分に関する分散情報であり,主成分分析の場合は「初期の固有値」と同等な数値を示す.

「成分行列」は変数と「成分」が表示される.成分には左から第1主成分から順番に主成分負荷量が示される.負荷量は相関係数と同様に−1から+1の範囲であり,各変数と各主成分との関係を示している.主成分ごとに各変数の負荷量から主成分として集約された合成変数の意味を解釈する.主成分の解釈は正極と負極に高い負荷量を示す変数に言及して意味を解釈する.関係の低い変数は中央のゼロに近い負荷量を示す.第1主成分にはタイムアップアンドゴーが0.871と最も高い負荷量を示した.続いて,10 m障害物歩行が0.858,8の字歩行が0.836であった.これらは歩行能力を測定する項目である.一方,高齢者の全身持久性を測定する6分間歩行は負の負荷量の−0.789であった.体格変数である身長は−0.699,体重は−0.575であった.第1主成分軸の正極には歩行能力変数が高い負荷量を示し,負極にはそれ以外の変数が負荷量を示していることから,第1主成分は歩行能力を示す主成分であると解釈される.つぎに,第2主成分では体重が0.724と最も高い負荷量を示し,続いて,身長が0.609であった.続く8の字歩行は0.392と負荷量が小さくなる.このような負荷量関係から,第2主成分は第1主成分とは独立であり,体格を示す主成分であると解釈される.

3.3. 主成分分析

共通性

	初期	因子抽出後
身長	1.000	.860
体重	1.000	.855
8の字歩行	1.000	.852
タイムアップアンドゴー	1.000	.856
10m障害物歩行	1.000	.771
6分間歩行テスト	1.000	.634

因子抽出法: 主成分分析

> 解説：主成分抽出後の共通性は主成分の2乗和である．すべての固有値の合計は全分散であり，項目数と一致する

説明された分散の合計

成分	初期の固有値 合計	分散の %	累積 %	抽出後の負荷量平方和 合計	分散の %	累積 %
1	3.636	60.608	60.608	3.636	60.608	60.608
2	1.191	19.857	80.465	1.191	19.857	80.465
3	.492	8.197	88.662			
4	.309	5.153	93.815			
5	.240	3.996	97.810			
6	.131	2.190	100.000			

因子抽出法: 主成分分析

> 抽出された主成分の解釈：
> 第1主成分：歩行能力
> 第2主成分：体格

成分行列[a]

	成分 1	成分 2
身長	-.699	.609
体重	-.575	.724
8の字歩行	.836	.392
タイムアップアンドゴー	.871	.311
10m障害物歩行	.858	.184
6分間歩行テスト	-.789	-.108

因子抽出法: 主成分分析
a. 2個の成分が抽出されました

> 解説：主成分得点係数と各項目の標準得点をかけ合わせたものの和が主成分得点．
> 主成分得点の平均値は0，標準偏差は1．

主成分得点係数行列

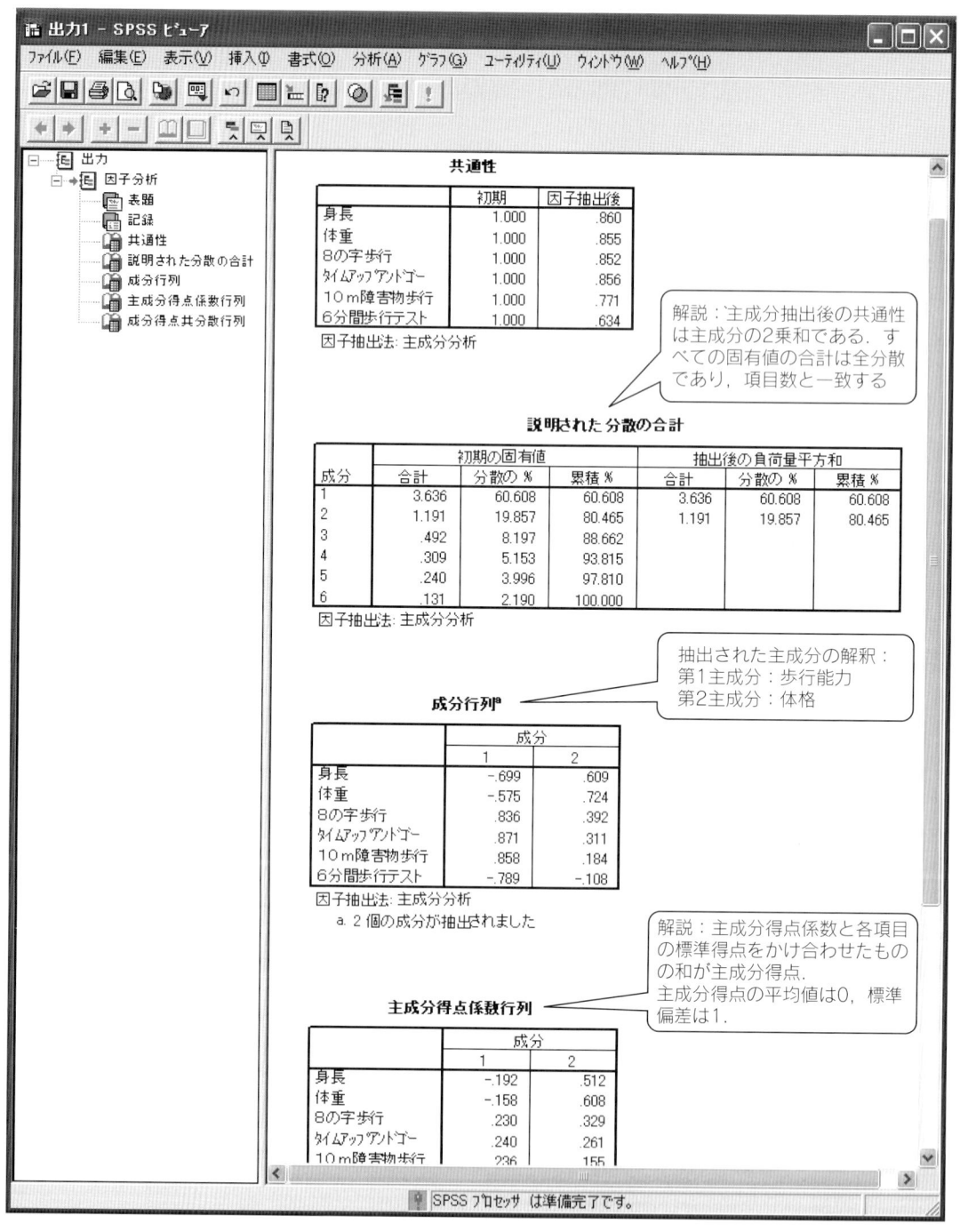

	成分 1	成分 2
身長	-.192	.512
体重	-.158	.608
8の字歩行	.230	.329
タイムアップアンドゴー	.240	.261
10m障害物歩行	.236	.155

図 3-3 主成分分析出力結果

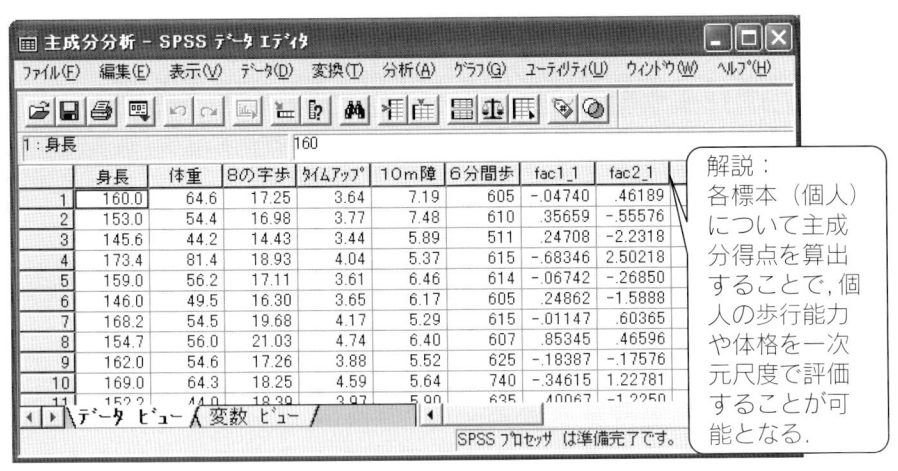

図 3-4　主成分得点

　図 3-4 はデータセットに追加された 2 つの主成分得点を示している．各標本（個人）の主成分得点を算出することで，個人の歩行能力や体格を一次元尺度で評価することが可能となる．

結果のまとめ

　例題の結果をまとめると以下のようになる．
1. 体格 2 項目，歩行テスト 4 項目から構成される合成変数は歩行能力と体格の 2 つであり，全分散の約 80％を説明する．

最近の研究論文

　本邦では，高齢者用の複数のパフォーマンステストに対して主成分分析を施し，第 1 主成分得点を用いて身体機能評価尺度を作成した重松ら（2000）の研究や Kim and Tanaka（1995）の研究などがある．

（西嶋尚彦・鈴木宏哉）

引用・参考文献

1) 朝野熙彦：入門多変量解析の実際．講談社，1996．
2) 岩崎　学：不完全データーの統計解析．エコノミスト社，2002．
3) Kim HS, Tanaka K：The assessment of functional age using "Activities of daily living" performance tests：A study of Korean women, Journal of Aging and Physical Activity 3 ; 39-53, 1995.
4) 重松良祐ほか：高齢男性の日常生活に必要な身体機能を評価するテストバッテリの作成．体育学研究，45：225-238，2000．
5) 柳井晴夫：多変量データ解析法．東京大学出版会，1994．
6) 柳井晴夫，岩坪秀一：複雑さに挑む科学．p141，講談社，1976．

4章 潜在的な構成要因（因子）を探る

多変量解析の目的		変数の組み合わせ等	
		従属変数	説明変数
潜在因子を探る ── 探索的因子分析		─	量的（多数）

　顕在的に測定可能な観測変数相互の関連性を手かがりに，その背後にある**潜在因子**を客観的に抽象化する手法の代表的なものとして**因子分析**がある．

　スポーツ・健康科学の分野では，体力や運動能力の評価が頻繁に行なわれる．これらの能力を評価するには，まず能力を測定し，数値化する必要がある．しかし，能力は人間を理解するために仮定した概念であって，直接観察することはできない．一般に行なわれる種々の能力測定は，能力を発揮して成就された結果であると仮定されている．そこで，測定したい能力を測定できる妥当性の高い複数の測定項目をあげ，それらの測定結果の相関関係を手がかりにそれらの**背後に潜む共通因子として能力を推定する尺度を作成する**手法が取られる．このように，スポーツ・健康科学の分野では，直接観察できない能力を捉える（尺度化する）手法として因子分析がよく用いられる．

　また因子分析は，ある能力や特性に関する多くの変数を，抽出したいくつかの因子によって特徴づけることで，**客観的に群化（グルーピング）する場合**や，各因子と高い関係を示すより妥当性の高い項目を選択することで**測定項目を圧縮する**際にも利用できる．たとえば，ある能力や特性を捉える調査票を作成する場合には，その能力や特性を測定できると考えられる多くの調査項目を総合的に取り上げ，因子分析を利用して，抽出した因子とより妥当性の高い項目を客観的・合理的に選択していくという手順が取られる．本書ではSPSSによる因子分析の分析手順を説明する．

　因子分析には**探索的因子分析**（exploratory factor analysis）と**検証的（確認的）因子分析**（confirmatory factor analysis）がある．探索的因子分析では，観測変数の背後に潜む共通因子を探索することを目的としており，分析結果に基づいて共通因子の数や因子の解釈（命名）が行なわれる．共通因子はすべての観測変数に影響を及ぼすという仮定で分析を行ない，推定された因子負荷量の大小から，共通因子の解釈を行なう．一方，検証的因子分析は，観測変数間の相関を説明するであろう共通因子が特定できており（共通因子に関する仮説があり），その仮説を検証する場合に用いる．検証的因子分析では，どの共通因子がどの観測変数に影響を及ぼすかについて事前の仮説があり，その仮説を検証する手続きとなる．検証的（確認的）因子分析については，本書5章を参照のこと．

4.1. 探索的因子分析

　　因子分析とは前述したように，多くの観測変数相互間の関係を手がかりに，その背後に潜む要因をさぐる統計的手法である．すなわち，観測変数間の相関がその背後に潜む観測できない潜在的な共通因子によって引き起こされるというモデルが仮定されている．

　　因子分析モデルには，因子間に相関関係を仮定しない**直交モデル**と因子間に相関関係を仮定する**斜交モデル**がある．直交モデルの探索的因子分析結果は直交解であり，斜交モデルの結果は斜交解である．因子を抽出する際には，解釈をより容易にするために**因子の回転**を行なう．いくつかの回転の種類があるが，直交モデルでは**ノーマルバリマックス（バリマックス）回転**，斜交回転では**プロマックス回転**がよく用いられる．

　　因子構造行列において各変数が単一の因子にのみ高い負荷量を示し，共通性が高くなる関係性が単純構造である．探索的立場での因子分析では，多くの場合，因子構造行列の単純構造を期待する．このために直交回転ではノーマルバリマックス回転がよく用いられる．斜交プロマックス回転ではバリマックス回転で得られるような直交解が示す構造を強調したものを回転のターゲット行列としている．探索的因子分析において，「直交解」を求めるべきか，「斜交解」を求めるべきかについては，研究分野や研究者の立場によって使い分けがなされている．解釈のしやすさ，計算機の性能上の問題（1990年以前のコンピュータで斜交解による因子分析をするには数十分かかった）から直交解が用いられる例が多い傾向にあった．しかし，現象を説明する際に，因子間の相関がないと仮定する直交解を使った因子分析結果は変数間の相関関係を十分に説明できないことや，近年のコンピュータの計算処理能力の進歩により斜交解を導くことが容易になったことから，斜交解も多用されるようになってきている．

　　本章では探索的因子分析のうち，バリマックス回転を用いた直交モデル（4.1.1.）およびプロマックス回転を用いた斜交モデル（4.1.2.）について解説する．

基本的分析手順

　　因子分析における一般的な分析手順（分析内容）は以下の通りである．また，＊で示した手法については専門書（柳井ら，1997）を参照のこと．

因子分析の基本的分析手順　　＊：一般的にはあまり用いられない手法。詳細は専門書（柳井，1997）を参照のこと
アンダーラインは例題で用いた手法を示す

事前準備	データの吟味（欠損値、矛盾回答など） 各変数の基礎統計値の算出	因子分析に用いるデータ 通常、量的（相関係数が正しく算出できる）データを用いる。調査における段階評価を間隔尺度と仮定して用いる場合もある。また、研究手法の1つとして、質的データから算出したφ係数や関連係数による相関行列をピアソンの相関行列と仮定して分析することもある。
因子の抽出	分散成分　相関行列 　　　　　　分散共分散行列	各変数の分散を標準化したうえで分析を行なう 各変数の分散を標準化せずに分析する。変数の尺度の違いに

4.1. 探索的因子分析

抽出方法	主成分分析		よる影響を受ける 変数すべての変動（分散）を用いて分析する 初期共通性を1.0（変数分の因子を抽出した際の負荷量の2乗和）に設定
	主因子法a		他の変数と共通な変動（分散）のみを用いて分析する 固有値1.0以上の因子の負荷量の2乗和を初期共通性として設定
	最尤法 b		観測されるデータが正規母集団からの無作為標本であることを仮定した方法
	*重み付けのない最小2乗法c		観測値と推定値の残差平方和を最小にする
	*一般化した最小2乗法		
	*アルファ因子法		
	*イメージ因子法		
抽出の基準	最小固有値の指定		固有値1.0以上に設定（1変数の持つ分散量）
	因子数の指定		あらかじめ因子数を指定（検証的因子分析）
因子数の決定	スクリープロット		固有値を大きい順に並べ、固有値が大きく減少する地点から因子数を決定する
			固有値が1.0以上の因子の数により決定する
	回転前の因子解		一定値以上の大きさの累積分散（例. 70%）となった時点の因子数により決定する

因子の回転	直交解	バリマックス法	因子負荷量の2乗の変数に対する分散を最大化する
		*クォーティマックス法	因子負荷量の2乗の因子に対する分散を最大化する
		*エカマックス法	因子負荷量の2乗の変数および因子に対する分散を最大化する
	斜交解	プロマックス法	因子間に相関関係を仮定する。斜交解で一般的に用いられる
		*直接オブリミン法	

因子の解釈	各変数の因子負荷量（因子と各変数の相関係数）の大きさから、因子を特徴づける（因子と関係の高い）変数を整理し、それらの変数の背後に存在する因子を解釈する 因子と関連が高いとする判断の基準に明確なものはないが、一般に、因子負荷量0.4以上が1つの目安とされることが多い

因子得点の算出	回帰法	分析に用いた変数による多変量重回帰式より因子得点を推定する。 観測値や観測値を標準化した得点と因子係数や因子負荷量を回帰係数として用いる
	Bartlett法	分散の逆数により重み付けした誤差の2乗和を最小化する推定量を用いる
	*Anderson-Rubin法	

用語の説明

共通性：各変数について因子負荷量の2乗和により算出．この値が低いことは，その変数が因子分析に貢献していないことを意味する．初期共通性とは，因子抽出前に設定する値のこと．

因子負荷量：因子構造行列における抽出した因子と各変数との相関係数．この値が高ければその変数は因子と高い関係にあることを意味する．

固有値：1変数の分散量は1.0である．因子の固有値が1.0未満の場合，その因子の持つ情報量が1変数の情報量よりも小さくなり，因子として扱う意味をなさないと解釈される．また固有値は，各変数の因子負荷量の2乗和と一致する．

4.1.1. 直交解（バリマックス）

前述したように，因子間に相関関係を仮定しない因子分析の手法の1つである．直交解による因子分析では，ノーマルバリマックス（バリマックス）回転がよく用いられる．本項では，バリマックス回転を用いた直交解の因子分析について説明する．

例題 4.1.

生活満足度に関する9項目（体力感，健康感，家族，友人，会話，充実感，楽しみ，寂しさ，将来の計画）からなる調査を482名の高齢者に実施した．高齢者の生活満足度を構成する要因について検討せよ．

解析のポイント

例題 4.1.の解析のポイントは
1. 高齢者の生活満足度がどのような要因（因子）から構成されているか（9項目の測定値の背後にどのような共通因子が潜んでいるか）．
2. 各因子を代表する（関係の高い）項目はどれか．
3. 各因子はどの程度の説明量をもつか．

因子分析

データ入力形式

因子分析を行なう際のデータ入力形式は左図の通りである．分析に用いる変数を横並びに入力する．この入力形式は斜交解（4.1.2.）の場合も同様である．

左の表は例題 4.1.のデータの一例である．因子分析を行なう場合，被験者数が少ないと結果が安定せず，一般化が困難となる．変数数の10倍程度の被験者を確保することが望ましい．

4.1. 探索的因子分析

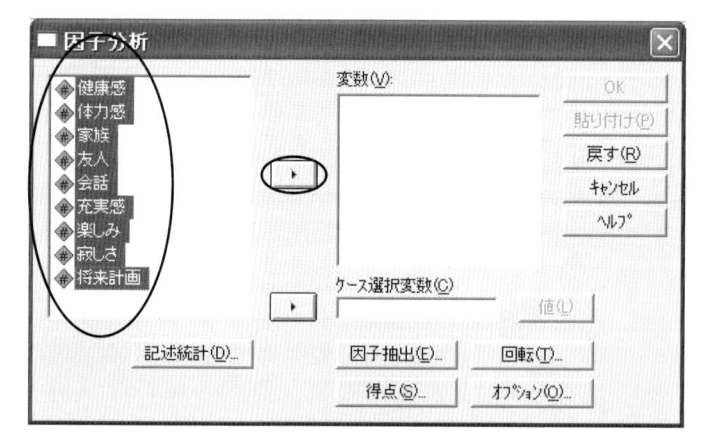

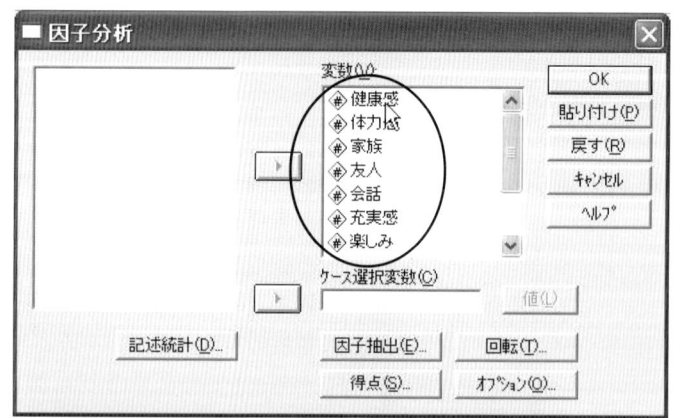

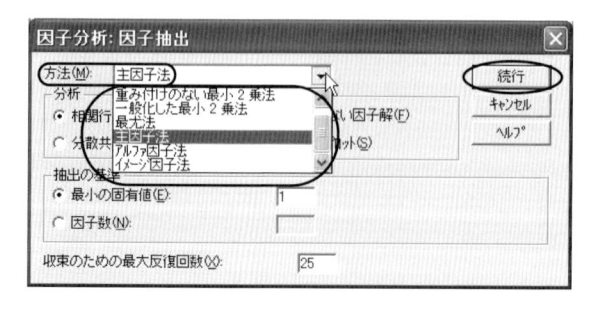

操作手順

「分析 (A)」→「データの分解 (D)」→「因子分析 (F)」の順に選択する.

左図の画面が現れたら，左枠内の変数の中から，因子分析に用いる変数を選択し，▶をクリックして「変数 (V)」枠内に移動させる.

分析シートに入力されている変数はすべてリストに示されるが，その中から分析に用いる変数のみを選択すればよい. この例題では9変数すべてを用いる.

分析に用いる変数が「変数 (V)」内に移動したら，因子分析法の設定を行なう.

まず，「因子抽出 (E)」をクリックする.

左の画面が現れたら，「方法 (M)」の▼をクリックし，因子の抽出方法を選択する. ここでは「主因子法」を選択してみる. 他の方法については「基本的分析手順」を参照のこと.

この例題では相関行列から分析をスタートさせてみる.「分析」の欄の「相関行列 (R)」を選択する.「表示」の欄は「回転のない因子解 (F)」および「スクリープロット (S)」を選択しておく.

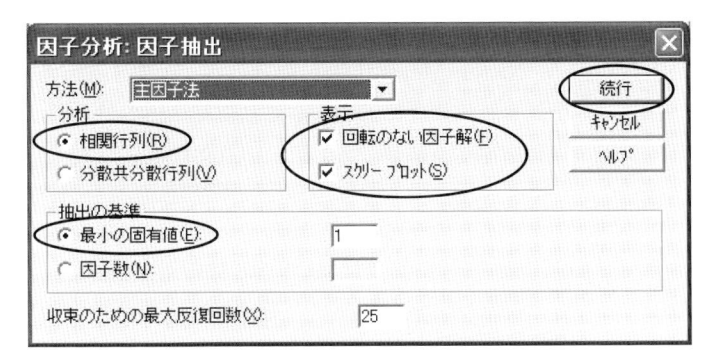

「抽出の基準」は，あらかじめ因子数がわからない場合，「最小の固有値(E)」を選択する．右の枠内には通常「1」が入力されている．これは「1以上の固有値を持つ因子を抽出すること（固有値が1以下になったら因子の抽出を中止する）」を意味している．

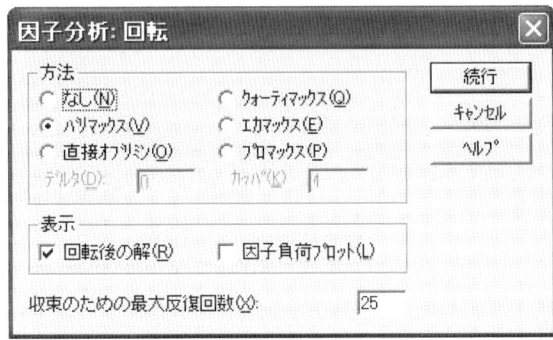

すべての設定が終わったら「続行」をクリックする．

元の画面に戻り，「回転(T)」をクリックすると，左図の画面が現れる．

回転の方法はいくつかあるが，ここでは，直交解の場合によく用いられる「バリマックス(V)」を選択する．他の方法については「基本的分析手順」を参照．「表示」の「回転後の解(R)」を選択しておくと，回転後の因子負荷量が示される．

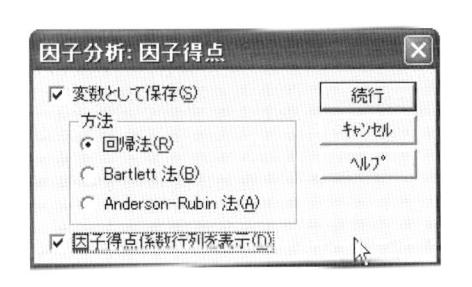

すべて選択したら「続行」をクリックする．

そのほか，「得点(S)」をクリックすると左図の画面が現れ，因子得点に関する設定が可能である．「変数として保存(S)」を選択すると，自動的に算出された因子得点が，分析実行後，データファイルに新たな変数として保存され，その後，他の変数と同様に因子得点を変数として用いた解析（差の検定など）を行なうことができる．SPSSでは因子得点の算出方法として，「回帰法」，「Bartlett（の最小2乗）法」，「Anderson-Rubin法」を選択できる．ここでは，一般的に用いられる「回帰法」を選択しておく．

また，「因子得点係数行列を表示(D)」を選択すると，因子得点を算出するために，変数に乗じる因子係数を出力させることができる．斜交解の場合，因子得点間の相関係数も表示される．すべての設定後，「続行」をクリックする．

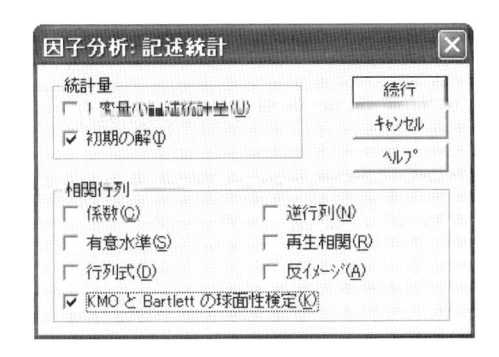

「記述統計(D)」をクリックすると，左図が現れる．ここで選択した内容は出力結果に加えられる．

「初期の解(I)」，「KMOとBartlettの球面性仮定(K)」を選択しておく．これは，因子分析を行なう前提の確認をするための検定である．

すべての設定後，「続行」をクリックすると元の画面に戻る．元の画面の「OK」をクリックする．

出力結果と結果の解釈

KMO および Bartlett の検定

Kaiser-Meyer-Olkin の標本妥当性の測度		.806
Bartlett の球面性検定	近似カイ2乗	1079.089
	自由度	36
	有意確率	.000

Kaiser-Meyer-Olkin の統計量（KMO）は、観測変数の相関係数の大きさと偏相関係数の大きさを比較する指標で、1に近い方が好ましく因子分析することの妥当性（因子の単純構造が仮定しやすいこと）を意味している．一般には，この値が0.9以上は優秀，0.8以上はかなり良い，0.7以上は良い，0.6は普通，0.5以下は不十分とされる．この例の場合，KMO=0.806となり，妥当性が保証される．また，Bartlett の球面性検定は，変数相互間の偏相関係数（抽出する因子間の相関に該当）の大きさに関する検定で，χ^2値が有意であることは，偏相関係数が低い（因子間の相関が低い）ことを意味する．

共通性

	初期	因子抽出後
健康感	.439	.755
体力感	.405	.499
家族	.340	.343
友人	.459	.602
会話	.511	.737
充実感	.259	.347
楽しみ	.359	.540
寂しさ	.284	.355
将来計画	.245	.240

因子抽出法: 主因子法

共通性は，抽出した各因子のその変数に対する因子負荷量の2乗和により算出される．たとえば，「健康感」の因子抽出後の共通性 0.755 は，後述する「回転後の因子行列」における「健康感」に対する各因子の因子負荷量の2乗和により算出される（$0.755 = 0.255^2 + 0.123^2 + 0.821^2$）．出力結果には，因子抽出前の共通性と抽出後の共通性が表示される．因子抽出後の共通性が低いことは，因子と変数間の関係においてその変数が異質である（貢献度が低い）ことを意味し，分析から除外する対象となる．また，主成分法により因子を抽出した場合，「初期」共通性は1.0となる．

「説明された分散の合計」は，因子分析により算出された，各因子の固有値（「合計」），各因子により説明できる分散量（「分散の%」）およびそれら分散量の累積（「累積%」）を主因子法による抽出前後および因子回転後について示している．

説明された分散の合計

因子	初期の固有値			抽出後の負荷量平方和			回転後の
	合計	分散の %	累積 %	合計	分散の %	累積 %	合計
1	3.643	40.475	40.475	3.163	35.140	35.140	2.560
2	1.066	11.848	52.323	.718	7.977	43.117	2.462
3	1.029	11.438	63.760	.538	5.974	49.091	2.174
4	.880	9.777	73.538				
5	.637	7.077	80.615				
6	.549	6.097	86.712				
7	.507	5.630	92.343				
8	.359	3.986	96.329				
9	.330	3.671	100.000				

因子抽出法: 主因子法
a. 因子が相関する場合は，負荷量平方和を加算しても総分散を得ることはできません．

上表において，各因子の固有値は「合計」の欄に示されている．「初期の固有値」を第1因子から第9因子まで累積すると変数の数（ここでは9）と同じになる．また，「抽出後の負荷量の平方和」および「回転後の負荷量平方和」における各因子の固有値は，後述の「因子行列」および「回転後の因子行列」における各変

数の因子負荷量の2乗和に等しい．たとえば，第1因子の「抽出後の負荷量の平方和＝3.163」は，以下の式で算出されている．

$3.163 = (0.648)^2 + (0.566)^2 + (0.583)^2 + (0.640)^2 + (0.725)^2 + (0.523)^2 + (0.620)^2 + (0.513)^2 + (0.477)^2$

「分散の％」は，各因子によって説明できる分散量を割合で示したもので，各因子の固有値を変数の数で除して算出する（第1因子の場合，3.643÷9×100＝40.475％）．また，「累積％」とは「分散の％」を第1因子から累積した値を示す．

「抽出後の負荷量平方和」および「回転後の負荷量平方和」において3因子分しか値が表示されていないのは，「因子抽出の基準」を「固有値1.0以上」に設定したため，その条件を満たす3因子についてのみ結果が表示されている．

前ページ下の表の第9因子の「累積％」が100％となっているように，分析に用いた変数が持つ分散量をすべて説明するには，変数の数と同数の因子を抽出する必要がある．しかし，前述したように，多くの変数の持つ情報量を圧縮・統合して小数の変数により説明するのが因子分析の大きな特徴の1つであるため，変数の数だけ因子を抽出することは意味がない

因子行列[a]

	因子 1	因子 2	因子 3
健康感	.648	.546	-.192
体力感	.566	.358	-.224
家族	.583	-.055	.000
友人	.640	-.375	-.228
会話	.725	-.377	-.265
充実感	.523	.029	.269
楽しみ	.620	-.037	.393
寂しさ	.513	.036	.302
将来計画	.477	-.045	.105

因子抽出法：主因子法
a. 3個の因子の抽出が試みられました。25回以上の反復が必要です。収束基準＝0.005。抽出が終了しました。

回転後の因子行列[a]

	因子 1	因子 2	因子 3
健康感	.255	.123	.821
体力感	.180	.212	.649
家族	.364	.383	.253
友人	.222	.732	.130
会話	.246	.801	.186
充実感	.537	.165	.177
楽しみ	.694	.206	.126
寂しさ	.556	.138	.164
将来計画	.380	.263	.161

因子抽出法：主因子法
回転法：Kaiserの正規化を伴わないバリマックス法
a. 5回の反復で回転が収束しました。

この例では，1.0以上の固有値を持つ因子が3つ抽出された．第1因子から第3因子までの各因子により説明できる分散量はそれぞれ，40.475％，11.848％，11.438％である．また，「累積％」を見ると，9項目全体が持つ分散の63.760％をこの3つの因子により説明できることがわかる．

また，抽出後の3因子における固有値の合計（3.163＋0.718＋0.538＝4.419）は，回転後の3因子の固有値の合計（1.563＋1.543＋1.312＝4.418）にほぼ等しくなる．

「因子行列」の図は，主因子法によって求められた因子負荷量（因子と観測変数との相関係数）を，「回転後の因子行列」の図は，バリマックス回転後の因子負荷量を示している．

因子の解釈は，回転後の各変数の因子負荷量の大きさを考慮してなされる．0.4以上の負荷量を問題として因子が解釈される場合が多い．

この例の場合，第1因子は，「充実感」「楽しみ」「寂しさ」と高い因子負荷量を示していることから，「精神的満足度因子」と解釈できる．第2因子は「友人」「会話」と高い負荷量を示しており，「社会的満足度因子」と解釈できる．また，第3因子は，「健康感」「体力感」と高い負荷量を示しており「身体的満足度」と解釈できる．

因子のスクリープロット

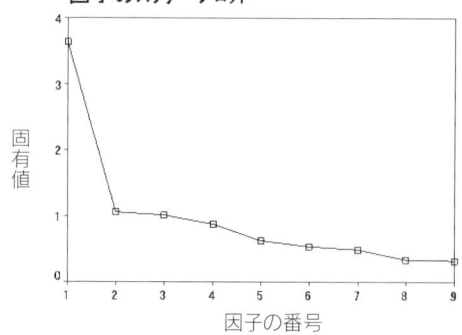

左図は各因子の固有値をプロットした図である．因子数を決定する際に，固有値 1.0 だけでなく，固有値が大きく低下した因子数を用いる場合もある (scree-plot：スクリープロットによる決定)．

因子得点係数行列

	因子 1	因子 2	因子 3
健康感	-.035	-.139	.733
体力感	-.050	.007	.275
家族	.102	.050	-.002
友人	-.044	.381	-.046
会話	-.097	.622	-.048
充実感	.249	-.041	-.030
楽しみ	.477	-.084	-.115
寂しさ	.256	-.049	-.024
将来計画	.109	.009	.000

因子抽出法: 主因子法
回転法: Kaiser の正規化を伴わないバリマックス法

左図は因子得点係数行列の算出結果を示している．この係数は各因子の因子得点を算出する際に用いられる．SPSS では，前述した「得点 (S)」のダイアログにおいて「変数として保存 (S)」をチェックしておくと，下図のようにそれぞれの因子について個人ごとの因子得点がデータシートの変数として追加される．

因子得点は，各変数について，個人のデータを標準化した値にこれらの係数を乗じ，それらを総和することで求められる．

	健康感	体力感	家族	友人	会話	充実感	楽しみ	寂しさ	将来計画	fac1_1	fac2_1	fac3_1
1	4	3	2	2	2	1	1	1	1	-1.0053	-.05867	2.57693
2	2	2	2	2	2	1	1	2	1	-.51978	.30159	-.18478

表 4-1 各調査項目のデータの平均値，標準偏差，標準得点

	平均値	標準偏差	標準得点
健康観	2.19	0.66	2.74
体力間	2.13	0.58	1.51
家族	1.96	0.75	0.06
友人	1.87	0.83	0.16
会話	1.83	0.79	0.21
充実感	1.11	0.31	-0.34
楽しみ	1.35	0.48	-0.72
寂しさ	2.03	0.89	-1.15
将来計画	1.40	0.49	-0.81

たとえば，上図における 1 人目の第 1 因子の因子得点は，以下のように求められる．

各調査項目におけるデータの平均値，標準偏差，標準得点 (z スコア) は表 4-1 の通りであった．各変数の標準の得点に各変数の因子係数を乗じ，それらを合計する．

因子得点 $= (-0.035) \times 2.74 + (-0.050) \times 1.51 + \cdots\cdots + 0.256 \times -1.15 + 0.109 \times -0.81 = -1.0053$

第 2 因子および第 3 因子についても同様に計算する．

「因子」は観測変数ではないため，調査や実験によって実際には直接測定することはできないが，因子分析を行って因子得点を算出することで，他の変数と同じように数値化することができる．因子得点を用いてさまざまな解析を行なうことにより因子の特性をより明らかにすることができる．

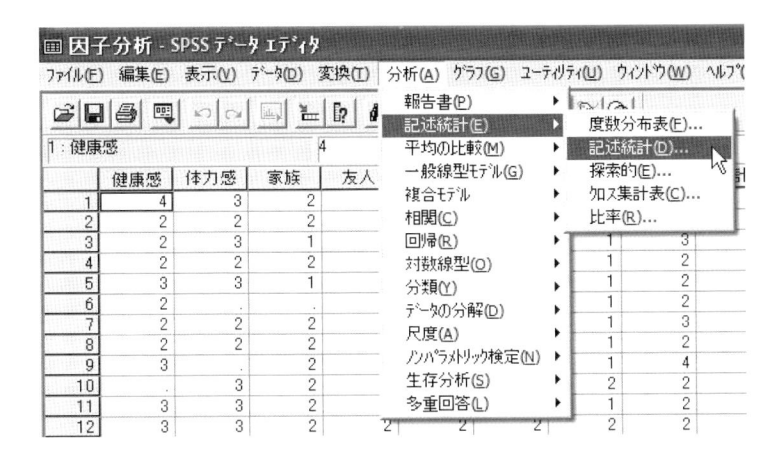

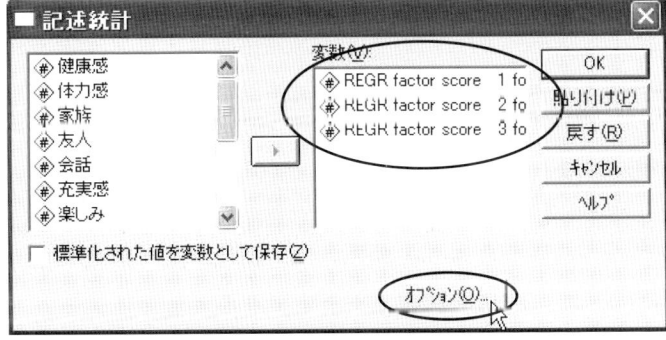

4章 潜在的な構成要因（因子）を探る   127

たとえば，左図のように「分析(A)」→「記述統計（E）」→「記述統計（D）」と選択すると，因子得点の記述統計値（平均値，標準偏差，最大値，最小値など）が算出できる．

また，「記述統計（E）」以外の分析法（「相関（C）」，「平均値の比較（M）」など）を選択して分析することもできる．平均値の比較を行なう場合には，性別や年齢群など，グループの別を示す変数が必要となる．

「記述統計（D）」を選択すると，左の画面が現れる．

左側の変数リストの中から因子得点の3変量を選択し▶印をクリックする（因子分析に用いた元々の変数についても選択して記述統計値を算出することもできる）．

「変数（V）」に変数が移動したら，「オプション（O）」をクリックする．

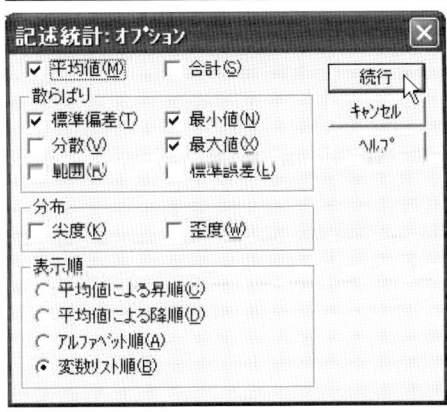

左の画面が表示される．平均値や合計得点に加え，データの散らばり具合を表す統計量（標準偏差や最大値，最小値，分散など），分布の歪み具合を示す統計量（尖度，歪度）を算出できる．また，「表示順」において，記述統計値の出力結果の表示順を指定できる．

左図のように指定すると，次ページのような出力結果が得られる．

記述統計量

	度数	最小値	最大値	平均値	標準偏差
REGR factor score 1 for analysis 1	419	-1.16480	3.65970	.0000000	.79628660
REGR factor score 2 for analysis 1	419	-1.48040	2.86855	.0000000	.86761384
REGR factor score 3 for analysis 1	419	-1.76634	2.69589	.0000000	.86112662
有効なケースの数 (リストごと)	419				

結果のまとめ

例題の結果をまとめると以下のようになる．

1. 高齢者の生活満足度は，精神的満足度因子，社会的満足度因子，身体的満足度因子から構成されている．
2. 精神的満足度因子は充実感，楽しみ，寂しさ，社会的満足度因子は友人および会話，身体的満足度因子は健康感および体力感の各項目によって代表される．
3. 第1因子から第3因子までの各因子の説明量は 40.475%，11.848%，11.438% であり，この3因子により9項目全体が持つ分散量の 63.760% を説明できる．

4.1.2. 斜交解（プロマックス）

直交解による因子分析では因子間に相関関係を仮定しなかった．斜交解は因子間に相関関係を仮定する因子分析の手法である．斜交解による因子分析では，斜交プロマックス回転がよく用いられる．本項では，プロマックス回転を用いた斜交解の因子分析手順を説明する．

例題 4.2.

先ほどの直交解による因子分析と同じデータを用いて，斜交解により高齢者の生活満足度の構成因子を検討せよ．

解析のポイント

例題 4.2. の解析のポイントは，

1. 斜交解による因子分析の結果は直交解の場合と異なるか
2. 因子間にはどのような相関関係があるか

データ入力形式

直交解の場合と同様

操作手順

斜交解による因子分析のデータ入力形式や操作手順は直交解（4.1.1.）の場合とほとんど変わらない．操作手順の因子の回転法を選ぶ際に，「プロマックス（P）」を選択することで，斜交解による結果が得られる．

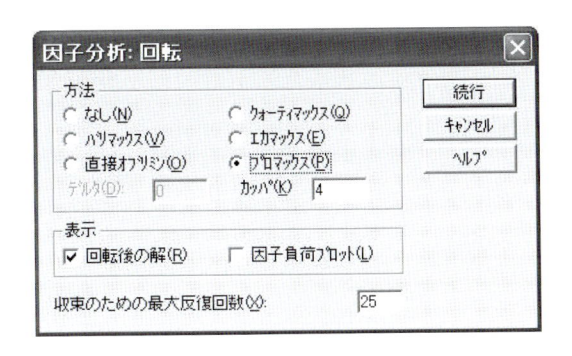

4章 潜在的な構成要因（因子）を探る　129

また，因子の抽出法を選択する際に，斜交解では「最尤（さいゆう）法」がしばしば用いられる．「因子の抽出」ダイアログにおいて「最尤法」を設定すればよい．ここでは，直交解の結果と比較するために，直交解と同じ「主因子法」の出力結果を示す．

出力結果と結果の解釈

斜交解（プロマックス法）の出力結果で直交解と異なるのは，「パターン行列」，「構造行列」，「因子相関行列」の結果が示される点である．

直交解の説明において，因子の解釈を行なう際に「因子行列」および「回転後の因子行列」の出力結果に示される因子負荷量（各変数と因子の相関係数）を問題とした．因子分析の係数行列には「因子パターン行列」と「因子構造行列」があり，直交解では両者が一致するので，一般に因子構造行列として扱われる．斜交解ではこれらは一致しないのでそれぞれ区別して扱われる．「因子構造行列」は変数と因子の共分散行列で定義されており，因子得点の算出の際に用いられる．各変数の分散があらかじめ1に標準化されている場合には，因子構造行列は変数と因子との間の相関係数と一致する．

左図は直交解を算出したデータに対して斜交解を求めた際の因子パターン行列，因子構造行列の出力結果である．表の見方は直交解の「因子行列」の場合と同様である．因子パターン行列を考慮して因子の解釈を行なえばよい．斜交解では，直交解に比較して，因子パターン行列の単純構造化が強調されていることがわかる．

また，斜交解では，因子間に相関関係を仮定しているため，因子間の相関が算出できる．下図は3つの因子間の相関行列を示している．

この結果の例では，第1因子と第2および第3因子との相関がそれぞれ，0.601および0.561，第2因子と

パターン行列

	因子 1	因子 2	因子 3
健康感	.032	-.079	.887
体力感	-.042	.085	.686
家族	.255	.303	.132
友人	-.010	.799	-.038
会話	-.021	.866	.010
充実感	.574	-.009	.034
楽しみ	.777	-.001	-.078
寂しさ	.612	-.045	.018
将来計画	.344	.166	.044

因子抽出法：主因子法
回転法：Kaiserの正規化を伴うプロマックス法
a. 5回の反復で回転が収束しました．

構造行列

	因子 1	因子 2	因子 3
健康感	.481	.364	.867
体力感	.393	.297	.703
家族	.511	.519	.420
友人	.449	.775	.339
会話	.505	.869	.413
充実感	.588	.353	.052
楽しみ	.732	.428	.357
寂しさ	.595	.331	.340
将来計画	.468	.393	.316

因子抽出法：主因子法
回転法：Kaiserの正規化を伴うプロマックス法

因子相関行列

因子	1	2	3
1	1.000	.601	.561
2	.601	1.000	.478
3	.561	.478	1.000

因子抽出法：主因子法
回転法：Kaiserの正規化を伴うプロマックス法

計画	fac1_1	fac2_1	fac3_1	fac1_2	fac2_2	fac3_2
1	-1.0053	-.05867	2.57693	-.28413	.18273	2.11581
1	-.51978	.30159	-.18478	-.43993	.08437	-.25566

第3因子の相関が0.478であったことがわかる．因子分析の立場では因子間に有意な中程度以上の相関関係が認められる場合1次因子の背後に潜む高次因子（2次因子）の存在を仮定することが可能である．

また，直交解の場合と同様，斜交解による因子得点が変数としてデータシートに保存される．（先ほどの直交解による因子得点の後ろに新たな因子得点の変数が追加される．）この因子得点を用いて，相関分析や平均値の有意差検定など，目的に応じた次の解析を行なうことができる．

結果のまとめ
例題の結果をまとめると以下のようになる．
1. 解釈される因子に基本的に大きな違いはないが，因子負荷量の変数間の対比がより鮮明になる傾向にある．
2. 抽出された3つの因子間には0.478～0.601の中程度の相関関係が認められる．

最近の研究論文
1. 恩田光子，河野公一，渡邉丈眞ほか：大都市近郊における地域保険薬局による住宅ケア関連サービスに対する利用者ニーズの構造的分析．日本衛生学雑誌，57：505-512, 2002.
2. 伊藤豊彦：小学校における体育の学習動機に関する研究：学習方略との関連および類型化の試み．体育学研究，46：365-379, 2001.
3. 小林秀紹，出村愼一，郷司文男ほか：青年用疲労自覚症状尺度の作成．日本公衆衛生雑誌，47：638-646, 2000.

（佐藤　進・出村愼一）

引用・参考文献
1) 柳井晴夫，繁桝算男，前川眞一ほか：因子分析—その理論と方法—．朝倉書店，1997.
2) 室　淳子，石村貞夫：SPSSでやさしく学ぶ多変量解析．東京図書，2002.

5章 仮説的な因子を検証する

　体力・運動能力は運動・スポーツをはじめ日常生活における身体活動に必要な個人に潜在する能力を示す構成概念である．構成概念は直接測定することはできないために現象の背後に潜む因子として仮定され，測定された項目間の相関関係から推定される．**構造方程式モデリング（Structural Equation Modeling：SEM）**を適用して，検証的因子分析モデルや高次（2次）因子分析モデルを検証することが可能となった．本章では GUI（Graphical User Interface）を用いたアプリケーションソフトウェアである SPSS 社の Amos4.0J を使用して，仮説的な因子構造モデルを検証する手続きを紹介する．構造方程式モデリングは**共分散構造分析（Covariance Structure Analysis）**とも呼ばれる．観測変数間の共分散構造を分析する立場が共分散構造分析であり，平均構造の分析なども包括した立場が構造方程式モデリングである．本章では構造方程式モデリング（SEM）を用いる．

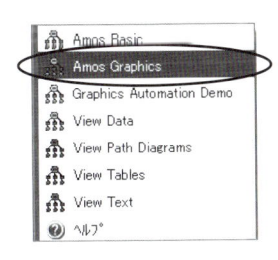

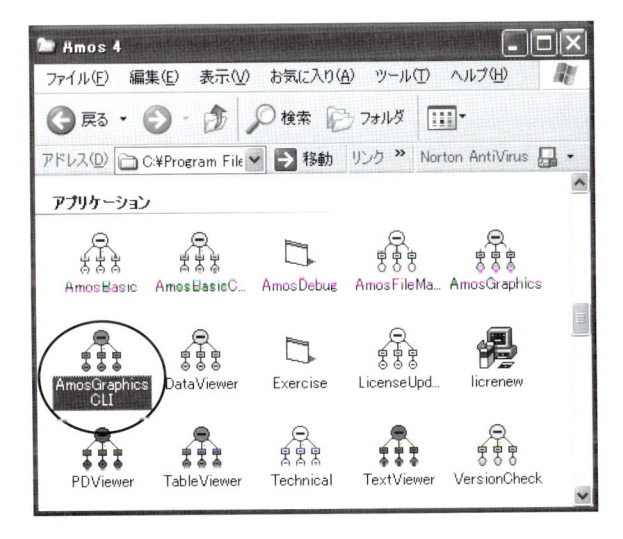

　Amos の基本操作
　　Windows 版 Amos4.0J の基本的操作手順を紹介する．
1）Amos Graphics（グラフィクスモード）を起動
　　Windows のスタートメニューから「Amos4」フォルダ→「Amos Graphics」を選択する．ショートカットアイコンを作成する場合には，Amos4 フォルダ内にある「Amos Graphics CLI」を右クリックして「ショートカットの作成」を選択する．

5.1. 検証的因子分析モデル

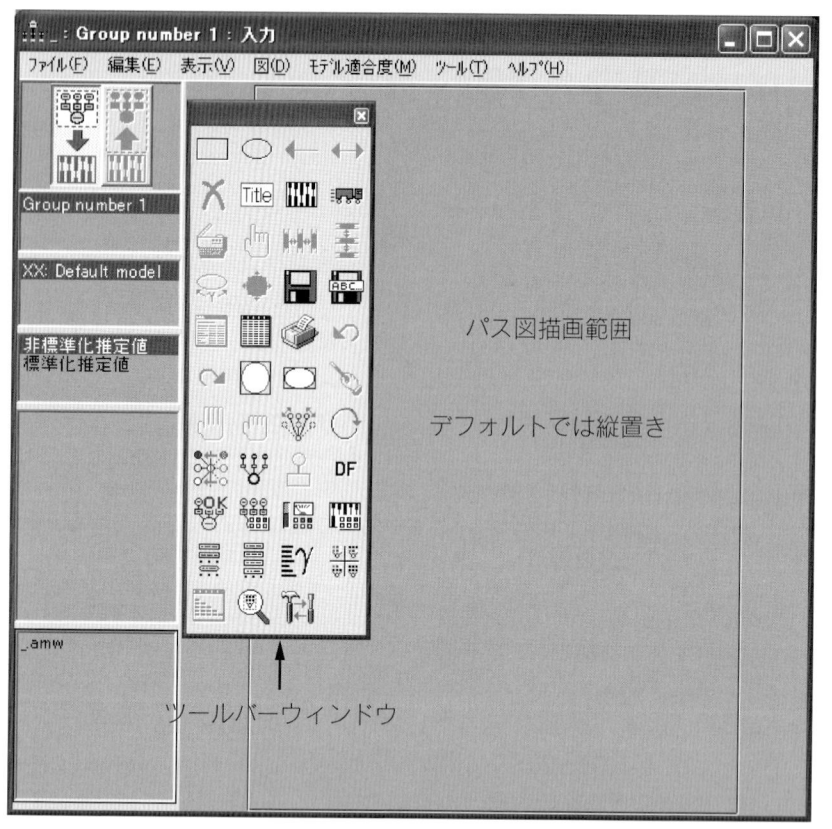

「Amos Graphics CLI」を起動した後に表れるメインウィンドウのパス図描画範囲のデフォルトは縦置きだが，好みに合わせて横置きに変更することができる．ツールバーウィンドウまたはプルダウンメニューから「インターフェイスのプロパティ」をシングルクリック，「ページレイアウト」タブを選択し，「方向：横方向」をチェックする．あるいは，プルダウンメニューの「表示」から「インターフェイスのプロパティ」を選択する．すべての作業は，ツールバーウィンドウとプルダウンメニューのいずれからでも実行できる．

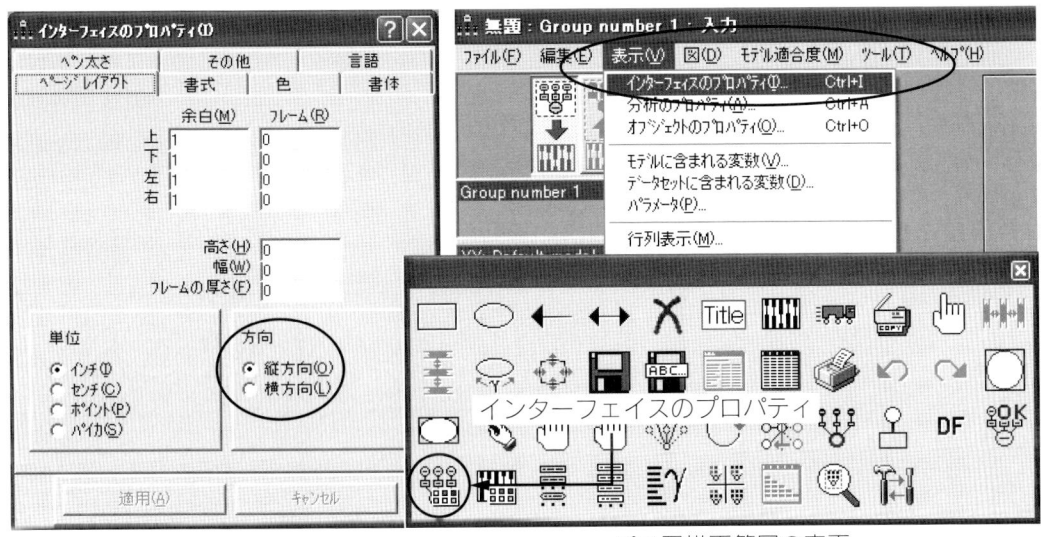

5章 仮説的な因子を検証する   133

パス図描画範囲の変更

2）パス図を描画

　Amos では，直接測定したもの（観測変数）は長方形，因子分析における因子に相当する直接測定されない能力や概念（潜在変数）は楕円，測定に伴う測定誤差や仮説において想定していないものの影響（独自性）（測定誤差と独自性を示す変数を誤差変数という）は正円，因果関係は単方向矢印，相関および共分散は双方向矢印を用いて，分析モデルのパス図を描画する．

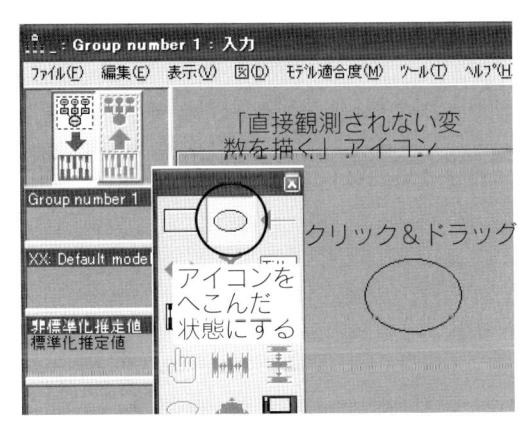

　はじめに潜在変数を描画するために，「直接観測されない変数を描く」アイコンをクリックし，アイコンがへこんだ状態にした後，描きたい場所に移動させ，クリック＆ドラッグする．同様に観測変数を描画するために，「観測される変数を描く」アイコンを用いて潜在変数の近くに描画する．

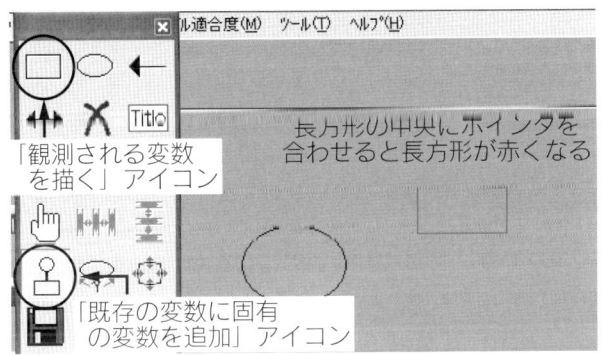

　つぎに観測変数に対して誤差変数を付属させる．「既存の変数に固有の変数を追加」アイコンを使用し，アイコンをへこませた状態にした後，長方形の中央にポインタを合わせると長方形の線が赤くなり，その状態でクリックすると長方形の上に誤差変数が付属される．誤差変数の位置を移動したい場合には長方形の中央を再度クリックすることで移動できる．

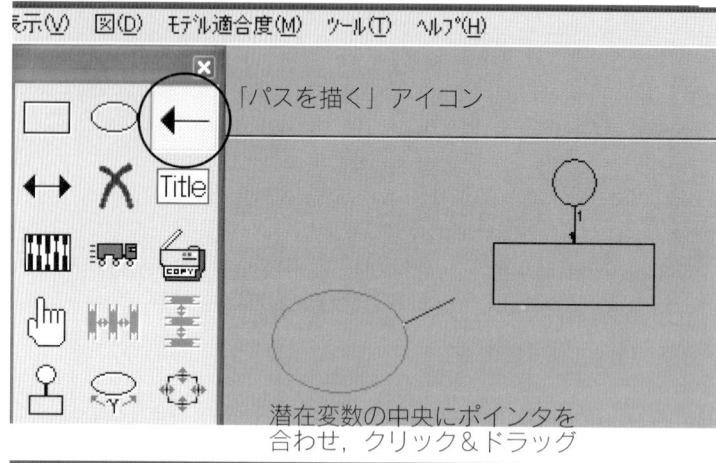

134   5.1. 検証的因子分析モデル

最後に潜在変数から観測変数に対して単方向矢印を付属させる．この矢印の意味は，因子が測定項目に影響を与えるということであり，因子負荷量を推定することに相当する．「パスを描く」アイコンを使用し，潜在変数の中央からクリック＆ドラッグし，ポインタが観測変数の中央に入ると長方形の線が白くなるので，その状態でドラッグをやめると単方向矢印を描画できる．この作業を研究仮説に設定した因子と測定項目の数だけ繰り返す．

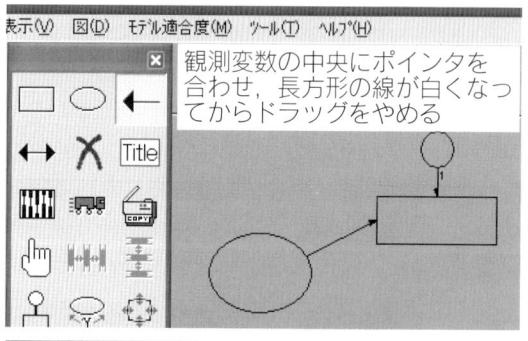

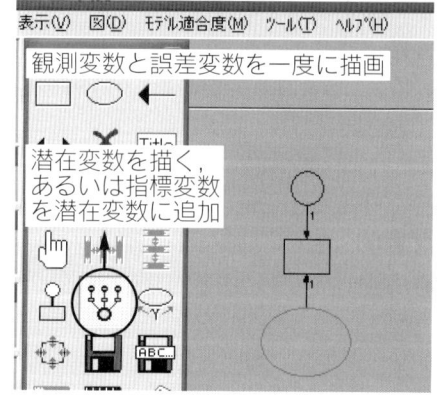

なお，「潜在変数を描く，あるいは指標変数を潜在変数に追加」アイコンを使用すると，楕円を描いたあとに楕円の中央をクリックするごとに観測変数と誤差変数が同時に作成される．ちなみにパス図では単方向矢印を受けている変数には必ず誤差変数を付属させる決まりがある．

3）モデルの加工

Amos には多くのモデル加工のツールが存在する．以下モデルを加工するためのアイコンを幾つか紹介する．左側に示したアイコンは推定値が表示されている場合には使用できない．右側に示したアイコンは推定値の表示非表示に関わらず使用できる．この他のアイコンの解説については田部井（2001）参照のこと．

○推定値の表示時には使用できないアイコン　　○推定値の表示・非表示時に関わらず使用できるアイコン

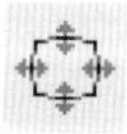

「オブジェクトを移動」
クリック＆ドラッグすることで移動させたい変数を自由に移動できる．

「オブジェクトの形を変更」
ドラッグすることでオブジェクトの形を変形できる．

✗	「オブジェクトを消去」 変数やパスをクリックすることで消去できる．	🍾	「タッチアップ」 パスに接続している変数をクリックすることでパスの接続位置を最適化できる．
📋	「オブジェクトをコピー」 変数をクリック&ドラッグし，コピーしたい場所でドラッグをやめることで変数をコピーできる．	⟲	「パラメータ値を移動」 変数やパスをクリック&ドラッグすることでパラメータ値を自由に移動できる．

5.1. 検証的因子分析モデル

モデル

因子分析は観測変数間の相関関係の背後に潜む因子構造を分析する多変量解析法であり，観測データから因子構造を探る**探索的因子分析**（Exploratory Factor Analysis：EFA；4 章参照）と，構造に関する仮説を観測データから検証する**検証的因子分析**（Confirmatory Factor Analysis：CFA）の 2 つに分類される．**潜在因子に関する仮説構造を検証**するのが検証的因子分析の立場であり，因子に関する仮説（構築）を探索するのが探索的因子分析の立場である．検証的因子分析の手続きでは，構造方程式モデリングを適用して検証的因子構造モデルを検証する．検証的因子分析の前段階の分析として探索的因子分析（4 章参照）が用いられることがある．

因子分析の基本的立場は以下の 2 点である．

①観測変数の背後にある潜在変数（因子）からの影響によって，観測変数間の相関が生じていると仮定する．観測変数間の因果関係は想定しない．

②潜在変数はすべて独立変数で，潜在変数間の因果関係は想定しない（直交解）

因子分析モデルの共通因子空間を 3 次元のベクトルで表現したのが図 5-1 である（柳井・岩坪，1976）．変数ベクトルは共通性と特殊性に分解され，共通性は 2 つの因子負荷量に分解されているのが理解される．つまり，

変数ベクトル（x）＝共通性ベクトル＋特殊性ベクトル（U_x）

共通性ベクトル＝因子負荷量の総和（$a_x + b_x$）

と表現される．構造方程式モデリングの枠組みにおける検証的因子分析では誤差変数が追加される．誤差変数は誤差因子とそれぞれの観測変数に固有な変動である特殊因子（特殊性ベクトル）との和である独自因子である．誤差変数以外の潜在変数は共通因子，あるいは単に因子である．因子と観測変数との関係の程度は因子負荷量である．観測変数ごとの因子負荷量の総和は共通性であ

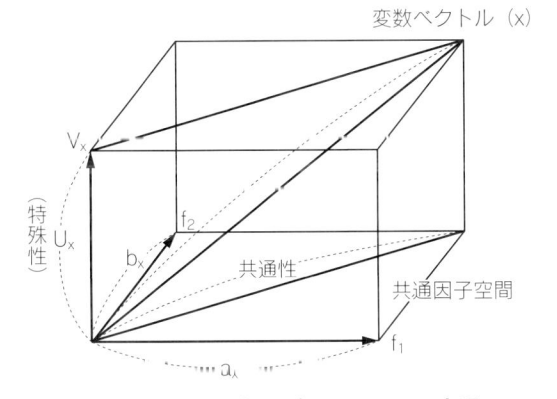

図 5-1 因子分析モデルのベクトル表現
（柳井・岩坪：複雑さに挑む科学．講談社，1976）

る．因子分析モデルは以下のように方程式で表現される．

$$X = \alpha F + e$$

これは観測変数：X の変動を因子：F，因子負荷量：α，誤差変数：e に分解するモデルである．ここで，誤差変数 e は誤差因子と特殊因子との和である．

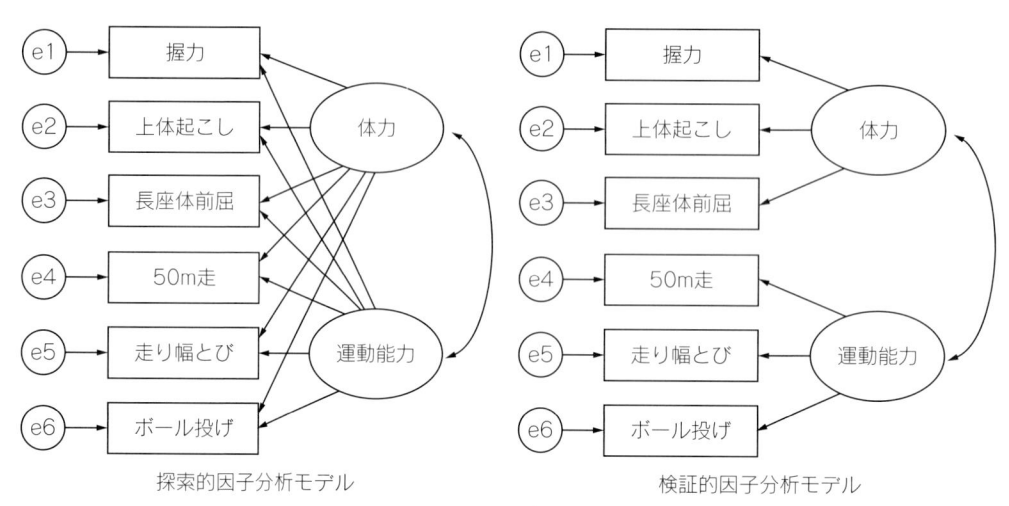

図 5-2　因子分析モデルのパス図表現

図 5-2 は構造方程式モデリングによる因子分析モデルのパス図表現であり，探索的因子分析モデルと検証的因子分析モデルが表示されている．慣習的に，構成概念である因子は構造変数として楕円で表示する．測定項目である観測変数は長方形で，誤差変数および攪乱変数は円で表示する．因果関係は単方向矢印で，相関関係は双方向矢印で表示する．

探索的因子分析モデルはすべての観測変数が体力および運動能力と解釈される因子から影響を受けるモデルであり，それぞれの測定項目がいずれの因子から大きく影響を受けているのかを探索的に分析するモデルである．探索的因子分析モデルでは各因子（潜在変数）からすべての測定項目（観測変数）へ単方向の矢印がついている．検証的因子分析モデルでは仮説に従って各潜在変数から限定された観測変数に矢印がついている．

体力因子と運動能力因子間に双方向矢印で示される相関関係を仮定するモデルが斜交解モデル，因子間に相関を仮定せず独立因子とするモデルが直交解モデルである．方程式では以下のように表現される．ここで，a_1, a_2 は重み係数であり，因子分析モデルでは因子負荷量に相当する．

握力＝a_1体力＋a_2運動能力＋誤差
上体起こし＝a_1体力＋a_2運動能力＋誤差
長座体前屈＝a_1体力＋a_2運動能力＋誤差
50 m 走＝a_1体力＋a_2運動能力＋誤差
走り幅跳び＝a_1体力＋a_2運動能力＋誤差
ボール投げ＝a_1体力＋a_2運動能力＋誤差

検証的因子分析モデルでは，仮説された体力・運動能力の測定項目と因子との対応関係を検証するモデルである．握力，上体起こし，長座体前屈に共通に関与する因子として体力が，同様に 50 m 走，走り幅跳び，ボール投げに共通に関与する因子として運動能力が仮定される．方程式では以下のように表現される．握力，上体起こし，長座体前屈では運動能力の係数 a_2 が 0，50 m 走，走り幅跳び，ボール投げでは体力の係数 a_1 が 0 となっているモデルである．

握力＝a_1体力＋誤差
上体起こし＝a_1体力＋誤差
長座体前屈＝a_1体力＋誤差
50 m 走＝a_2運動能力＋誤差
走り幅跳び＝a_2運動能力＋誤差
ボール投げ＝a_2運動能力＋誤差

基本的分析手順

探索的因子分析における一般的な分析手順は以下の通りである．詳しくは本書 4 章参照．
①すべての因子がすべての観測変数に影響を与えるという仮定に従って分析
②因子の抽出（因子数の決定）：固有値 1.0 以上，説明分散 70％ など
③因子の回転：直交回転，斜交回転
④因子の解釈
⑤因子得点の算出

探索的因子分析では抽出された因子に対して因子の回転を行ない，観測変数と各因子との相関関係を示す回転後の因子負荷量行列に従い，因子を解釈する．回転の目的は因子構造の単純化である．単純構造とは各観測変数が 1 つの因子のみに高い負荷量を示し，他の因子には低い負荷量を示すような因子負荷量配列である．回転法は因子間に独立性を仮定する直交回転法と，因子間に相関を仮定する斜交回転法とに大別される．因子ごとに通常は 0.4 以上因子負荷量を示す観測変数に言及して因子が意味するところを解釈し，因子を命名する．得られた因子を尺度として，各標本の得点（因子得点）を求めることができる．因子得点は平均値が 0，標準偏差が 1 の標準得点（z-得点）である．なお，探索的因子分析法の詳細は柳井ほか（1990），丘本（1986），芝（1980），芝（1979）などを参照されたい．また，構造方程式モデリングによる探索的因子分析法の詳細は豊田（2003）などを参照されたい．

一方，検証的因子分析における一般的な分析手順はフローチャートに示す通りである．また，*で示した手法については専門書や分析事例（狩野・三浦，2002；西嶋・中野，2002；鈴木・西嶋，2002；山本・小野寺，1999）を参照のこと．

5.1. 検証的因子分析モデル

検証的因子分析の基本的分析手順

仮説構造の設定	構成概念と観測変数の内容的妥当性に従い,因子数,因子名,観測変数に対する仮説構造を設定		用いる観測変数は先行研究などを基に構成概念を広範囲に説明するものを用意することが望ましい 因子分析において観測変数の決定および仮説構造の設定が最も重要な手続きとなる
分析	＊パラメータ推定法の設定	最尤法	最も一般的な推定方法であり,確率的に最も標本データが得られる可能性が高い母集団を求め,パラメータを推定する方法
		一般化最小2乗法 重み付けのない最小2乗法 尺度不変最小2乗法 漸近的分布非依存法	以下の4つの手法の考え方は,標本分散共分散行列とモデルから再現された分散共分散行列の差の2乗が最小になるように推定する方法 漸近的分布非依存法は数千程度の大標本を必要とするとされている
	＊識別性の確保	各潜在変数(因子)の分散を1に拘束または各潜在変数から観測変数へのパスのうち1つを1に拘束する	各潜在変数の分散を1に拘束する方法の他に,各潜在変数から観測変数へのパスのうち1つを1に拘束する方法があるが,どちらもモデルの適合性において同等である
		誤差変数から観測変数への各パスを1に拘束	各潜在変数の分散を1に拘束する方法の利点として,潜在変数から観測変数へのすべてのパスについて有意性を確認することができる
モデル評価	モデル適合度指標により仮説構造モデルの適否を判定	＊代表的な指標 採択基準:0.9以上 GFI(Goodness of fit index)	観測変数が30程度を越えるモデルは参考にできない
		AGFI(Adjusted GFI)	自由度を調整したGFI, AGFI≦GFIの関係がある
		NFI(Normed fit index)	標本数が少ない場合に過小評価する欠点がある
		CFI(Comparative fit index) 採択基準:0.08-0.05以下 RMSEA(Root mean square error of approximation) 採択基準:相対的に値が小さいモデルを採択	NFIの欠点を修正した指標 モデルの複雑さによる見かけ上の適合度の上昇を調整した指標
		AIC(Akaike information criterion)	(真のモデル-作成したモデル)の値を考える. しかし真のモデルは不明なので絶対値に意味はなく,複数のモデルを比較する際にのみ有効
		採択基準:P>0.05 カイ2乗値(P値)	「モデルが真である」という帰無仮説を検定するための統計量標本数の影響を受けやすく,標本数が多くなると帰無仮説が棄却されやすくなるため,この検定量のみではモデルの適否を判定できない
モデル修正	高いモデルの適合性が得られない場合にはモデルを修正する	＊モデル修正の指標	修正を大幅に繰り返した場合には,モデルがその標本特有な適合を示している可能性があるため,別のデータを用いて適合性を再検証することが望ましい(交差妥当化)
		パスの削除:ワルド検定(一変量,多変量)	帰無仮説:パス係数=0を検定するための統計量であり,Amosでは一変量版が利用できる
		パスの追加:修正指標,LM検定(Lagrange Multiplier test)(一変量,多変量)	パスを追加した場合に期待されるカイ2乗値の減少量を示しているが,実質科学的根拠にもとづいてパスを追加するべきである Amosでは修正指標が利用できる

例題 5.1.

　検証的因子分析モデルを適用して，高齢者における体力・運動能力（特に歩行能力に限定）の因子構造モデルを検証せよ．ここでは体力を握力，10 m 障害物歩行，6 分間歩行，長座体前屈，体脂肪率から測定し，運動能力（特に歩行能力に限定）は 8 の字歩行，アップアンドゴーから測定した．※これはあくまで例題である．体力・運動能力あるいは高齢者の体力の因子構造については，出村ほか（1996），松浦（1993），金ほか（1992）などを参照されたい．

データセット（SPSS データエディタ）

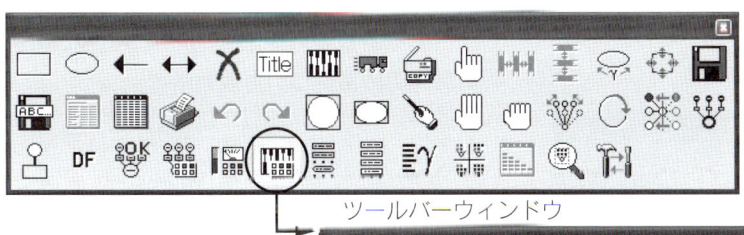

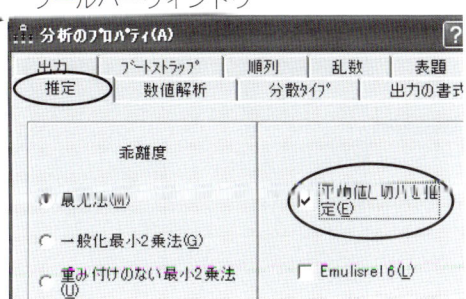

ツールバーウィンドウ

欠損値がある場合の対処

解析のポイント

例題 5.1.の解析のポイントは，

1. 2下位領域から構成される体力・運動能力(特に歩行能力に限定)の検証的因子構造モデルは適合するか．
2. 高齢者における体力・運動能力テスト項目の構成概念妥当性はあるのか．

データ入力形式

　検証的因子分析を行なう際のデータ入力形式は図に示す通りである．行に同一被験者の各変数の値，列に同一変数の各被験者の値を入力する．

　Amos を用いて分析を行なう場合，欠損値は外して分析を行なうか，ツールバーウィンドウから「分析のプロパティ」→「推定」→「平均値と切片を推定」をチェックしてから実行する．しかし後者の方法では算出されない適合度指標があるので注意が必要である．また，欠損値の発生パターンに規則性がある場合には十分留意して分析を進める必要がある．欠損値のあるデータ解析については岩崎（2002）を参照のこと．

5.1. 検証的因子分析モデル

	A	B	C	D	E	F	G	H	I
1	rowtype_	varname_	体脂肪率	長座前屈	6分歩行	8字歩行	UP&GO	障害歩行	握力
2	n		135	135	135	135	135	135	135
3	corr	体脂肪率	1						
4	corr	長座前屈	0.093	1					
5	corr	6分歩行	-0.214	-0.022	1				
6	corr	8字歩行	-0.044	0.120	0.566	1			
7	corr	UP&GO	-0.086	0.063	0.595	0.862	1		
8	corr	障害歩行	-0.192	-0.020	0.616	0.703	0.705	1	
9	corr	握力	-0.514	-0.178	0.470	0.329	0.422	0.525	1
10	mean		24.69	36.17	604.26	-17.79	-3.9	-6.03	30.44
11	stddev		6.61	7.5	97.56	2.62	0.57	1.24	8.68

データセット（Excel）：相関行列

操作手順

データセットは SPSS データエディタおよび Excel が可能である．Excel を用いる場合には 1 行目に変数名を入力し，2 行目以降からデータを入力する．また図に示すような入力方法により分散共分散行列（相関行列）からでも分析が可能である．（図は相関行列を入力した例である．分散共分散行列を入力する場合には「corr」を「cov」に変更し，stddev（標準偏差）は不要となる．n は標本数，mean は平均値）．

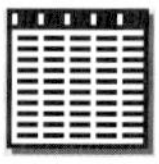

「データファイルを選択」

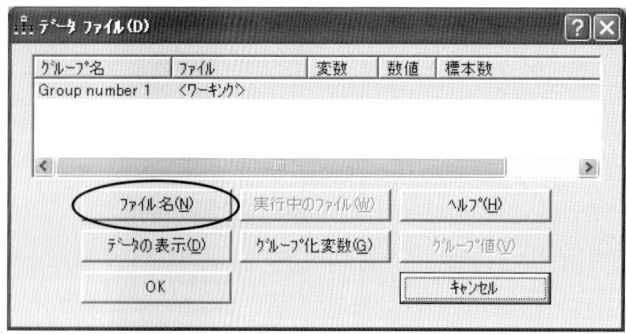

データファイルの指定

1）データファイルの指定

Amos 起動後，ツールバーウィンドウまたはプルダウンメニューから「データファイル」ウィンドウを開き，「ファイル名」をクリックし，分析したいデータファイルを指定する．

2）検証的因子分析モデルの描画

例題では体力と運動能力の 2 因子モデルを仮定している．そして体力は 5 項目，運動能力は 2 項目から構成されると仮定している．したがって，基本操作に示した手順に従い，図のようなパスを描画する．図中にはすでに変数名が入力されてあるものを示した．つぎに変数名の入力方法について説明する．

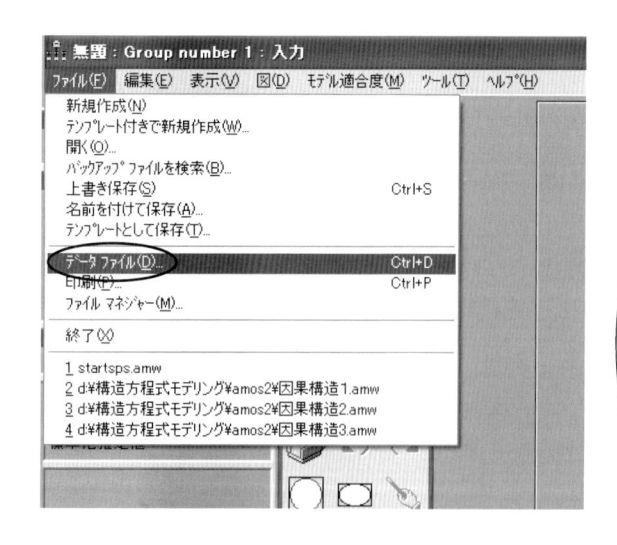

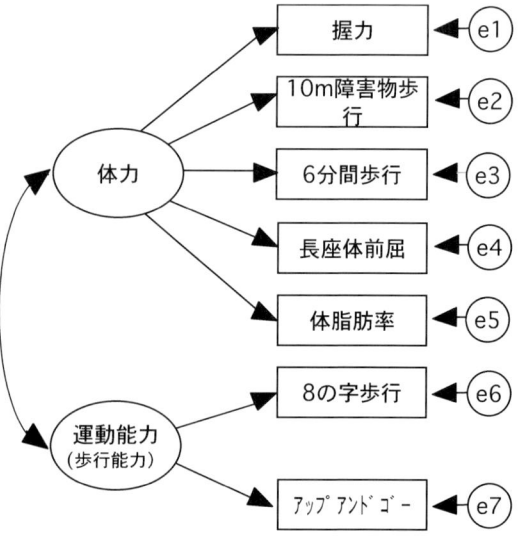

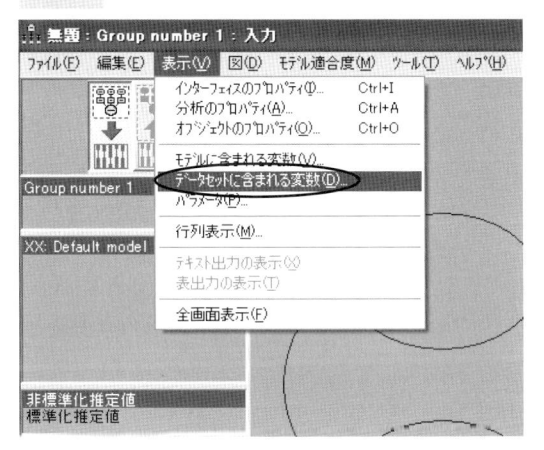

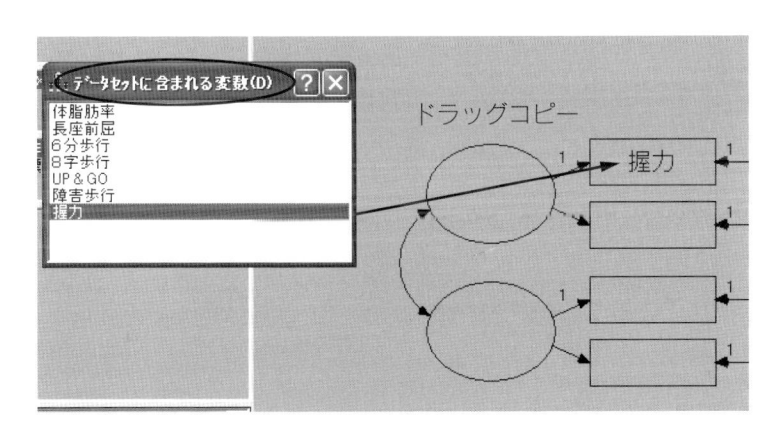

5章 仮説的な因子を検証する　141

3）変数名の指定

ツールバーウィンドウからは「ファイル内のデータ一覧」アイコン，プルダウンメニューからではデータセットに含まれる変数」を選択し，「データセットに含まれる変数」ウィンドウを表示する．パス図の長方形にドラッグコピーすると，変数名が表示される．なお，変数名はSPSSデータファイルにおいて指定した変数名が表示される．変数名の変更は「オブジェクトを1つずつ選択」アイコンを使用し，変更したい変数の中央をダブルクリックする．「オブジェクトのプロパティ」が表示され，その中の「文字」から「変数のラベル」に入力することでできる．楕円の変数名はこの段階で入力しておく．正円の誤差変数にはerorrの頭文字である「e」を用いることが多い．同じ変数名は使用できないので，誤差変数にはe1, e2, e3と通し番号をつける．描画した図の中で「変数名」の欄に文字が入力されていない変数があると分析ができないので注意する．

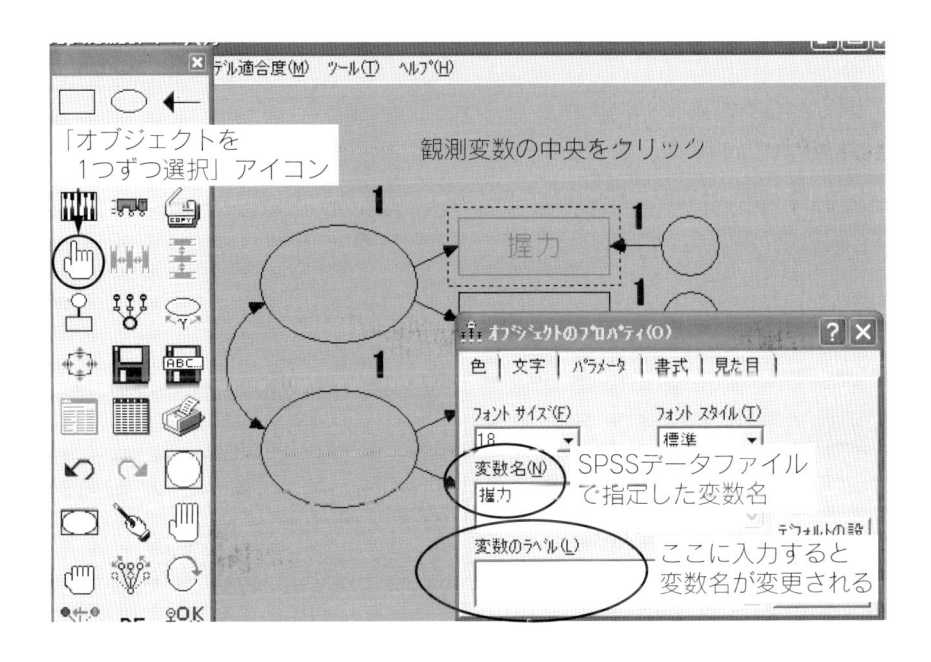

5.1. 検証的因子分析モデル

4) モデルの識別性確保

識別性が確保された状態とは，与えられたデータとモデルにおいて解が一意に求まることを指す（山本・小野寺，1999）．簡単には，連立方程式の数が未知数の数を下回るとき解が一意に定まらない（このことを解が不定であるという）．詳しい説明は理論書（服部・海保，1996）に譲り，ここでは具体的な解決策を示す．識別性を確保するには，各潜在変数と観測変数へのパスのいずれかを1に拘束するか，各潜在変数（因子）の分散を1にする方法があるが，今回はパスの有意性を検定できるように後者の方法を用いる．つぎに誤差変数からの影響を固定するために誤差変数から観測変数への各パスを1に拘束する．潜在変数の分散を固定するには，楕円をダブルクリックし「オブジェクトのプロパティ」→「パラメータ」から「分散」の下部に1を入力する．パスを固定する場合には同様にパスをダブルクリックし「オブジェクトのプロパティ」→「パラメータ」から「係数」の下部に1を入力する．「オブジェクトのプロパティ」アイコンを使用する場合には，アイコンをクリックした後に，固定したい変数をクリックすると「オブジェクトのプロパティ」が表れ，同じ作業ができる．

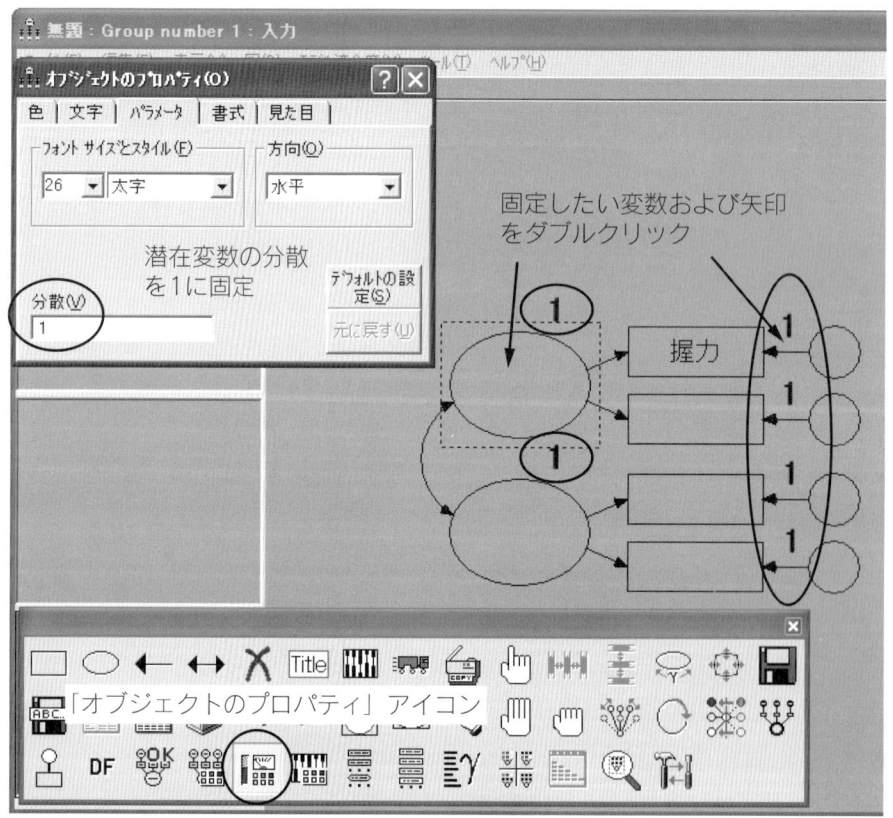

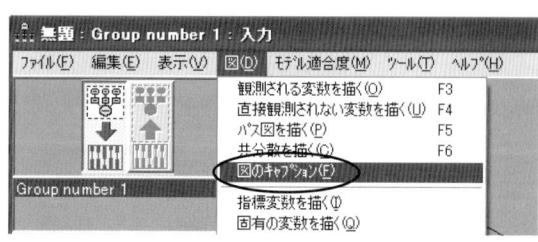

5) モデル適合度指標をパス図に表示

この操作は必ずしも必要な操作ではなく，推定値の計算に影響を与えるものではない．モデル適合度指標をパス図上に表示させたいときのみ行なう．ツールバーウィンドウまたはプルダウンメニュー

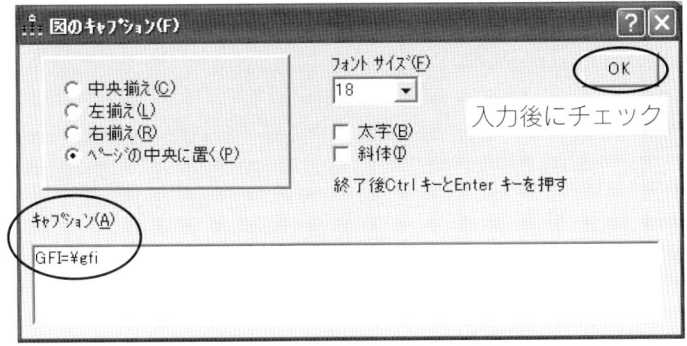

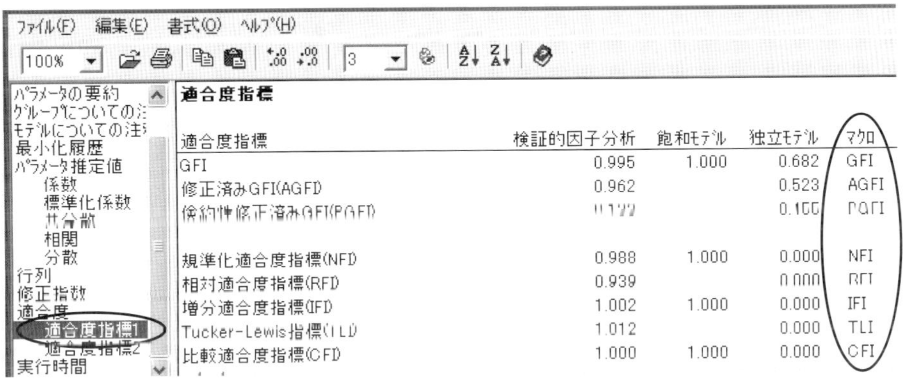

から「図のキャプション」アイコンを選択した後に，モデル適合度指標を表示させたい場所をクリックすると，図のキャプションウィンドウが表示される．「キャプション」テキストボックスに，「GFI=¥gfi」のように直接入力して指定する．半角の¥マークの後に入力する「gfi」部分のマクロは分析後に，ツールバーウィンドウにある「表出力の表示」をクリックし，「適合度指標1」を選択すると右端列に表示される．基本的には出力させたい適合度指標の頭文字を¥マークの後に打ち込めばよい．

モデル適合度指標は GFI, AGFI, NFI, CFI, TLI (Bentler-Bonett non-normed fit index：NNFI としても知られている), RMSEA, AIC, χ^2値などが代表的である．

モデル適合度指標をパス図に表示

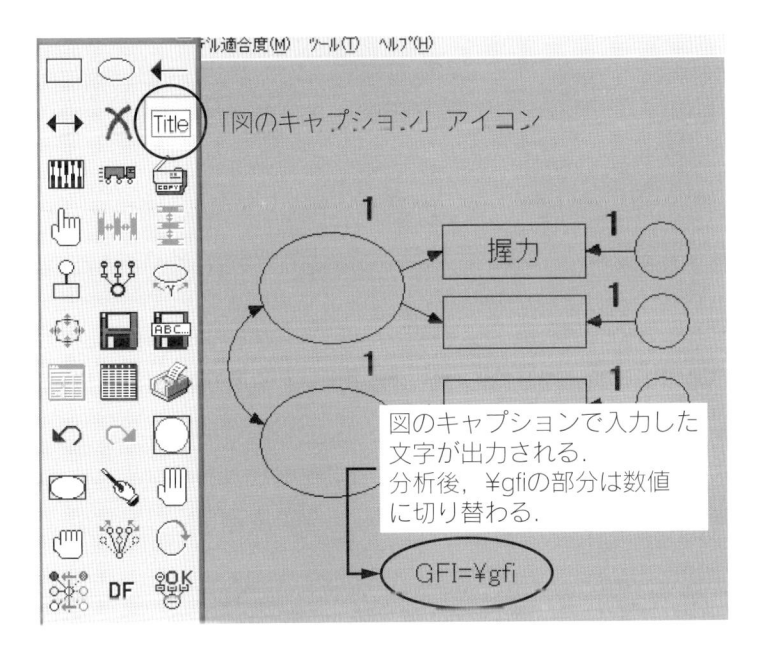

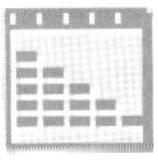

「図のキャプション」アイコン

図のキャプションで入力した文字が出力される．
分析後，¥gfiの部分は数値に切り替わる．

GFI=¥gfi

「表出力の表示」

適合度指標	検証的因子分析	飽和モデル	独立モデル	マクロ
GFI	0.995	1.000	0.682	GFI
修正済みGFI(AGFI)	0.962		0.523	AGFI
倹約性修正済みGFI(PGFI)	0.122		0.155	PGFI
規準化適合度指標(NFI)	0.988	1.000	0.000	NFI
相対適合度指標(RFI)	0.939		0.000	RFI
増分適合度指標(IFI)	1.002	1.000	0.000	IFI
Tucker-Lewis指標(TLI)	1.012		0.000	TLI
比較適合度指標(CFI)	1.000	1.000	0.000	CFI

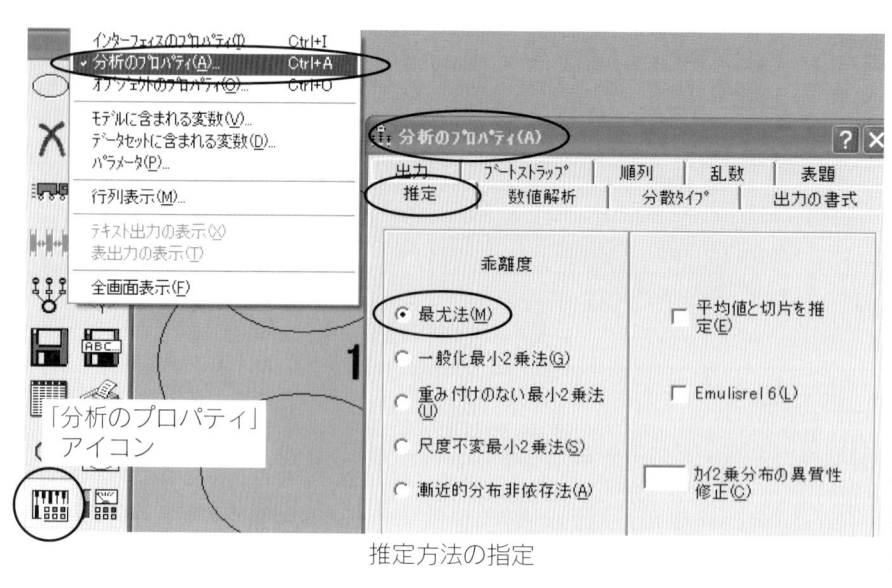

5.1. 検証的因子分析モデル

6) 推定方法の指定

パラメータ推定法のデフォルトは「最尤法」である．一般的に広く応用研究に用いられている推定方法であり，今回の場合も最尤法を用いる．最尤法は観測変数の多変量正規分布を仮定しているが，観測変数が多変量正規分布からいくぶん外れていたとしても適用可能であるため，推定方法には最尤法を指定することが無難である．しかし，他の推定方法と分析結果が異なるような場合，モデルやデータが適切ではない可能性があるため，分析プロセスとして他の推定法と比較することも有用である．

ツールバーウィンドウから「分析のプロパティ (A)」アイコンまたはプルダウンメニューから「表示 (V)」→「分析のプロパティ (A)」を選択した後，「推定」タブの中にある「最尤法」をチェックする．

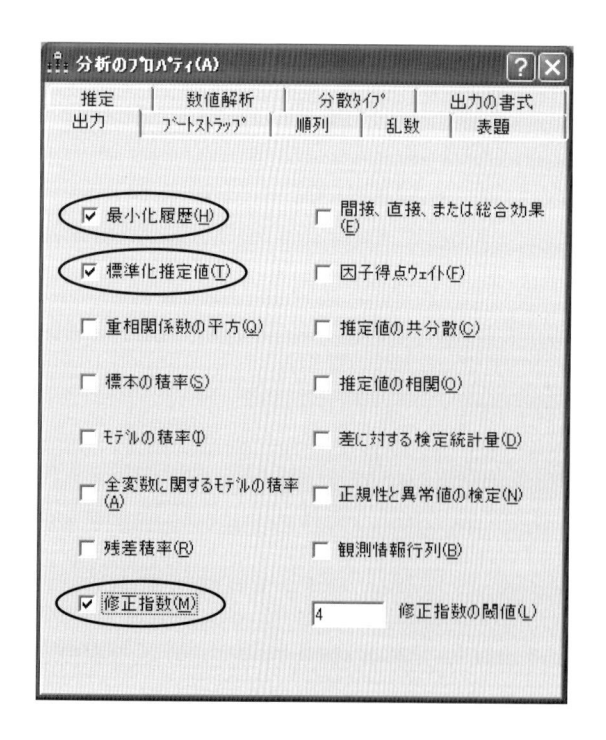

7) 出力の指定

ツールバーウィンドウから「分析のプロパティ」アイコンまたはプルダウンメニューから「表示 (V)」→「分析のプロパティ (A)」を選択した後,「出力」タブを選択する．必要な出力をチェックする．検証的因子分析モデルではデフォルトで指定されている「最小化履歴 (H)」に加え，「標準化推定値 (T)」「修正指数 (M)」をチェックする．因子負荷量と因子間相関は「標準化推定値 (T)」を指定することで出力される．「修正指数 (M)」はモデルを修正する際の手掛かりとなる．なお，分析が終了しても出力として指定していない項目は出力されないので注意する．

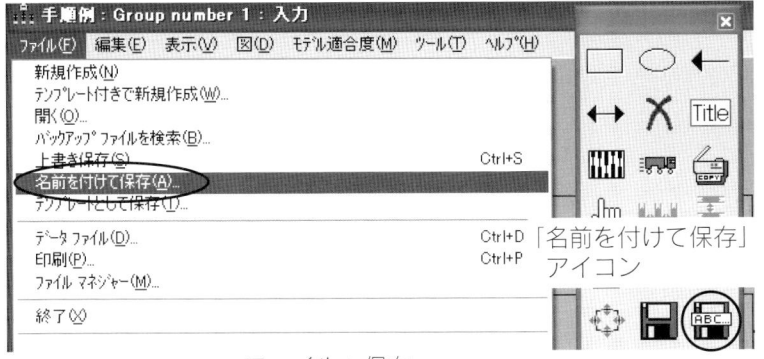

5章 仮説的な因子を検証する　145

8）ファイルへ保存

ツールバーウィンドウから「名前を付けて保存」アイコンまたはプルダウンメニューから「ファイル（F）」→「名前を付けて保存（A）」を選択して，「ファイル名」を入力し，保存する．計算する前にファイルを保存しておくことで，計算中にバグが生じてもモデルを作り直す必要がないので，この段階で保存することが望ましい．なお，Amos をインストールした段階ではツールバーウィンドウに「名前を付けて保存」アイコンはないはずであるが，ツールバーウィンドウ内のアイコンは，追加・変更することができる．ツールバーウィンドウから「ツールバーの変更」アイコンまたはプルダウンメニューから「ツール」→「ツールバーの変更」を選択することでアイコンの追加，削除そして表示順の並べ替えが可能となる．

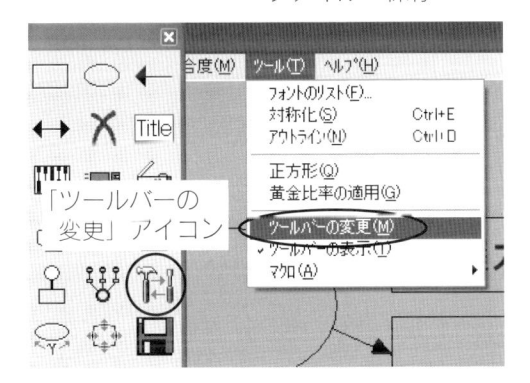

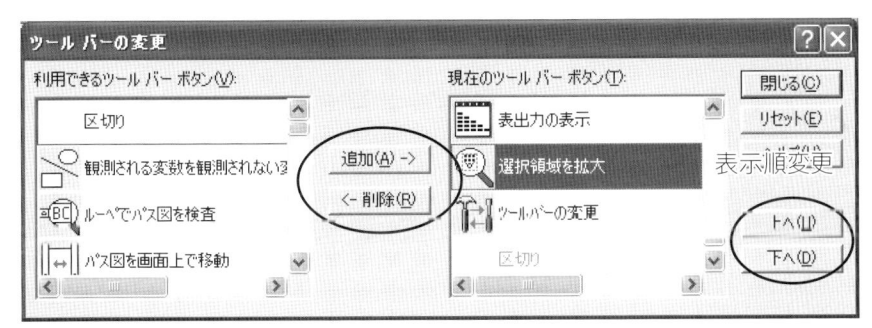

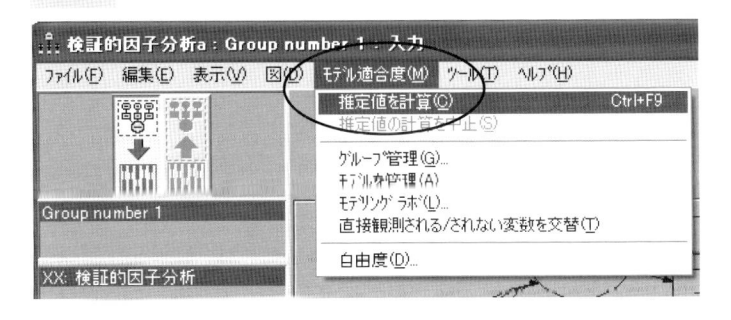

9）計算

ツールバーウィンドウから「推定値を計算」アイコンをまたはプルダウンメニューから「モデル適合度（M）」→「推定値を計算（C）」を選択すると，計算を開始する．計算中はメインウィンドウ左端の「計算の要約」ウィンドウに経過が表示され，「終了」が表示されると，計算終了．また，推定計算が収束すると，モデルの表示ウィンドウでは「XX：Default model」が「OK：Default model」に切り替わる．

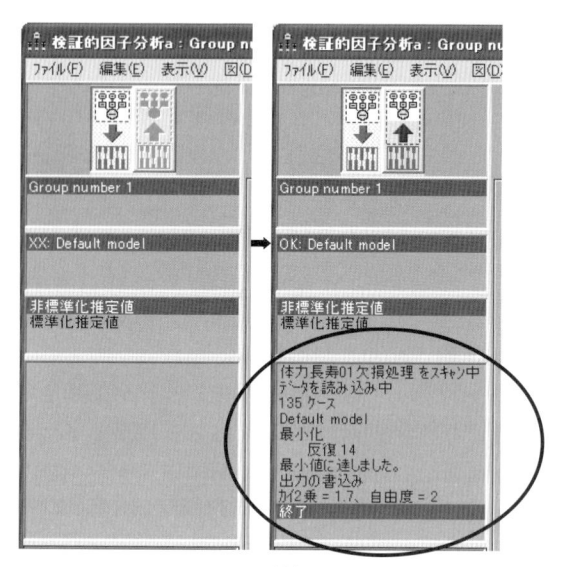

146   5.1. 検証的因子分析モデル

計算

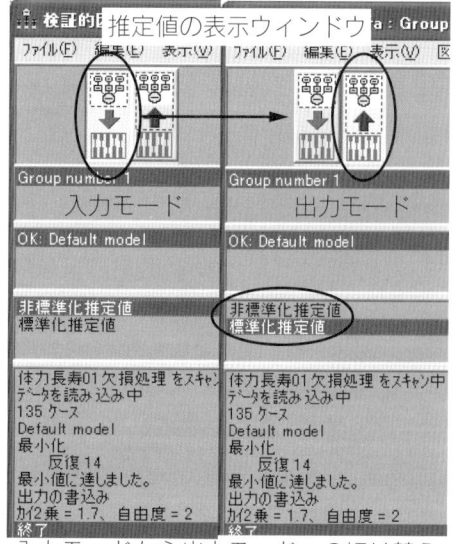

入力モードから出力モードへの切り替え

10) 計算された推定値をパス図に表示

推定値の表示ウィンドウの「出力モード」をクリックし,「入力モード」から切り替える.パラメータ推定値とモデル適合度指標はパス図に表示される.推定値ウィンドウで,「非標準化推定値」あるいは「標準化推定値」を選択する.7) 出力の指定において「標準化推定値」をチェックしていなければ選択しても推定値は表示されない.

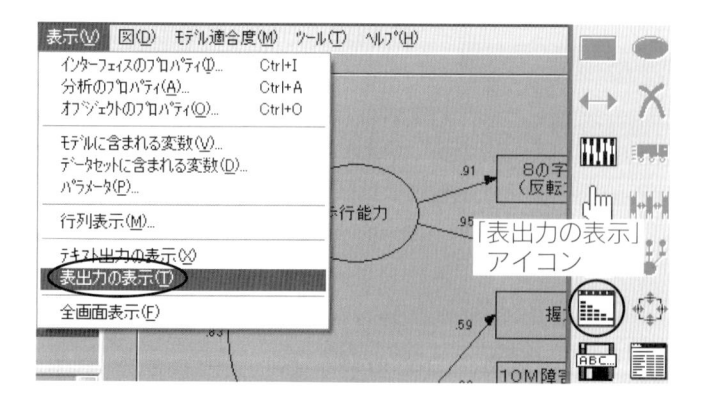

11) 表出力の表示

ツールバーウィンドウの「表出力の表示」アイコンをまたはプルダウンメニューから「表示 (V)」→「表出力の表示 (T)」を選択すると,表出力ウィンドウが表示される.左端の結果ウィンドウ内から表示項目を選択する.「変数の要約」では変数の種類が表示される.「パラメータの要約」では推定値の数が表示される.「グループについての注釈」では標本数が表示される.「モデルについての注釈」では最小化に到達したカイ2乗値,自由度,有意水準が表示される.「パラメータの推定値」ではパラメータの非標準化推定値,標準化推定値,標準誤差,検定統計量,確

5章 仮説的な因子を検証する　147

率などが表示される．「適合度指標1」「適合度指標2」ではモデル適合度が縦置きと横置きで表示される．

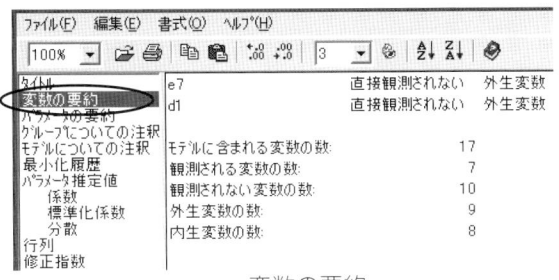

変数の要約

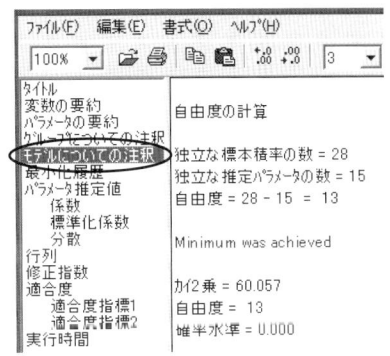

パラメータの要約

モデルについての注釈

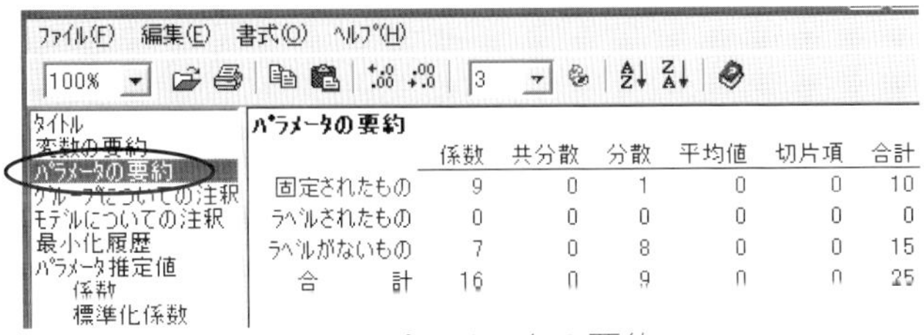

係数

		推定値	標準誤差	検定統計量	確率
反障害歩 <--	体力	1.087	0.091	11.992	0.000
6分歩行 <--	体力	70.405	7.674	9.175	0.000
体脂肪率 <--	体力	-1.623	0.598	-2.716	0.007
反8字歩 <--	歩行能力	2.383	0.180	13.217	0.000
反UPGO <--	歩行能力	0.538	0.038	14.033	0.000
握力平均 <--	体力	5.119	0.722	7.090	0.000
長座前屈 <--	体力	-0.105	0.689	-0.152	0.879

標準化係数

		推定値
反障害歩 <--	体力	0.883
6分歩行 <--	体力	0.724
体脂肪率 <--	体力	-0.247
反8字歩 <--	歩行能力	0.911
反UPGO <--	歩行能力	0.946
握力平均 <--	体力	0.592
長座前屈 <--	体力	0.014

潜在変数から観測変数へのパス係数（因子負荷量）

共分散

	推定値	標準誤差	検定統計量	確率
体力 <--> 歩行能力	0.834	0.042	19.981	0.000

相関

	推定値
体力 <--> 歩行能力	0.834

分散

	推定値	標準誤差	検定統計量	確率
体力	1.000			
歩行能力	1.000			
e1	0.335	0.089	3.773	0.000
e2	4490.765	661.366	6.790	0.000
e4	40.680	5.016	8.110	0.000
e5	1.158	0.284	4.073	0.000
e6	0.034	0.013	2.566	0.010
e7	48.640	6.454	7.537	0.000
e3	55.789	6.816	8.185	0.000

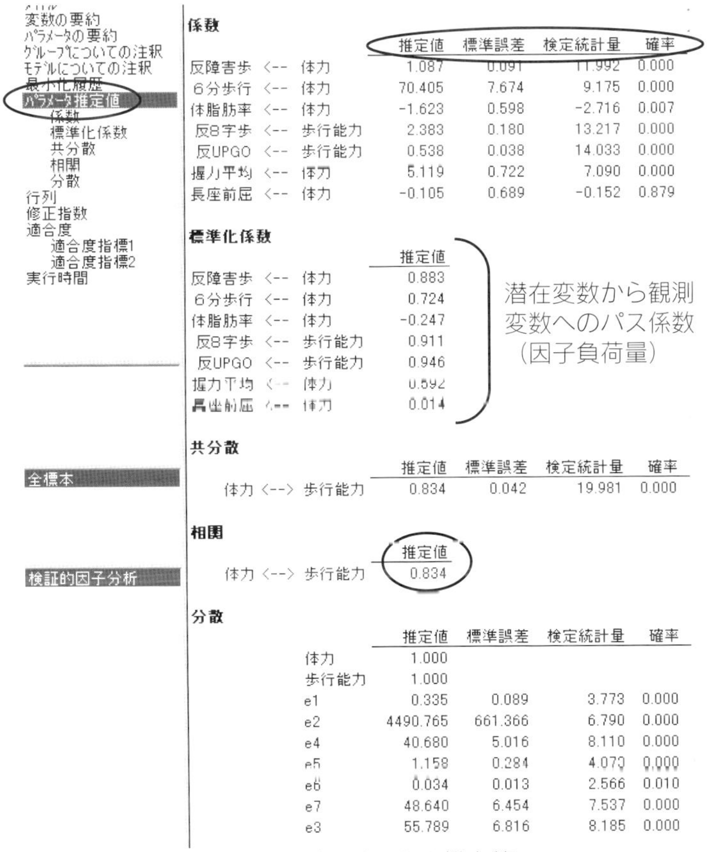

パラメータの推定値

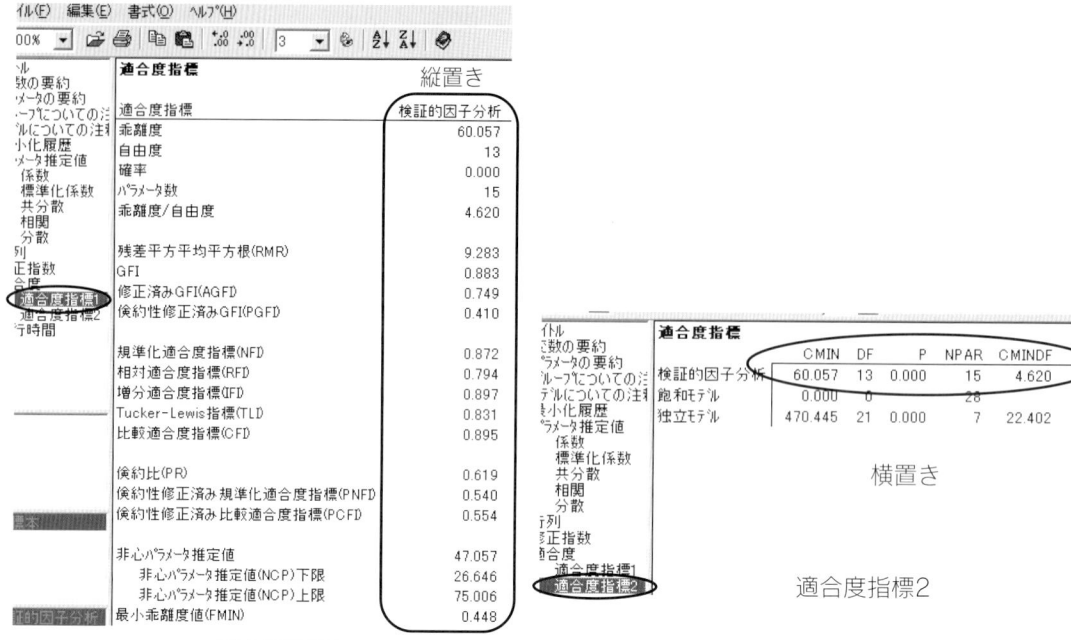

148   5.1. 検証的因子分析モデル

適合度指標1

適合度指標	検証的因子分析
乖離度	60.057
自由度	13
確率	0.000
パラメータ数	15
乖離度/自由度	4.620
残差平方平均平方根(RMR)	9.283
GFI	0.883
修正済みGFI(AGFI)	0.749
倹約性修正済みGFI(PGFI)	0.410
規準化適合度指標(NFI)	0.872
相対適合度指標(RFI)	0.794
増分適合度指標(IFI)	0.897
Tucker-Lewis指標(TLI)	0.831
比較適合度指標(CFI)	0.895
倹約比(PR)	0.619
倹約性修正済み規準化適合度指標(PNFI)	0.540
倹約性修正済み比較適合度指標(PCFI)	0.554
非心パラメータ推定値	47.057
非心パラメータ推定値(NCP)下限	26.646
非心パラメータ推定値(NCP)上限	75.006
最小乖離度値(FMIN)	0.448

縦置き

適合度指標2 (横置き)

	CMIN	DF	P	NPAR	CMINDF
検証的因子分析	60.057	13	0.000	15	4.620
飽和モデル	0.000	0		28	
独立モデル	470.445	21	0.000	7	22.402

有意確率の確認

			推定値	標準誤差	検定統計量	確率
反障害歩	<--	体力	1.087	0.091	11.992	0.000
6分歩行	<--	体力	70.405	7.674	9.175	0.000
体脂肪率	<--	体力	-1.623	0.598	-2.716	0.007
反8字歩	<--	歩行能力	2.383	0.180	13.217	0.000
反UPGO	<--	歩行能力	0.538	0.038	14.033	0.000
握力平均	<--	体力	5.119	0.722	7.090	0.000
長座前屈	<--	体力	-0.105	0.689	-0.152	0.879

修正指数および改善度の確認

共分散:

			修正指数	改善度
e7	<-->	歩行能力	4.554	-0.922
e5	<-->	e7	7.561	-2.219
e4	<-->	歩行能力	8.294	1.114
e4	<-->	体力	6.390	-1.028
e4	<-->	e7	32.125	-22.640

分散: 修正指数 改善度

係数:

			修正指数	改善度
握力平均	<--	体脂肪率	29.952	-0.519
反8字歩	<--	握力平均	4.599	-0.028
体脂肪率	<--	握力平均	19.518	-0.283

12) モデルの修正

表出力ウィンドウの「パラメータ推定値」の「検定統計量」と「確率」は一変量ワルド検定の結果である．統計的有意水準を5%に定め，両側検定を適用する．「検定統計量」が1.96未満で「確率」が0.05以上を示すパスを見つけ，削除する．修正されたパス図を再計算する．「修正指数」の「共分散」と「係数」の中から，修正指数および改善度が最大値を示し，かつ共分散やパスを追加することに実質科学的根拠があるものを1つ選択し，モデルを修正し，再計算する．パス追加の指標は当該変数のみが追加された場合の改善度を示しているので1つずつ実行する．しかし，むやみに指標に従ってパスを追加することはモデルの一般化を妨げることにもなるため極力避けることが望ましい．

出力結果と結果の解釈

図5-3は，高齢者における体力・運動能力（特に歩行能力に限定）の因子構造についての検証的因子分析の標準解を示している．なお分析に際し，速さを測定する3項目については低い値が良値となるように反転項目を用いた．今回の例題

では体力→長座体前屈が 0.879 と有意にならなかったため，項目を削除し，再分析を行なった．しかし再分析後の適合度指標が採択基準を満たしていなかったために，モデルの修正指標を確認したところ，e4 と e7 との共分散（相関）を追加することでカイ 2 乗値が 32.107 改善されることが推定されていた．e4 と e7 は握力と体脂肪率の誤差である．握力は筋力の指標であり，相反関係にあることが推察される．したがって，この共分散（相関）を追加し，最終的に図 5-3 が得られた．モデルの適合度指標 GFI は 0.97，自由度で調整した AGFI は 0.91 と，0.9 以上の値であった．体力と運動能力（歩行能力）を結ぶ両方向矢印は相関関係を示している．下位領域間の相関係数は 0.85 と高い値を示した．多くの先行研究で明らかにされているように，加齢に伴い体力・運動能力の下位領域間の相関が強くなり，1 つの因子に集約される傾向にあることがこのことからも確認できる．また下位領域間に中等度以上の相関関係がみられることは，高次な潜在変数を組み入れて 2 次因子モデルを適用して，構造変数間の階層性を検証することができる．

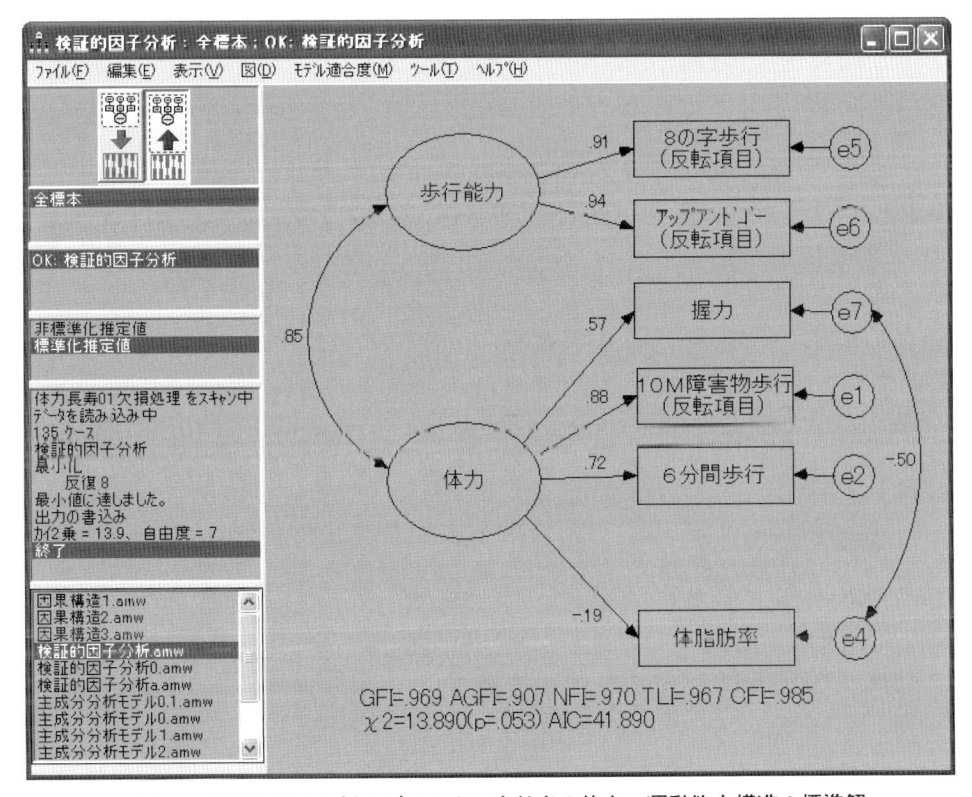

図 5-3 検証的因子分析モデルによる高齢者の体力・運動能力構造：標準解

潜在変数である下位領域から観測変数である測定項目にわたる単方向矢印上のパス係数は，下位領域が測定項目に関与する程度を示している．体脂肪率を除くすべての係数が 0.6 0.9 以上を示しており，測定モデルが妥当であることを示している．

また，探索的因子分析の場合と同様に，因子得点を算出することが可能である．デフォルトの状態では出力されないが，分析前に「分析のプロパティ」アイコン

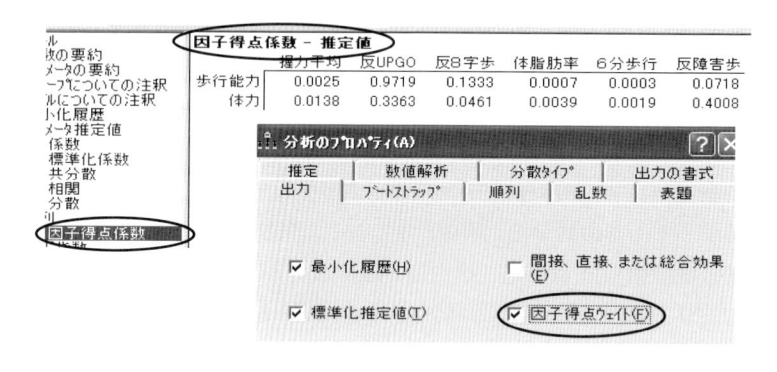

150　5.2. 2次因子分析モデル

またはプルダウンメニューから「表示 (V)」→「分析のプロパティ (A)」→「出力」タブから「因子得点ウェイト (F)」をチェックし，分析後「表出力の表示 (T)」から「因子得点係数」をクリックすることで確認できる．実際の因子得点は（各因子得点係数）×（それぞれの実測値）の和によって算出する．なお例題で示している検証的因子分析モデルにおいて体力因子は 8 の字歩行とアップアンドゴーには影響を与えていない．すなわち，因子得点係数が 0 であると考えることができるが，ここでは体力因子と歩行能力因子に相関を仮定しているため体力の因子得点算出の際にも 8 の字歩行とアップアンドゴーに因子得点係数が負荷されている．

しかし，集団ごとに因子得点などを比較する方法は簡便法である．構造方程式モデリングでは個人の因子得点を推定せずに因子の集団差を検討することができ，因子得点推定時の推定誤差を無くすことができる．ここでは検証的因子分析における平均構造モデルを利用した多母集団同時分析を行なうことが望ましい．狩野・三浦（2002）にわかりやすい解説があるので参照されたい．

|結果のまとめ|

例題の結果をまとめると以下のようになる．

モデル適合度指標から 2 下位領域から構成された体力・運動能力（特に歩行能力に限定）の検証的因子分析モデルは容認され，テストの構成概念妥当性が検証された．しかし体脂肪率は体力という概念を測定する上での高い妥当性は得られなかった．

|最近の研究論文|

近年検証的因子分析を用いた研究は数多く行なわれており，パフォーマンステストを用いて高齢者の体力構造を検証した西嶋・中野（2002）などがあり，心理学研究や教育心理学研究などの学術雑誌では質問紙の妥当性を検証するための有効な手法として頻繁に用いられている．海外では，フィールドテストとラボラトリテストを用いて青少年の体力構造を検証した Marsh（1993）の研究や身体自己記述調査票の因子構造を国別に検討した Marsh et al.（2002）の研究などがある．

5.2. 2次因子分析モデル

2 次因子分析（豊田，2000）は高次因子分析モデルの 1 つである．検証的因子分析の潜在変数（1 次因子間）に相関が認められ，背後に共通因子の存在が仮定することが内容的に妥当である場合に，適用されるモデルである．これにより，共通性，一般性の高い構成概念間の関係を検証することが可能となる．体力テス

トで測定される体力は基本的に複数の下位領域から構成され，下位領域ごとに体力テストが設定されるために，(1次)因子間に2次因子を仮定することは内容的に妥当である場合が多い．構造方程式モデリングによる2次因子分析モデルを適用して，2次因子と1次因子間における構造方程式モデルと1次因子と体力テスト間における測定方程式モデルの両方における構成概念妥当性を検証することができる．

モデル

図5-4は2次因子分析モデルのパス図表現である．2次因子構造モデルでは，1次因子の潜在変数間の背後に共通に関与する高次因子である潜在変数を仮定する構造方程式モデルである．体力因子と運動能力因子の水準は1次因子で，体力・運動能力因子の水準が2次因子である．これにより，6つのテストは体力・運動能力という単一の共通因子が間接的に関与する因子構造モデルとなる．

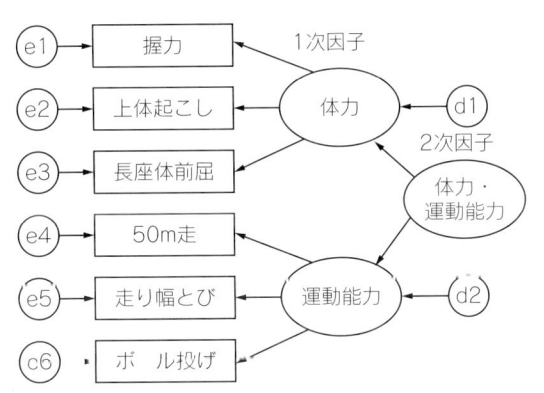

図5-4　2次因子分析モデルのパス図表現

基本的分析手順

2次因子分析における一般的な分析手順（分析内容）は検証的因子分析と同様な手続きで行なうが，識別性の確保の手順のみが異なるので，ここでは2次因子分析特有の手順のみを示す．

2次因子構造モデルの識別性を確保する方法は，
①2次因子の分散を1に拘束
②1次因子から観測変数へのパスのうち1つを1に拘束
③誤差変数から観測変数への各パスを1に拘束

である（狩野・三浦，2002）．検証的因子分析では1次因子である潜在変数の分散を1に拘束したが，2次因子分析において1次因子である潜在変数は内生変数（パスを1つ以上受けている変数）である．2次因子分析では内生変数を拘束することができないために1次因子から観測変数へのパスのうち1つを1に拘束する．そして外生変数（パスを1つも受けていない変数）である2次因子の分散を1に拘束する．誤差変数から観測変数への各パスは検証的因子分析と同様に1に拘束する．1次因子から観測変数へのパスのうち1に拘束された変数は有意性の確認ができないが，同様の変数を用いて検証的因子分析により当該変数の有意性を確認しているため，ここで有意性が確認できないことは妥当性を検証する立場では問題ではない．

5.2. 2次因子分析モデル

例題 5.2.
　2次因子分析モデルを適用して，高齢者における体力・運動能力（特に歩行能力に限定）の2次因子構造モデルを検証せよ．

解析のポイント

例題 5.2.の解析のポイントは，
1．2下位領域から構成される体力・運動能力（特に歩行能力に限定）の2次因子構造モデルは適合するか．
2．体力・運動能力テスト項目ならびに下位領域の構成概念妥当性はあるのか．

データ入力形式

　検証的因子分析と同様．

操作手順

　上述の検証的因子分析モデルとほぼ同様である．異なる点は外生変数である2次因子をパス図で描画することとそれに伴った内生変数である1次因子に対する誤差変数の描画および識別性の確保の手順である．したがって，以下異なる点についてのみ具体的な操作手順を示す．

　Amos Graphics 起動後，ツールバーウィンドウから「データファイルを選択」

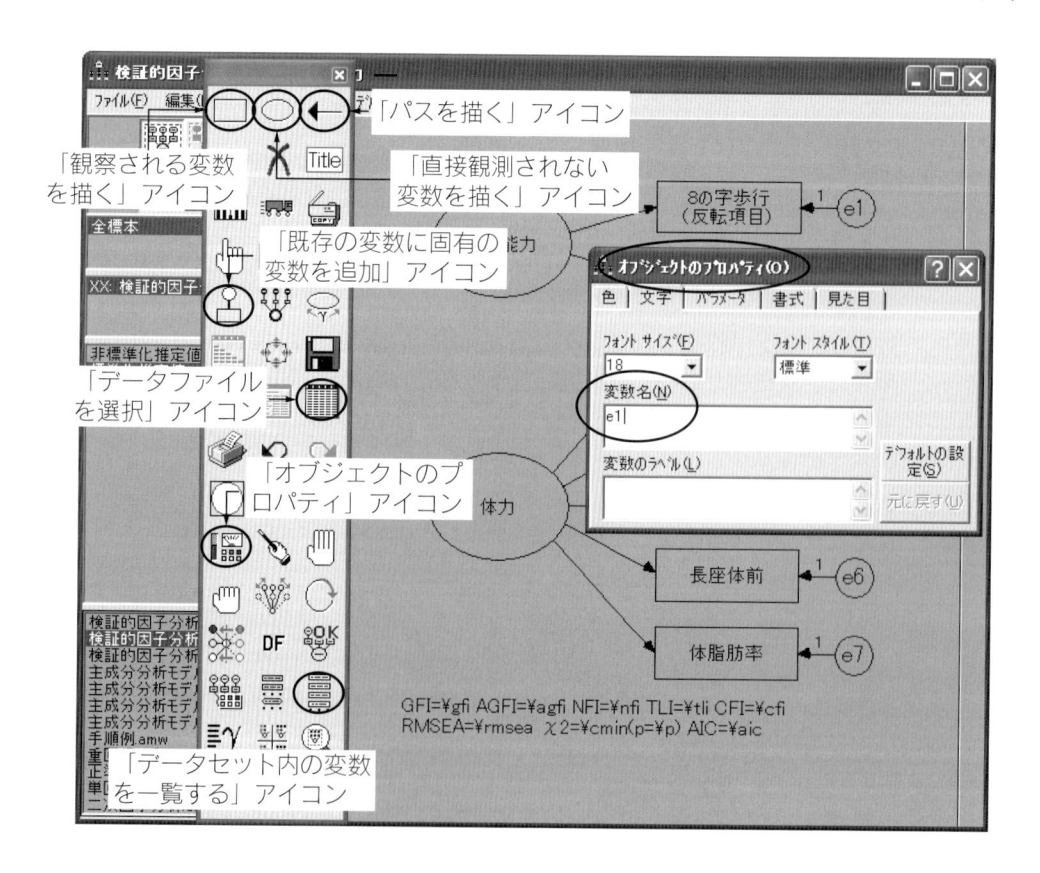

5章　仮説的な因子を検証する　153

アイコンをクリックし，「データファイル (D)」→「ファイル名 (N)」から分析するファイルを指定する．

　つぎに検証的因子分析と同様に，パス図描画アイコンを用いて潜在変数，観測変数および誤差変数を作成する．潜在変数は「直接観測されない変数を描く」アイコン，観測変数は「観測される変数を描く」アイコンを使用し，アイコンをクリックした後に，描きたい場所にクリック＆ドラッグする．誤差変数は「既存の変数に固有の変数を追加」アイコンをクリックした後，観測変数である長方形の中央にポインタを合わせ，クリックすることで描画できる．長方形の中をクリックすることに誤差変数の付属する位置が変化する．つぎに長方形の中へ分析に用いる測定項目を入れるために「データセット内の変数を一覧する」アイコンをクリックした後，「データセットに含まれる変数」ウィンドウから分析に用いたい変数を選択し，長方形の中央でドラッグ＆ドロップする．潜在変数と誤差変数にはまだ変数名が入力されていないので，入力したい変数の中央をダブルクリックするか，「オブジェクトのプロパティ」アイコンをクリックした後，入力したい変数の中央をクリックする．そして「オブジェクトのプロパティ」→「文字」から「変数名」にあらかじめ研究仮説に設定しておいた因子の名前を入力する．誤差変数には e1，e2，e3 と通し番号を付ける．最後に潜在変数からその潜在変数を説明していると仮定した観測変数に対して単方向矢印を描く．描画は「パスを描く」アイコンをクリックした後，楕円の中央をクリックし，そのまま長方形の中央へ向かってドラッグして行なう．

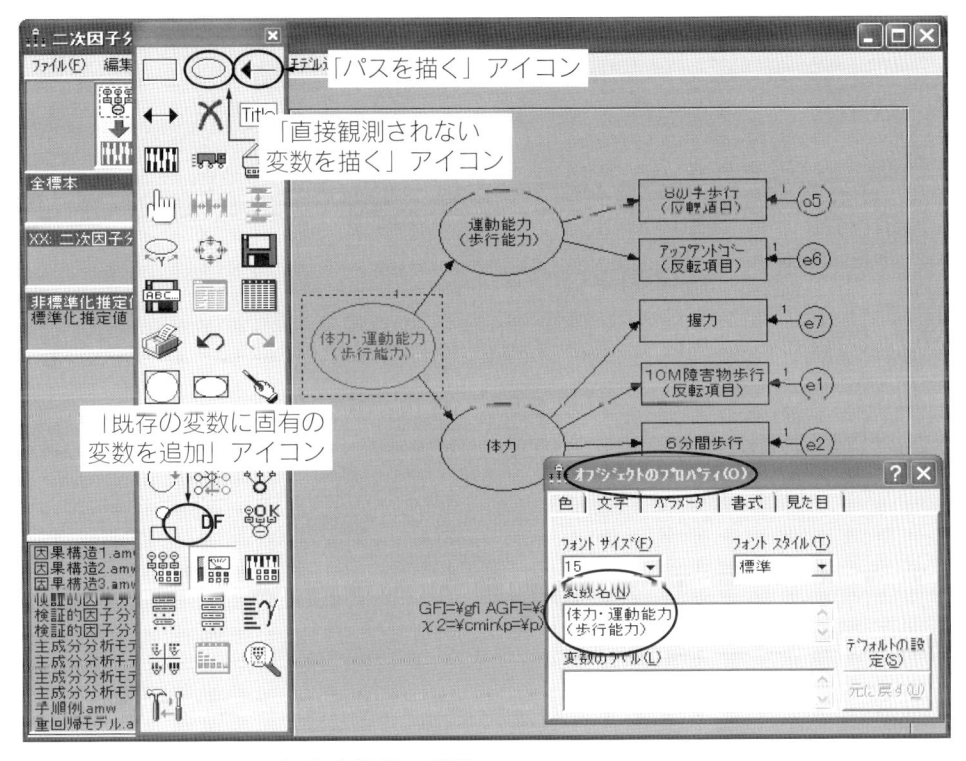

2次因子の描画

1) 2次因子の描画

　2次因子は「直接観測されない変数を描く」アイコンをクリックしボタンをへ

こませた状態にした後，潜在変数を描きたい場所にポインタを移動させておきクリック＆ドラッグで描くことができる．つぎに，楕円の中に変数名を入力するために楕円の中央をダブルクリックすると前ページの図に示すような「オブジェクトのプロパティ (O)」が表れる．その中の「変数名」の欄に文字を入力することでモデル中に変数名が表示される．

2）単方向矢印の描画

「パスを描く」アイコンをクリックした後，2次因子である楕円の中から1次因子である楕円の中へポインタをクリック＆ドラッグすることでパスを描画できる．しかし1次因子の楕円の分散が1に拘束されている場合にはこの操作をしてもエラーメッセージが出力されるため，あらかじめ分散が1に拘束されていないことを確認しておく．

3）1次因子に対する誤差変数の描画

2次因子分析では2次因子から1次因子に対して単方向のパスを描画するため，1次因子には誤差変数を付属させる必要がある．「既存の変数に固有の変数を追加」アイコンをクリックし，付属させたい潜在変数の中でクリックすることで描画できる．潜在変数同様に正円をダブルクリックすることで変数名を入力するための「オブジェクトのプロパティ (O)」が現れる．通常この誤差変数は潜在変数では規定できない諸要因の集まりであることから，攪乱（Disturbance）変数と呼ばれ，その頭文字のdを変数名に用いることが多い．

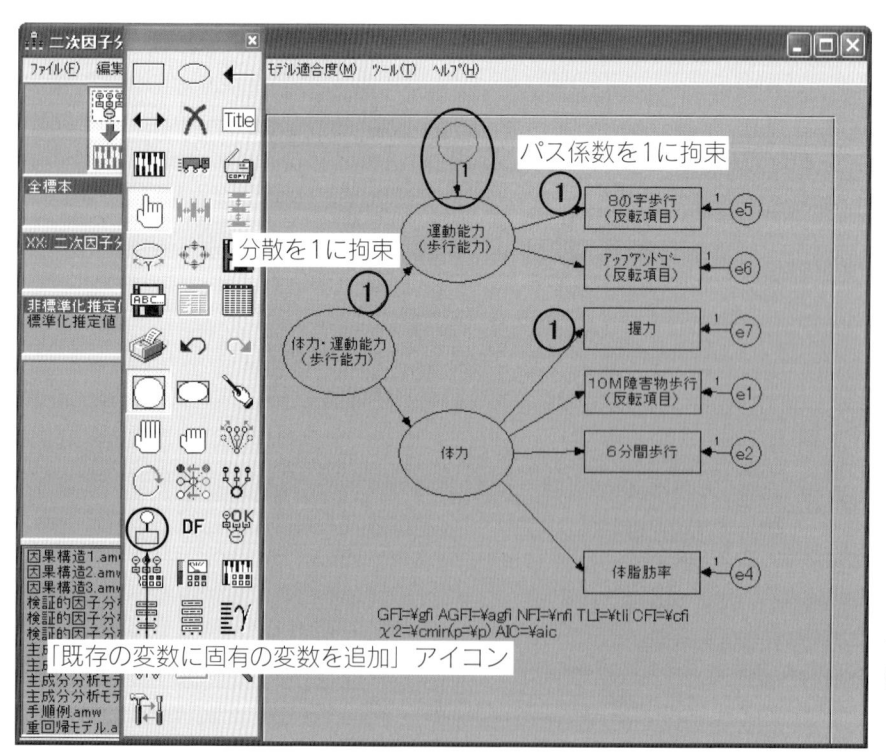

1次因子に対する誤差変数の描画

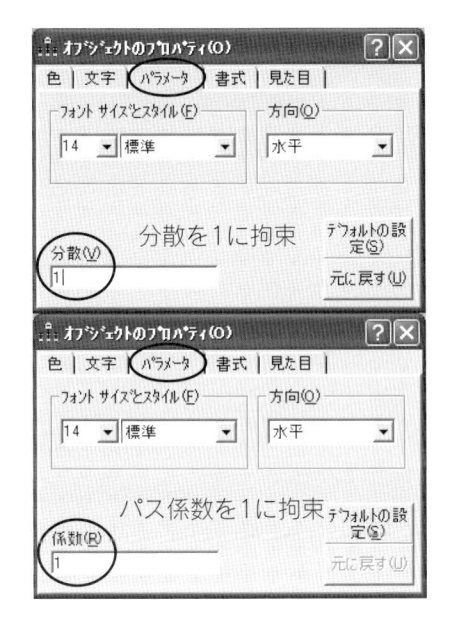

5章 仮説的な因子を検証する　155

4）モデルの識別性確保

　検証的因子分析では識別性を確保するために潜在変数の分散を1に拘束した．2次因子分析モデルでは2次因子は外生変数であるために検証的因子分析同様に分散を1に拘束できる．しかし内生変数である1次因子は分散を拘束することはできないために，それぞれの1次因子から観測変数に対するパスの1つを1に拘束する．分散を拘束するためには潜在変数の中をダブルクリックし「オブジェクトのプロパティ（O）」→「パラメータ」から分散の欄に1を入力する．パスを拘束するためには単方向矢印上をダブルクリックし「オブジェクトのプロパティ（O）」→「パラメータ」から係数の欄に1を入力する．このとき1に拘束するパスはいずれでもかまわないが，観測変数の中で値が小さいほど良い成績を示す変数と値が大きいほど良い成績を示す変数が混在する場合には概念である潜在変数と正負の関係が一致しているものを拘束したほうが分析後の解釈が容易になる．今回の例題ではあらかじめ元データを高い値ほど良値となるように反転項目を用いているためにどのパスを拘束しても分析結果に影響を与えることはない．

　これ以降の手順は検証的因子分析と同じ手続きで行ない，分析結果を解釈する．

出力結果と結果の解釈

　図5-5は検証的因子分析モデルを拡張した2次因子分析モデルである．初期モデルは検証的因子分析結果と同様にモデルを採択できる適合度指標の水準に達していなかったため，検証的因子分析の際に行なった同様の手続きにより，パスの追加，削除を行ない，最終的なモデルの適合度指標GFIは0.97，AGFIは0.91と高い値であったことから，モデルは容認された．体力・運動能力（歩行能力）領域と各下位領域との間のパス係数が下位領域の妥当性を示している．体力・運動能力（歩行能力）ともに0.91以上の因果係数を示した．1次因子と観測変数の関係で示される測定モデルでは，体力・運動能力（歩行能力）の各領域における因果係数の多くが0.6-0.9以上の高いものであった．体脂肪率が検証的因子分析結果同様 0.19と極めて低い値であった．

　体力・運動能力はいくつかの下位領域から構成されることが仮定された階層的な構成概念構造で認識されているために，構成される下位領域間の関係は2次因

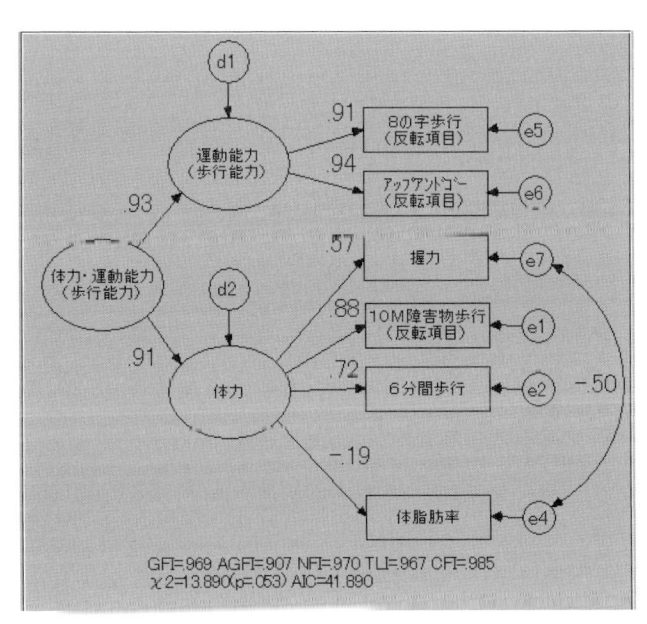

図5-5　2次因子分析モデルによる高齢者の体力・運動能力構造：標準解

	握力平均	反UPGO	反8字歩	体脂肪率	6分歩行	反障害歩
体力・運動能力 (歩行能力)	0.008	0.679	0.093	0.002	0.001	0.222
運動能力 (歩行能力)	0.006	2.320	0.318	0.002	0.001	0.172
体力	0.015	0.366	0.050	0.004	0.002	0.436

子構造として検証されることが妥当であると思われる．

また，検証的因子分析同様に因子得点を算出することができる．分析前に「分析のプロパティ」アイコンから「出力」→「因子得点ウェイト」をチェックし，分析後「表出力の表示」アイコンから「因子得点係数」をクリックすることで確認できる．この場合2次因子の因子得点も同じように算出可能となる．算出方法は（各因子得点係数）×（それぞれの実測値）の和である．

結果のまとめ

例題の結果をまとめると以下のようになる．

モデル適合度指標から2下位領域から構成された体力・運動能力（歩行能力）の2次因子構造モデルは容認され，テストならびに下位領域の構成概念妥当性が検証された．しかし検証的因子分析結果同様，体脂肪率は体力という構成概念を説明する変数としての妥当性が低いことが推察された．

最近の研究論文

コンディション測定項目を用いてコンディション変動の因子構造を検証した中野・西嶋（2001）の研究やパフォーマンステストを用いて高齢者の体力構造を検証した西嶋・中野（2002）の研究などがある．

（鈴木宏哉・西嶋尚彦）

引用・参考文献

1) 出村慎一ほか：女性高齢者における体力因子構造と基礎体力評価のための組テストの作成．体育学研究，41：115-127, 1996.
2) 服部環, 海保博之：Q&A心理データ解析．福村出版, 1996.
3) 岩崎　学：不完全データーの統計解析．エコノミスト社, 2002.
4) 狩野裕, 三浦麻子：グラフィカル多変量解析（増補版）．現代数学社, 2002.
5) 金禧植ほか：中・高年者における運動能力の因子構造とその性差．いばらき体育・スポーツ科学, 8：1-10, 1992.
6) Marsh HW：The multidimensional structure of physical fitness：invariance over gender and age, Resarch Quarterly for Exercise and Sport 64：256-273, 1993.
7) Marsh HW, et al.：Cross-cultural validity of the physical self-description questionnaire：comparison of factor structures in Australia, Spain, and Turkey, Resarch Quarterly for Exercise and Sport 73：257-270, 2002.
8) 松浦義行：数理体力学．朝倉書店, 1993.

9) 中野貴博, 西嶋尚彦：女子大学競泳選手のコンディション変動における因子構造の不変性. 体育測定評価研究, 1：35-43, 2001.
10) 西嶋尚彦：健康生活行動の計量分析. スポーツの統計学, 大澤清二編, 125-145, 朝倉書店, 2000.
11) 西嶋尚彦, 中野貴博：共分散構造分析を用いた高齢者における体力構造の分析. 多変量解析実例ハンドブック, 柳井晴夫ほか編, 357-368, 朝倉書店, 2002.
12) 丘本 正：因子分析の基礎. 日科技連, 1986.
13) 芝 祐順：因子分析法. 東京大学出版会, 1979.
14) 芝 祐順：行動科学における相関分析法（第2版）. 東京大学出版会, 1980.
15) 鈴木宏哉, 西嶋尚彦：高齢者の健康推進生活の共分散構造分析. 多変量解析実例ハンドブック, 柳井晴夫ほか編, 348-356, 朝倉書店, 2002.
16) 田部井明美：SPSS完全活用法　共分散構造分析（Amos）によるアンケート処理. 東京図書, 2001.
17) 豊田秀樹：構造方程式モデリング［応用編］. 朝倉書店, 2000.
18) 豊田秀樹：構造方程式モデリング［技術編］. 朝倉書店, 2003.
19) 山本嘉一郎, 小野寺孝義：Amosによる共分散構造分析と解析事例. ナカニシヤ社, 1999.
20) 柳井晴夫, 岩坪秀一：複雑さに挑む科学. 103, 講談社, 1976.
21) 柳井晴夫ほか：因子分析―その理論と方法―. 朝倉書店, 1990.

6章 因果関係を探る

構造方程式モデリングは現象に潜む因果関係を統計的に検証する手法の1つである．特に，スポーツや健康に関わる社会科学的分野における現象の因果関係を統計的に分析する場合に有用である．スポーツや健康に関する社会現象を統計的に取り扱う分野では，**直接的に計測することができない多くの構成概念を計量すること**と，**構成概念間の関係性を計量する**ことを研究対象としているのが特徴である．構造方程式モデリングは，**研究者の独自な立場で自由に因果モデルを構築**し，これを検証し，因果関係の程度を係数で明確に表現することを通して，構成概念間の因果関係を明らかにすることができる．すなわち，構造方程式モデリングは，直接観測できない潜在変数を導入し，その潜在変数と観測変数との間の因果関係を同定することにより，社会現象や自然現象を理解するための統計的アプローチである（狩野・三浦，2002）．

構造方程式モデリングのデータ処理は，汎用統計パッケージ上で可能である．LISREL，SAS の CALIS プロシージャ，SPSS の AMOS，Multivariate Software の EQS に代表されるように，多くのソフトではグラフィカル解析が実現しており，シンタックスコマンド入力をほとんど必要としない．ユーザーはパス図によってモデルの定義が行なえ，解析結果もパス図上にビジュアルに表示される．

構造方程式モデリングの手順は，一般的に以下の6ステップで実行される．①仮説の設定，②データの収集，③モデルの構成，④分析の実行，⑤結果の判定，⑥モデルの修正・改良（山本・小野寺，1999）．

構造方程式モデリングの目的は**仮説の検証**にあるので，検証すべき仮説を設定することから始める．つぎにその仮説の検証に必要な観測変数を設定し，データを収集する．つぎに仮説を表現する因果モデルを構成する．モデルの構成は，仮説に基づいて分析対象の因果関係をパス図に表現する．慣習的に，構成概念は構造変数として楕円で表示する．観測変数は長方形で，誤差変数および撹乱変数は円で表示する．因果関係は単方向矢印で，相関関係は双方向矢印で表示する．

6.1. （重）回帰分析モデル

モデル

回帰分析モデルをベクトル表現したのが図 6-1 である（柳井・岩坪，1976）．x から y への回帰直線と y から x への回帰直線が示されている．各データについて回帰直線からの残差を最小化して回帰直線のパラメータが算出されることが理解される．

構造方程式モデリングの枠組みで回帰分析モデルを表現すると図 6-2 に示さ

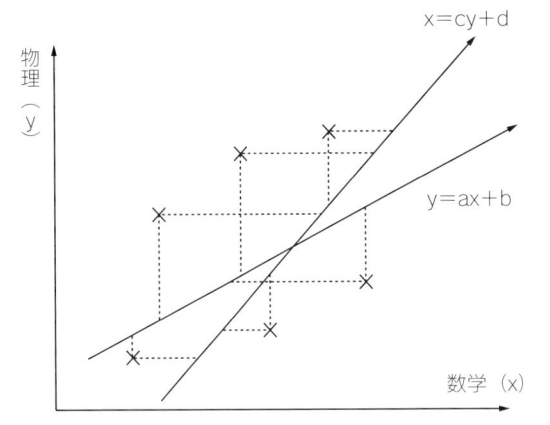

図 6-1 回帰分析モデルのベクトル表現 (柳井, 岩坪：複雑さに挑む科学. 講談社, 1976)

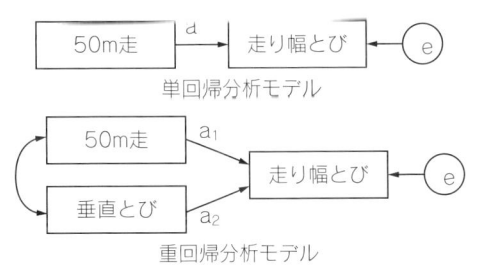

図 6-2 回帰分析モデルのパス図表現

れるようなパス図で表現される．走り幅跳びは助走局面と跳躍局面から構成されており，助走が跳躍距離に影響を与えると考えられる．助走の測定項目を 50 m 走成績として，50 m 走と跳躍距離の間の因果関係を検証するために回帰分析モデルを適用すると，パス図によって 50 m 走で走り幅跳びを説明するモデルが表現される．回帰分析モデルを線形方程式で表現をすると，

$$y = ax + e$$

走り幅跳び＝a×50 m 走＋誤差

となる．50 m 走は原因変数であり，走り幅跳びは結果変数である．a は結果変数に対する原因変数の影響の程度を示す回帰係数で，パス図で因果モデルを表現した場合はパス係数と呼ばれる．誤差は 50 m 走が走り幅跳びを説明できない分散を意味する．

つぎに，重回帰分析モデルを適用して跳躍局面での原因変数として垂直跳びを追加すると，図 6-2 のようなパス図で表現される．重回帰分析モデルを線型方程式で表現をすると，

$$y = a_1 x_1 + a_2 x_2 + e$$

走り幅跳び＝a_1×50 m 走＋a_2×垂直跳び＋誤差

となる．走り幅跳びの運動局面は，助走局面と跳躍局面とから構成されるので，それぞれの局面で要求される運動能力を 50 m 走と垂直跳びで測定し，走り幅跳びの跳躍距離を説明するモデルである．

基本的分析手順

回帰分析および重回帰分析における一般的な分析手順（分析内容）は以下の通りである．

回帰分析および重回帰分析の基本的分析手順

因果関係仮説の設定		
	観測変数間の理論的妥当性に従い，観測変数間の因果関係仮説を設定	因果関係を推論する上で重要なことは仮説に用いていない観測変数の中で従属変数に影響を与える要因（交絡要因などという）を何らかの方法でコントロールすることである．実験研究では交絡要因を実験条件により統制することができる．準実験研究では交絡要因を各集団に対して無作為割りつけ(Random assaignment)することで統制することができる．調査研究では交絡要因を変数としてモデルに導入することにより考慮可能であるが，すべてを保証することはできないため注意が必要である．因果推論に関して竹内(1986, 2002)が参考になる．
	独立変数間に相関（共分散）を仮定（重回帰分析のみ）	重回帰分析では通常，独立変数間に相関（共分散）を仮定している．独立変数間の関係性を定量的に把握しておくことは多重共線性などに対する有用な知見を提供する．
分析		
	パラメータ推定法の設定	第5章参照

6.1. (重)回帰分析モデル

	識別性の確保	誤差変数から従属変数へのパスを1に拘束	Amosでは「既存の変数に固有の変数を追加」アイコンを用いる場合にはデフォルトでこの拘束がされている.
回帰係数の確認	従属変数に対する独立変数の影響とその有意性を確認する		従属変数を推定する式を作成する場合には「非標準化推定値」を確認する.関係性の強さを相対的に比較したい場合には「標準化推定値」を確認する.
決定係数の確認	独立変数によって従属変数がどれだけ説明されているかを確認する	Amosでは従属変数の右上に出力される	デフォルトでは出力の指定がされていないため,分析前に「分析のプロパティ」→「出力」から「重相関係数の平方」をチェックしておく.

例題 6.1.

日常生活における高齢者の歩行能力に対する調整力の影響を検証せよ.歩行能力は8の字歩行テストで測定し,歩行に関与する調整力は10 m障害物歩行テストで測定する.

また,調整力以外の体力要因を独立変数に加えて重回帰分析モデルを適用する.筋力の測定項目は握力,持久力は6分間歩行テスト,柔軟性は長座体前屈テスト,身体組成は体脂肪率を測定する.

解析のポイント

例題 6.1.の解析のポイントは,

1. 従属変数に対する独立変数の影響はどの程度か.
2. 従属変数は独立変数によってどの程度説明されるか.

データ入力形式

回帰分析および重回帰分析を行なう際のデータ入力形式は前章までと同様に,行に同一被験者の各変数の値,列に同一変数の各被験者の値を入力する.

操作手順

Amos Graphics 起動後,ツールバーウィンドウから「データファイルを選択」アイコンまたはプルダウンメニューの「ファイル (F)」を選択し,「データファイル (D)」→「ファイル名 (N)」から分析するファイルを指定する.

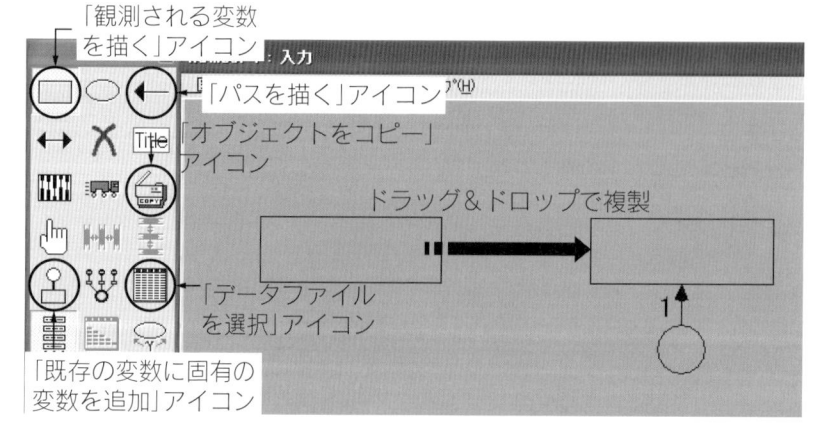

1) パス図の描画

図 6-2 の単回帰モデルを描画する.パス図描画アイコンを用いて,観測変数および誤差変数を作成する.観測変数は「観測される変数を描く」アイコンを使用し,アイコンをクリックした後に,描きたい場所にクリック&ドラッグする.ここでは長方形を2つ

描く必要がある．同じ作業を繰り返しても構わないが，「オブジェクトをコピー」アイコンを用いると，同じ大きさの長方形を複製できる．アイコンをクリックした後に，複製したい長方形の中央にポインタを合わせ，ドラッグ＆ドロップすることでできる．つぎに誤差変数は「既存の変数に固有の変数を追加」アイコンをクリックした後，観測変数である長方形の中央にポインタを合わせ，クリックすることで長方形に付属される．長方形の中をクリックするごとに誤差変数の付属する位置が変化する．最後に独立変数である観測変数から従属変数である観測変数（誤差が付属した側）に対して単方向矢印を描く．描画は「パスを描く」アイコンをクリックした後，長方形の中央をクリックし，そのままもう一方の長方形の中央へ向かってドラッグして行なう．

2）変数の投入

長方形の中へ分析に用いる測定項目を入れるために「データセット内の変数を一覧する」アイコンをクリックした後，「データセットに含まれる変数」ウィンドウから分析に用いたい変数を選択し，長方形の中央でドラッグ＆ドロップする．投入された変数の名前は SPSS データファイルの変数名が表示されている．そこで正式な測定項目名に変更する．「オブジェクトのプロパティ」アイコンをクリックした後，観測変数の中央をクリックする．そして「オブジェクトのプロパティ」から「文字」タブの「変数のラベル」に入力する．誤差変数にも同様に「変数名」の欄に入力する（図中は e1 となっている）．「変数名」の欄は必ず入力しておく必要があるが，「変数のラベル」の欄は空白でも分析はできる．「変数のラベル」に入力されてある場合は，パス図に表示される変数名として優先される．

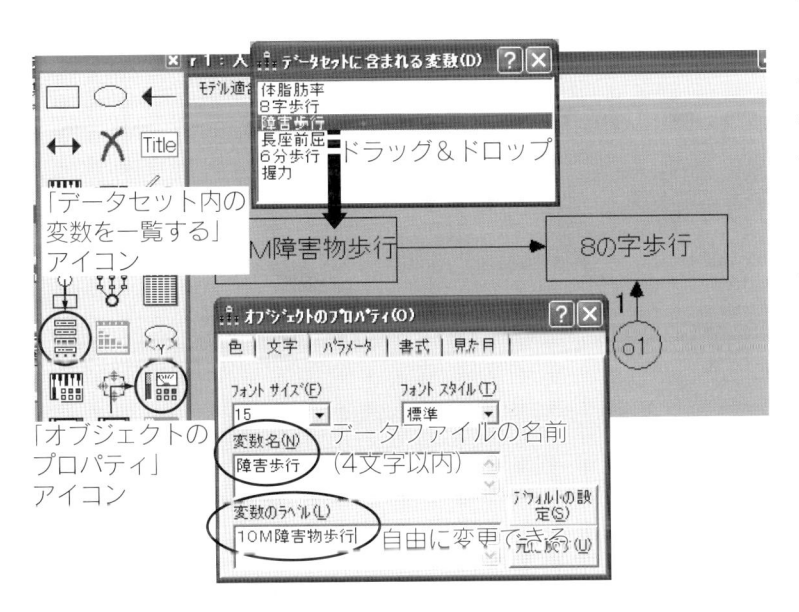

単回帰分析では，独立変数が 1 つであるが，重回帰分析を行なう場合には，2 つ以上の独立変数を用意し，同様の手順で観測変数を追加する．そして追加した観測変数（独立変数）から従属変数に対して単方向矢印を描画する．

以降，回帰分析特有の操作手順を示す．

3）決定係数（重相関係数の平方）の出力指定

「分析のプロパティ」アイコンまたはプルダウンメニュー「表示（V）」→「分析のプロパティ（A）」の「出力」タブから「重相関係数の平方」をチェックすることで分析後，標準化推定値の表示時に従属変数である観測変数（例題では 8 の

6.1. （重）回帰分析モデル

字歩行）の右上に出力される．同時に「表出力の表示」アイコンまたはプルダウンメニュー「表示 (V)」→「表出力の表示 (T)」を選択して表れるウィンドウ内に「重相関係数の平方」の項目が追加される．このとき「標準化推定値 (T)」にもチェックを入れておく．デフォルトではチェックされておらず，チェックしなければ分析後の出力に表示されないので注意する．

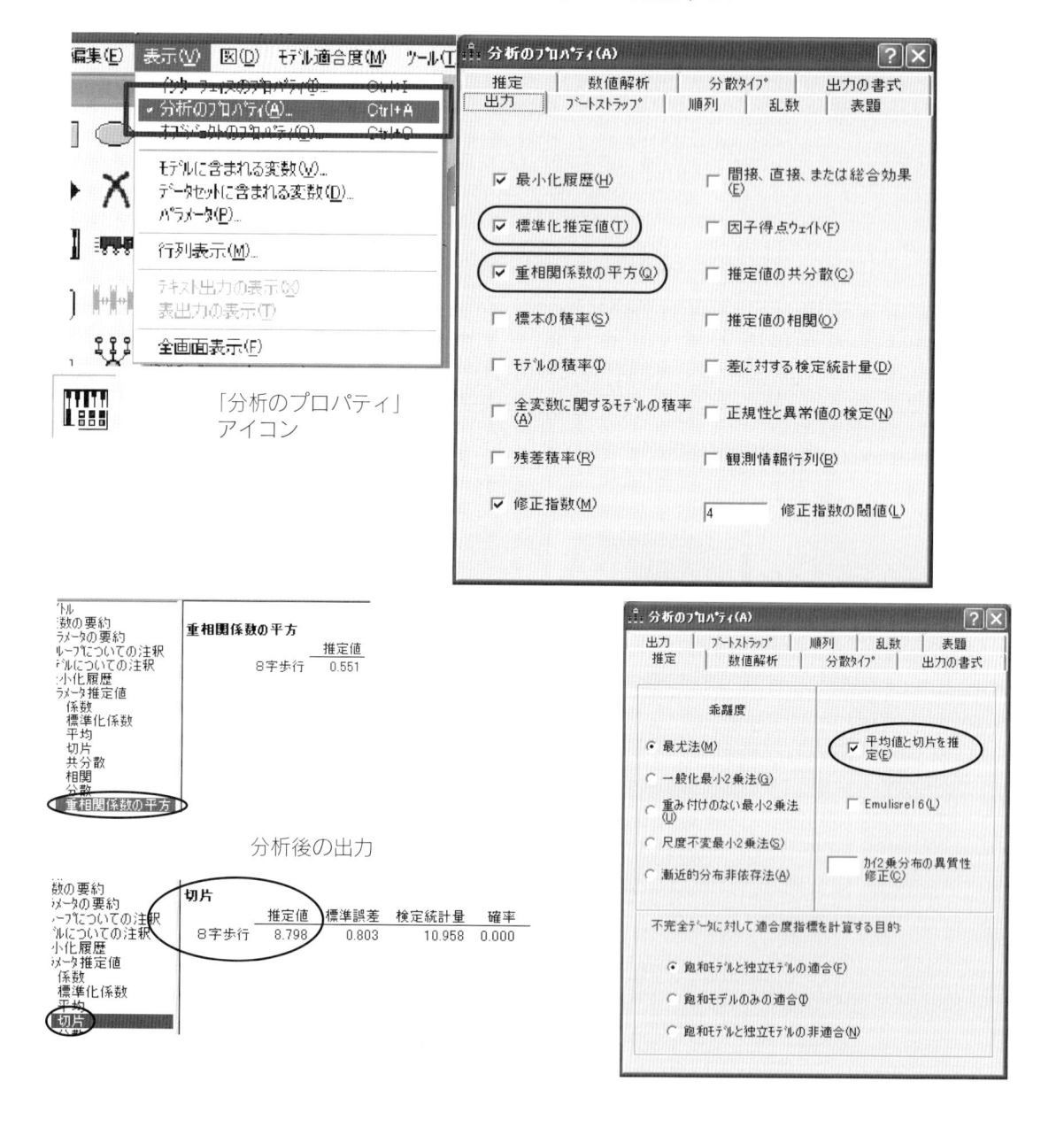

4）定数の出力指定

予測式を作成する場合，回帰方程式における傾きと定数（切片）が必要となる．傾きは分析後に矢印上に表示されるが，定数（切片は）デフォルトでは出力されない．出力させるためには「分析のプロパティ」アイコンまたはプルダウンメニュー

6章 因果関係を探る　163

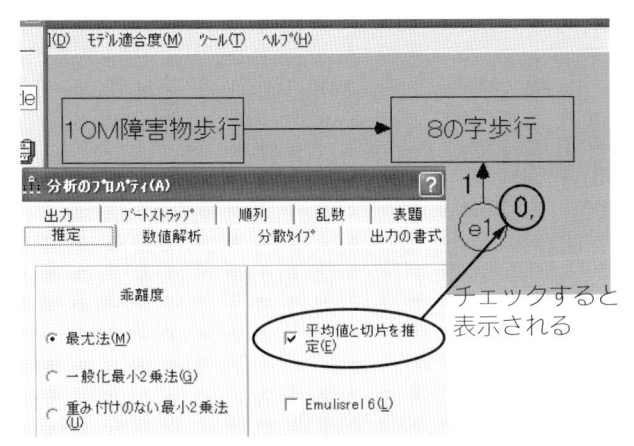

「表示 (V)」→「分析のプロパティ (A)」の「推定」タブから「平均値と切片を推定」をチェックすることで分析後，非標準化推定値表示時に決定係数と同じ場所に出力される．同時に「表出力の表示」を選択して表れるウィンドウ内に「切片」の項目が追加される．

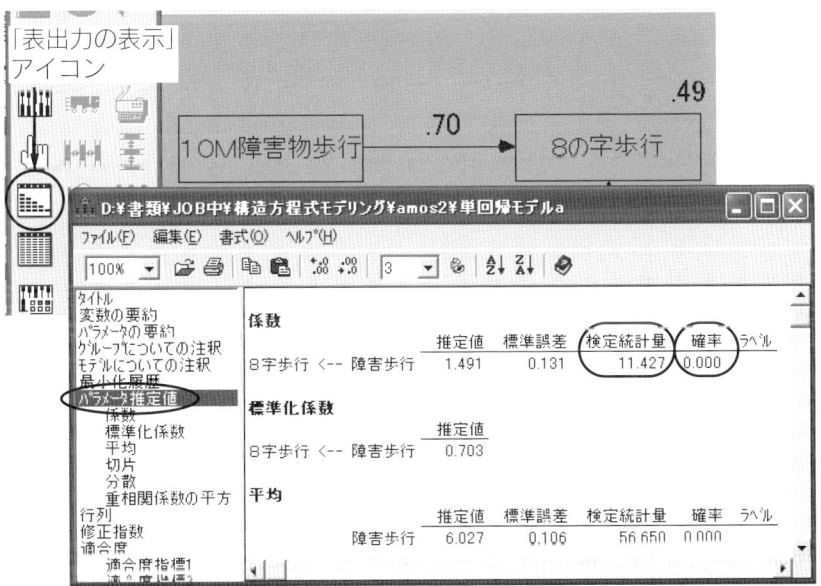

5）モデル内の各パスおよび共分散（相関）の有意性の確認

分析後，「表出力の表示」→「パラメータ推定値」から一変量ワルド検定の結果を確認する．出力表に表示される検定統計量は 1.96 以上のときに 5% 水準で統計的に有意であり，パス係数や相関係数がゼロであるという帰無仮説が棄却される．

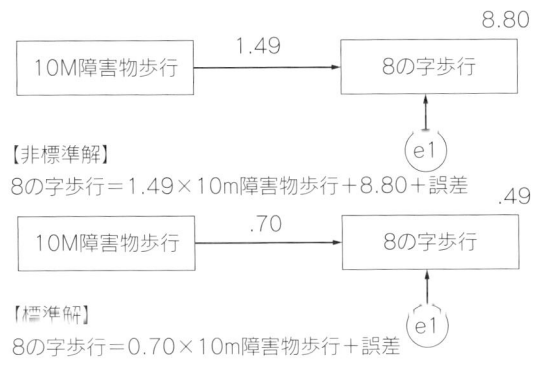

出力の結果と結果の解釈

図 6-3 は単回帰分析モデルの標準解および非標準解を示している．標準解は標準化回帰方程式を示し，矢印上のパス係数は標準化回帰係数を示す．従属変数上には従属変数の説明率を示す．方程式で表現すると，

y (8 の字歩行) $= 0.70 \times x$ (10 m 障害物歩行) $+ e$ (誤差)

となる．従属変数の説明率は 0.49 で，回帰係数の 2 乗である．

非標準解は回帰方程式を示し，矢印上のパス係数は回帰係数を示す．従属変数上には切片（定数）を表示する．方程式で表現すると，

y (8 の字歩行) $= 1.49 \times x$ (10 m 障害物歩行) $+ 8.80$ (定数) $+ e$ (誤差)

となる．

図 6-3　単回帰モデル

【非標準解】
8の字歩行＝1.49×10m障害物歩行＋8.80＋誤差

【標準解】
8の字歩行＝0.70×10m障害物歩行＋誤差

164   6.1. （重）回帰分析モデル

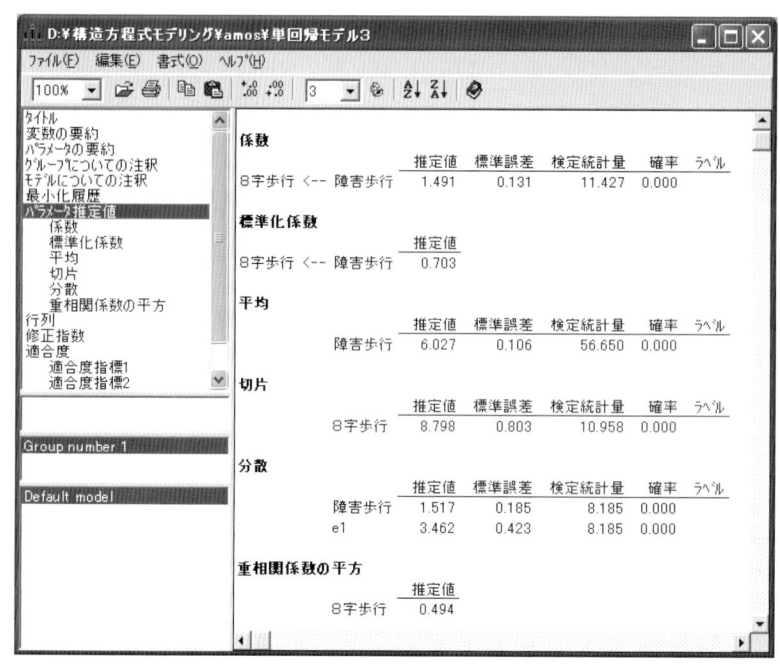

図 6-4 は単回帰分析モデルの表出力の表示である．係数欄の推定値に回帰係数が，確率にその有意性確率が表示されている．標準化係数欄の推定値は標準化回帰係数である．分散欄の推定値に独立変数と誤差変数の分散，確率にその有意性確率が示されている．重相関係数の平方欄の推定値は従属変数の説明分散（決定係数）である．

図 6-4 単回帰分析モデルの表出力の表示

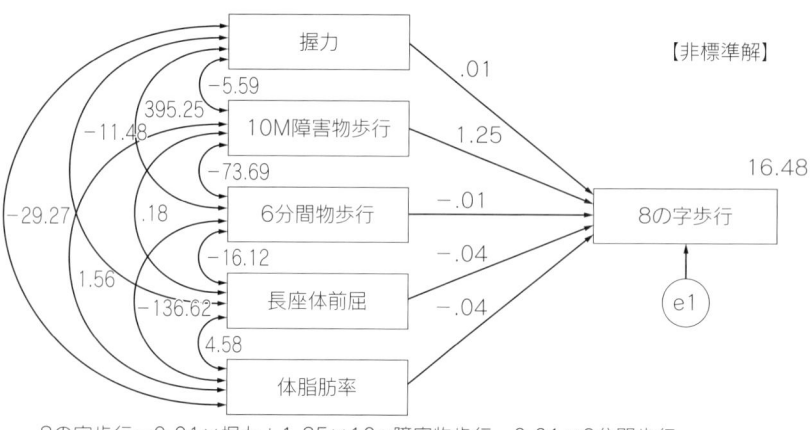

【非標準解】

8の字歩行＝0.01×握力＋1.25×10m障害物歩行－0.01×6分間歩行
－0.04×長座体前屈－0.04体脂肪率＋16.48

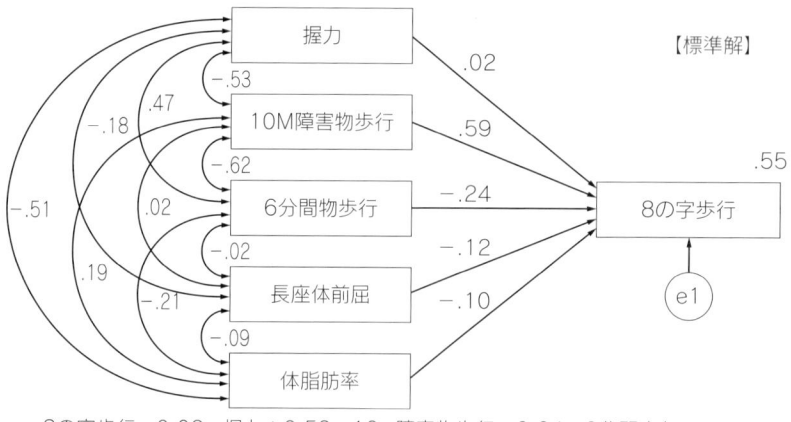

【標準解】

8の字歩行＝0.02×握力＋0.59×10m障害物歩行－0.24×6分間歩行
－0.12×長座体前屈－0.10体脂肪率

図 6-5 重回帰モデル

図 6-5 は重回帰分析モデル標準解および非標準解を示している．一括投入法による重回帰分析に相当する．独立変数間の双方向矢印は標準解では相関，非標準解では共分散を示している．非標準解では従属変数の説明率である重相関係数の 2 乗（R^2）が表示されている．

標準解は標準化回帰方程式を示し，矢印上のパス係数は標準化回帰係数を示す．従属変数上には従属変数の説明率（決定係数）を示す．方程式で表現すると，

8 の字歩行＝0.02×握力＋0.59×10 m 障害物歩行－0.24×6 分間歩行－0.12×長座体前屈－0.10×体脂肪率

となる．従属変数の説明率は 0.55 で，重相関係数の 2 乗である．

非標準解は回帰方程式を示し，矢印上のパス係数は回帰係数を示す．従属変数上には切片（定数）を表示する．方程式で表現すると，

8 の字歩行＝0.01×握力＋1.25×10 m 障害物歩行－0.01×6 分間歩行－0.04×長座体前屈－0.04×体脂肪率＋16.48

となる．

図 6-6 の表出力から独立変数の有意性が確認できる．体脂肪と握力は 5%水準で有意ではない．

係数

	推定値	標準誤差	検定統計量	確率
8字歩行 <-- 6分歩行	-0.006	0.002	-3.140	0.002
8字歩行 <-- 障害歩行	1.248	0.167	7.478	0.000
8字歩行 <-- 長座前屈	-0.044	0.021	-2.110	0.035
8字歩行 <-- 体脂肪率	-0.039	0.027	-1.442	0.149
8字歩行 <-- 握力平均	0.006	0.024	0.226	0.821

標準化係数

	推定値
8字歩行 <-- 6分歩行	-0.236
8字歩行 <-- 障害歩行	0.588
8字歩行 <-- 長座前屈	-0.126
8字歩行 <-- 体脂肪率	-0.098
8字歩行 <-- 握力平均	0.018

平均

	推定値	標準誤差	検定統計量	確率
6分歩行	604.256	8.397	71.963	0.000
障害歩行	6.027	0.106	56.650	0.000
長座前屈	36.173	0.645	56.056	0.000
体脂肪率	24.692	0.569	43.431	0.000
握力平均	30.444	0.747	40.736	0.000

切片

	推定値	標準誤差	検定統計量	確率
8字歩行	16.478	2.519	6.540	0.000

共分散

	推定値	標準誤差	検定統計量	確率
長座前屈 <--> 体脂肪率	4.578	4.265	1.073	0.283
6分歩行 <--> 長座前屈	-16.119	62.739	-0.257	0.797
6分歩行 <--> 障害歩行	-73.694	12.144	-6.068	0.000
6分歩行 <--> 体脂肪率	-136.619	56.509	-2.418	0.016
障害歩行 <--> 長座前屈	0.180	0.795	0.226	0.821
障害歩行 <--> 体脂肪率	1.556	0.713	2.182	0.029
障害歩行 <--> 握力平均	-5.594	1.040	-5.381	0.000
6分歩行 <--> 握力平均	395.247	80.266	4.924	0.000
長座前屈 <--> 握力平均	-11.480	5.670	-2.025	0.043
体脂肪率 <--> 握力平均	-20.266	5.600	5.292	0.000

相関

	推定値
長座前屈 <--> 体脂肪率	0.093
6分歩行 <--> 長座前屈	-0.022
6分歩行 <--> 障害歩行	-0.616
6分歩行 <--> 体脂肪率	-0.214
障害歩行 <--> 長座前屈	0.020
障害歩行 <--> 体脂肪率	0.192
障害歩行 <--> 握力平均	-0.525
6分歩行 <--> 握力平均	0.470
長座前屈 <--> 握力平均	-0.178
体脂肪率 <--> 握力平均	-0.514

分散

	推定値	標準誤差	検定統計量	確率
6分歩行	9447.663	1154.216	8.185	0.000
障害歩行	1.517	0.185	8.185	0.000
長座前屈	55.800	6.817	8.185	0.000
体脂肪率	43.315	5.292	8.185	0.000
握力平均	74.844	9.144	8.185	0.000
e1	3.066	0.375	8.185	0.000

重相関係数の平方

	推定値
8字歩行	0.551

図 6-6　重回帰モデルの出力結果

結果のまとめ

例題の結果をまとめると以下のようになる．

1. 8の字歩行に最も大きな影響を与えている変数は10m障害物歩行である．
2. 10m障害物歩行は8の字歩行の分散を49%説明し，他の4変数を加えると8の字歩行の分散を55%説明する．

6.2. 因果構造モデル

モデル

図6-7は多重指標モデルのイメージを示している．多重指標モデルは潜在変数間の因果関係を検証するモデルである．多重指標モデルは，分析の目的となっている1つの潜在変数に対してその潜在変数から影響を受ける複数の観測変数から構成される．つまり，潜在因子と仮定された潜在変数間の因果関係を表現するモデルである．潜在変数間の因果関係を方程式表現すると，

内生構造変数＝外生構造変数＋誤差（攪乱変数）

であり，観測変数と潜在変数との関係の方程式表現は，検証的因子分析と同様である．

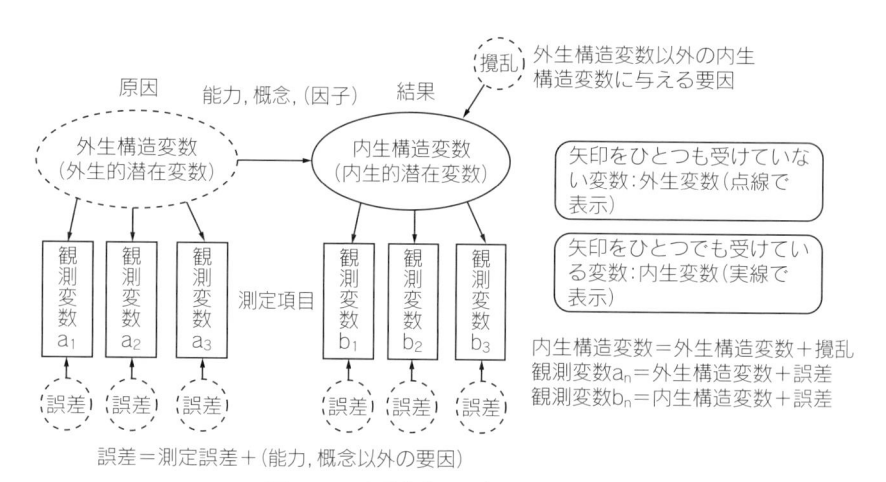

図 6-7 多重指標モデルのイメージ

基本的分析手順

多重指標モデルを適用した因果構造分析における一般的な分析手順(分析内容)は以下の通りである．詳しくは5章のフローチャートを参照．

① 構成概念と観測変数の内容的妥当性に従い，潜在変数の測定方程式モデルを構築し，変数間の理論的妥当性に従い，変数間の因果関係に関する仮説構造を設定．
② 分析：パラメータ推定法の設定，モデルの識別性確保．
③ モデル適合度などにより仮説構造モデルの適否を判定．
④ モデル修正

モデルの識別性

　構造方程式モデルにおけるパス係数や独立変数の分散・共分散などの未知数（母数，あるいはパラメータ）について推定量を構成することは，共分散・相関構造の連立方程式を母数について解くことであるが，解が不能や不定になる場合がある．この場合を「モデルが識別されない」という（狩野・三浦，2002；豊田，1998）．モデルを識別するためにはいくつかの母数を固定する必要があり，モデルの意味を損なわないように，外生構造変数の分散やパス係数などを固定する[注1]．外生構造変数はパス図において因果関係を示す矢印を受けていない潜在変数である．モデルの識別性を確保するために，下記方法を用いる．
①外生的潜在変数の分散を1に拘束
②内生的潜在変数から観測変数へのパスのうち1つを1に拘束
③誤差変数から観測変数への各パスを1に拘束
などがある．

注1：特別なケース

　モデルを識別させるために推定すべき母数（**自由母数**）をあらかじめ特定の母数の値（**固定母数**または**制約母数**）に固定してモデルに組み込む方法の中で，前述した「モデルの意味を損なわないように」を考慮した方法として，観測変数に対する誤差分散を観測変数の信頼性係数と標準偏差により，あらかじめ計算することで母数を固定する方法がある（服部，2002）．

　　誤差分散＝（1－信頼性係数）×（標準偏差）^{2}

モデルの妥当性

　モデルの妥当性は，測定値から得られる分散共分散（相関）構造とモデルから推定される分散共分散（相関）構造のくいちがいの程度をもって検討される（山本・小野寺，1999）．モデル適合度指標には，標本数に依存せずにモデルの評価が可能なGFI（Goodness of fit index），観測変数間に相関を仮定しない独立モデルを比較対照としてモデルを評価するNFI（Normed fit index）とTLI（Tucker-Lewis index），NFIの標本数が少ない場合に過小評価する欠点およびTLIの評価範囲を修正したCFI（Comparative fit index），モデルの複雑さによる見かけ上の適合度の上昇を調整するRMSEA（Root mean square error of approximation），複数のモデル間の相対的な比較をする際に有効なAIC（Akaike information criterion），およびAmosの最小化基準でもあるχ^2値（有意確率）などを用いて，総合的にモデル適合度を判定する．GFI，NFI，TLI，CFIは1に近いほど適合が良く，経験的に0.90以上あるいは厳格な判定では0.95以上を判定基準とする．RMSEA，AICは値が小さいほど適合が良いことを示す．RMSEAは0.08以下あるいは厳格な判定では0.05以下で適合度が良好であると判定する．

モデルの修正

　パス係数，相関（共分散）および分散の有意性の検定には一変量ワルド検定を用いる．ワルド検定はパス係数の絶対値が標準正規分布の上側2.5%点である1.96以上のときに5%水準で有意となり，パス係数や相関係数がゼロであるとい

う仮説が棄却される．

モデル修正では，統計的有意性に基づいて変数間のパスおよび相関（共分散）を削除し，**修正指標**[注2]の大きさと変数間の内容的妥当性に基づいて変数間のパスおよび相関（共分散）を追加する．修正指標は，相関やパスを仮定していない変数間に相関やパスで仮定した場合の χ^2 値の有意な減少箇所を示す．また，GFI を中心とした適合度指標を用いてモデル修正の効果を確認する．統計的有意水準はすべて 5%とする．修正指標に言及して，初期モデルの誤差変数間に相関を仮定することで χ^2 値が有意な減少を示すモデルの中で，内容的に解釈可能であり有意性の確認された相関を追加したモデルを最終モデルとする．

注 2：修正指数（modification index）
　　　　日本語版の Amos では「修正指数」と訳している．

共分散構造

観測変数間の共分散を母数（パラメータ）の関数で表現することが構造化であり，共分散を方程式モデルの母数で表現したものを**共分散構造**という（豊田，1998）．モデルに現れるすべての変数（観測変数と潜在変数）の分散・共分散は，パス係数と独立変数の分散・共分散で表すことができる．したがって，構造方程式モデルにおいて推定すべき母数は，パス係数と独立変数の分散・共分散である．観測変数間の分散・共分散を母数（パス係数と独立変数の分散・共分散）の関数で表したものを共分散構造と呼ばれ，構造方程式モデリングの名前はこれに由来している．観測変数 P の分散・共分散は P（P+1）/2 だけあり，多くのモデルではかなりの数になる．そこで，より見やすくするために行列形式で表す．狭い意味では，観測変数の分散共分散行列を母数で表したものを共分散構造という（狩野・三浦，2002）．

例題 6.2.

　高齢者を対象に体力と歩行能力を測定した．構造方程式モデリングを適用して，高齢者における体力と歩行能力との間の因果関係を検証せよ．歩行能力を測定するパフォーマンステストは 8 の字歩行とタイムアップアンドゴーであり，体力を測定するパフォーマンステストは筋力が握力，調整力が 10 m 障害物歩行，全身持久力が 6 分間歩行，柔軟性が長座体前屈，身体組成が体脂肪率である．因果仮説は多重指標モデルによって図 6-8 のようなパスに表現される．なお時間を測定する項目は関係が負になるために反転した．

解析のポイント

例題 6.2.の解析のポイントは，
体力テストと歩行能力テスト間に潜在変数を導入して，多重指標モデルによる体力→歩行能力の因果構造モデルが検証できるか．

データ入力形式

多重指標モデルによる因果構造分析を行なう際のデータ入力形式は前章までと

同様に，行に同一被験者の各変数の値，列に同一変数の各被験者の値を入力する．

操作手順

Amos Graphics 起動後，ツールバーウィンドウから「データファイルを選択」アイコンまたはプルダウンメニューの「ファイル」を選択し，「データファイル」→「ファイル名」から分析するファイルを指定する．

1) パス図の描画

図 6-7 に示すモデルを描画する．外生的潜在変数には体力，内生的潜在変数には歩行能力，体力から矢印を受ける観測変数は握力，10 m 障害物歩行，6 分間歩行，長座体前屈，体脂肪率であり，歩行能力から矢印を受ける観測変数は 8 の字歩行，タイムアップアンドゴーである．パス図描画アイコンを用いて，潜在変数，観測変数，誤差変数を作成する．パス図の描画手順は前節までに説明してあるので，ここではパス図作成時に起こす誤りを紹介する．

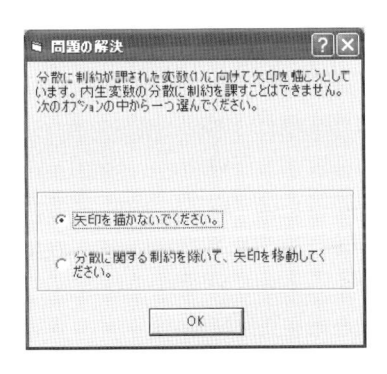

多重指標モデルでは潜在変数と潜在変数を単方向矢印で繋ぐ．その際に，通常では楕円の中央からもう一方の楕円の中央に向かってクリック＆ドラッグすることで描くことができるが，単方向矢印を受ける側の潜在変数の分散を 1 にしてしまうと左図のようなエラーが生じる．このような場合には 1 に固定した分散を自由母数にした後で矢印を引き直すか，エラーメッセージの指示に従って，「分散に関する制約を除いて，矢印を移動してください」をチェックすることで，自動的に固定した分散が解除される．

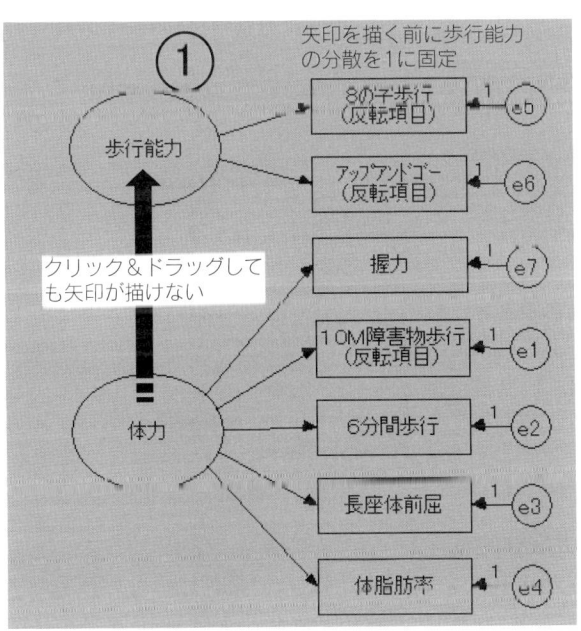

2) 変数の投入

長方形の中へ分析に用いる測定項目を入れるために「データセット内の変数を一覧する」アイコンをクリックした後，「データセットに含まれる変数」ウィンドウから分析に用いたい変数を選択し，長方形の中央でドラッグ＆ドロップする．またこの作業をせずに，変数を投入したい長方形の中央をダブルクリックし，「分析のプロパティ」ウィンドウ内の「変数名」の欄にデータファイルの変数名と同じ文字を手入力することで変数が投入される．

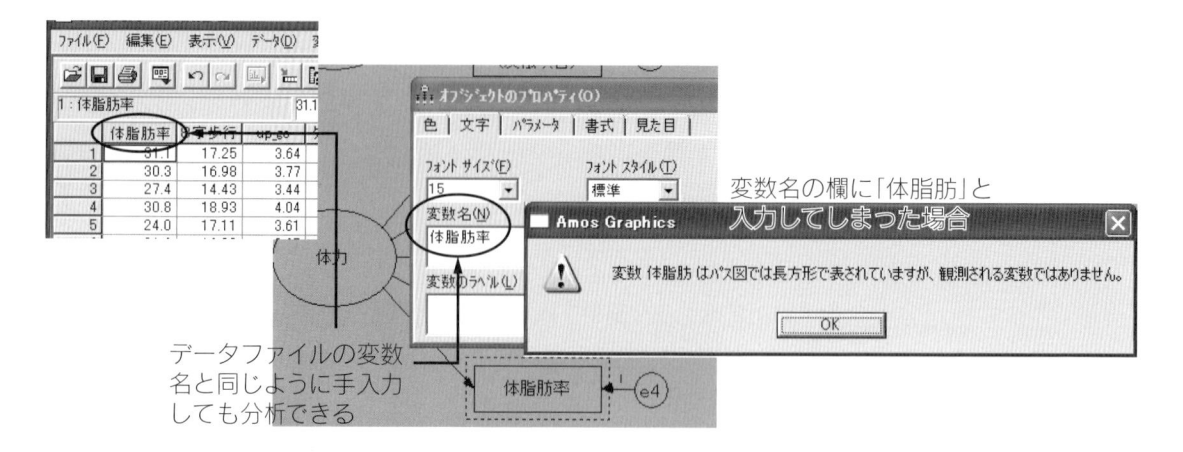

6.2. 因果構造モデル

データファイルの変数名と同じように手入力しても分析できる

変数名の欄に「体脂肪」と入力してしまった場合

誤差変数の1はデフォルト

入力を誤ると右上図のようなメッセージが表れる．
以降，多重指標モデル特有の操作手順を示す．

3）外生的潜在変数の分散を1に拘束

単方向矢印を1つも受けていない潜在変数（外生的潜在変数）の分散を1に拘束する．体力と命名した潜在変数の楕円をダブルクリックし，「分析のプロパティ」ウィンドウ内「パラメータ」タブの「分散」欄に1を入力する．「潜在変数を描く，あるいは指標変数を潜在変数に追加」アイコンを使用して潜在変数と観測変数を作成する場合には，潜在変数から観測変数への各パスのうちの1つがデフォルトで1に拘束されているので拘束を解除しておく．

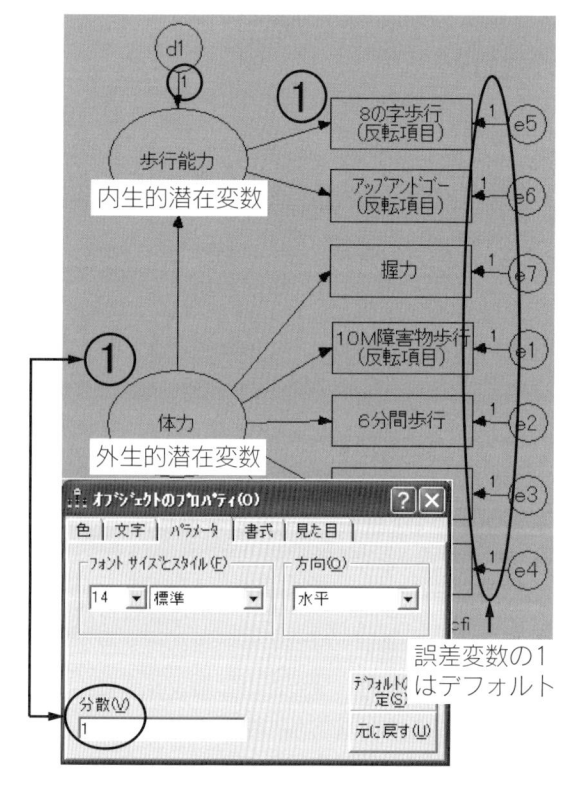

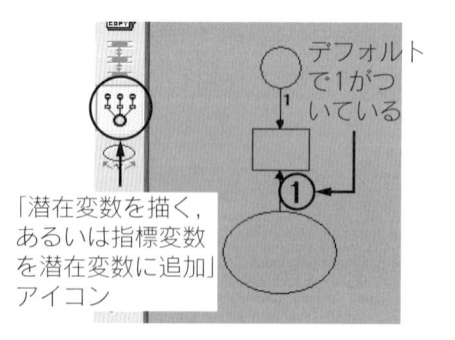

デフォルトで1がついている

「潜在変数を描く，あるいは指標変数を潜在変数に追加」アイコン

4）内生的潜在変数から観測変数へのパスのうち1つを1に拘束

外生的潜在変数から単方向矢印を受けている潜在変数は分散を1に拘束できないため，歩行能力と命名した潜在変数から観測変数へのパスのうち1つを1に拘束する．また，これまでと同様に誤差変数から観測変数への各パスも1に拘束する．

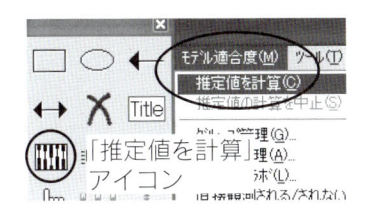

5）推定値の計算

モデル作成が終了した段階で，推定値の計算を行なう．「推定値を計算」アイコンまたはプルダウンメニューの「モデル適合度」→「推定値を計算」を選択し，分析終了後，計算結果を表示させ，モデルの妥当性指標であるモデル適合度を確認する．あらかじめ「図のキャプション」アイコンを用いてパス図中に適合度指標を表示させている場合にはそれを確認し，なければ「表出力の表示」アイコンを選択し，表出力ウィンドウの結果ウィンドウ内にある「適合度指標」をクリックして適合度指標を確認する．

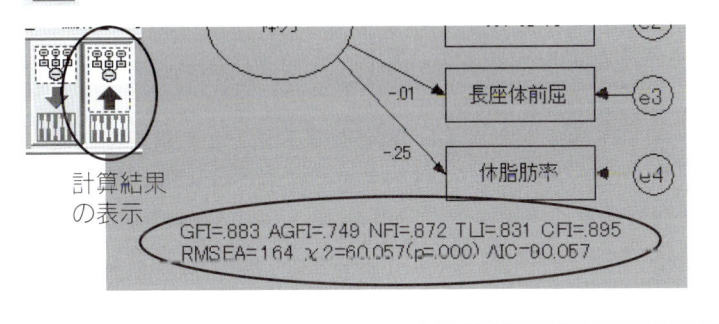

「推定値を計算」アイコン

「図のキャプション」アイコン

「表出力の表示」アイコン

計算結果の表示

GFI=.883 AGFI=.749 NFI=.872 TLI=.831 CFI=.895
RMSEA=.164 χ2=60.057(p=.000) AIC=90.057

6）出力の読みとり

左図に示してある通り，適合度指標はモデルを採択できる基準を満たしていない．そしてパス係数の有意性を確認する．「表出力の表示」アイコンを選択し，表出力ウィンドウの結果ウィンドウ内にある「パラメータ推定値」をクリックして確認する．体力→長座体前屈のパス係数が非有意であることがわかる．

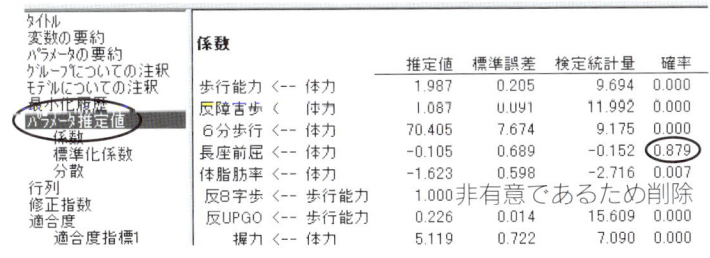

係数

			推定値	標準誤差	検定統計量	確率
歩行能力	<--	体力	1.987	0.205	9.694	0.000
反障害物	<--	体力	1.087	0.091	11.992	0.000
6分歩行	<--	体力	70.405	7.674	9.174	0.000
長座前屈	<--	体力	-0.105	0.689	-0.152	0.879
体脂肪率	<--	体力	-1.623	0.598	-2.716	0.007
反8字歩	<--	歩行能力	1.000	非有意であるため削除
反UPGO	<--	歩行能力	0.226	0.014	15.609	0.000
握力	<--	体力	5.119	0.722	7.090	0.000

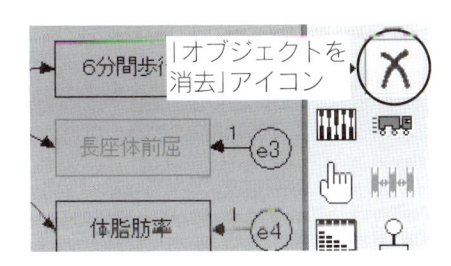

7）モデルの修正

モデルを修正する場合には，推定値が出力されているモードから入力モードに切り替えてから実行する．パスの追加・削除は入力モードでは実行できないので注意する．パス係数が有意にならなかった長座体前屈を削除するために「オブジェクトの削除」アイコンを選択し，長座体前屈の長方形にカーソルを合わせると長方形が赤くなるので，その状態でクリックする．同様に，誤差変数も削除する．

「オブジェクトを消去」アイコン

再度分析を行なった後の適合度指標を確認しても，まだ十分な適合度指標でない場合には，パスの追加を考える．パスを追加させるための手掛かりとなる指標が「修正指数」である．「表出力の表示」アイコンを選択し，表出力ウィンドウの結果ウィンドウ内にある「修正指数」をクリックすると確認できる．

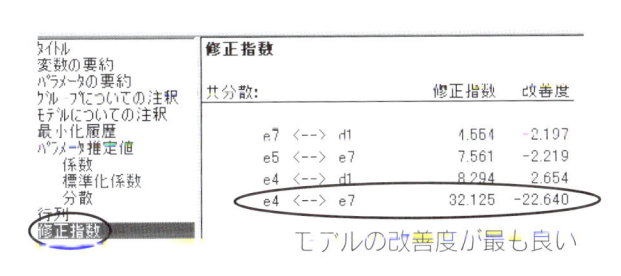

e4とe7に両方向矢印（相関関係）を仮定

修正指数

共分散：

			修正指数	改善度
e7	<-->	d1	4.554	-2.197
e5	<-->	e7	7.561	-2.219
e4	<-->	d1	8.294	2.654
e4	<-->	e7	32.125	-22.640

モデルの改善度が最も良い

することでモデルが改善されることを示している．しかし，モデルの修正には実質科学的根拠に基づく修正でなければならない．今回の場合，e4は体脂肪率，e7は握力に付属する誤差変数である．両変数は筋力（筋量）に関わる変数であることから関係性を想定できる可能性があるため，この誤差変数間に双方向矢印を追加する．

「共分散を描く」アイコンを選択し，e7にカーソルを合わせると正円が赤くなるので，その状態でクリック＆ドラッグしe4でクリックをやめると双方向矢印が描画できる．再度計算を行なった結果，適合度指標がモデルを採択できる基準を満たしたことがわかる．

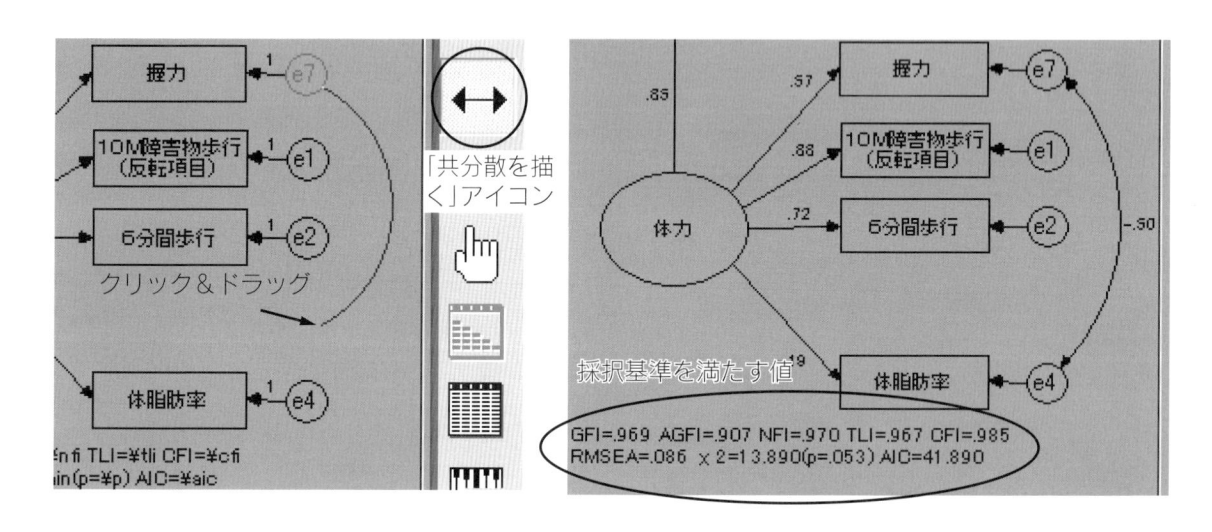

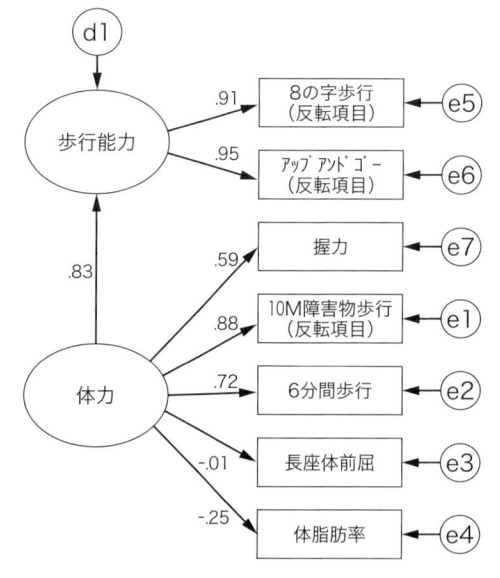

出力結果と出力の解釈

図6-8は体力と歩行能力の因果構造モデルの標準解における最初の分析結果を示している．モデル適合度指標 GFI=0.883，AGFI=0.749，NFI=0.872，TLI=0.831，CFI=0.895，RMSEA=0.164，χ^2値は5％水準で有意であり，すべてモデル採択基準を満足していない．そこで，モデル修正を行なう．

まず，潜在変数間および潜在変数と観測変数間のパス係数の有意性を確認すると，体力から長座体前屈へのパス係数-0.01は5％水準で有意ではなかったので，削除した．再度，分析した結果は図6-9に示されている．表中の「係数」の「確率」をみると，すべてのパス係数が5％水準で有意であった．モデル適合度指標 GFI=0.891，AGFI=0.713，NFI=0.891，TLI=0.822，CFI=0.905，RMSEA=0.198，χ^2値は5％水準で有意，AIC=76.222であった．CFIは採択基準の

図6-8　体力と歩行能力の因果構造モデル（標準解）：モデル修正なし

6章・因果関係を探る 173

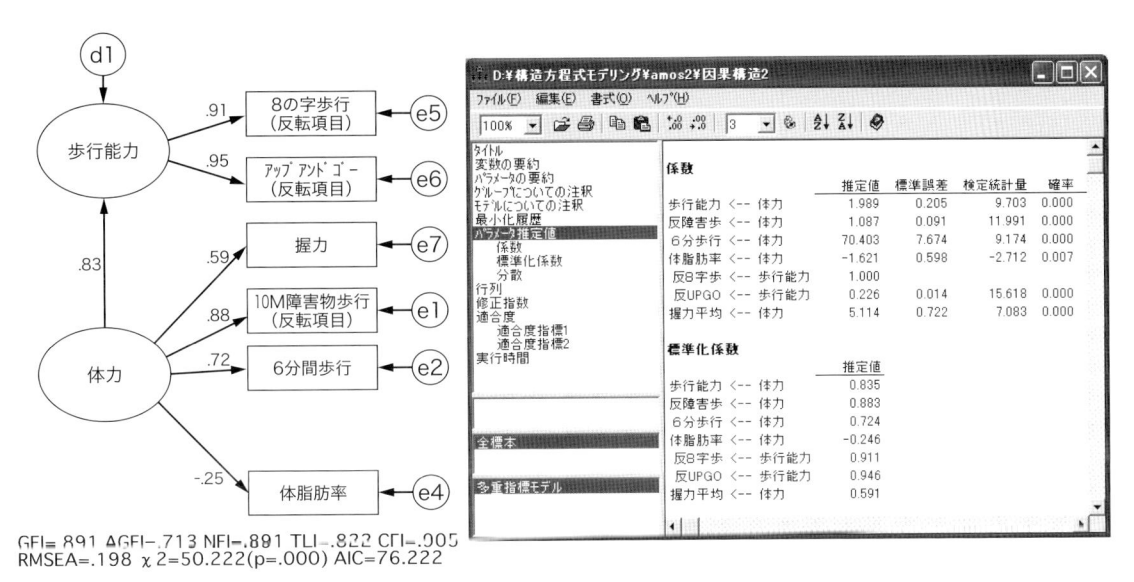

図 6-9 体力と歩行能力の因果構造モデル（標準解）：モデル修正後

0.9 を超え，値が小さくなることで相対的にモデルが改善したことを示す AIC が小さくなったが，他の適合度指標がモデル採択基準を満足していない．

つぎに，図 6-10 のように表から「修正指数」と「改善度」が最も大きい誤差変数関係を見つける．e4 と e7 が最も大きい値を示しているので，パス図に相関を仮定し，再度，分析する．e4 と e7 との間の相関係数は -0.50 で有意であった．モデル適合度指標 GFI＝0.969，AGFI＝0.907，NFI＝0.970，TLI＝0.967，CFI＝

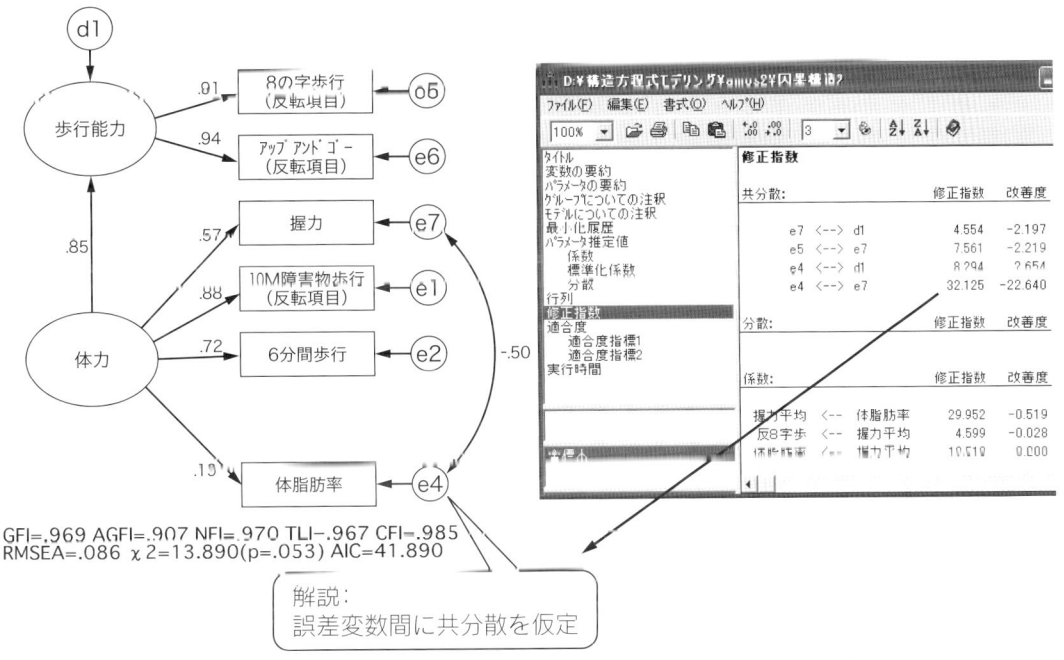

解説：
誤差変数間に共分散を仮定

図 6-10 体力と歩行能力の因果構造モデル（標準解）：モデル修正後

0.985，RMSEA＝0.086，χ^2値は5%水準で有意ではない，AIC＝41.890であった．RMSEAを除く他のすべての適合度指標はモデル採択基準を満足し，誤差相関を仮定しない図6-9のモデルよりもAICが小さくなった．潜在変数と観測変数間のパス係数はすべて有意であり，潜在変数間のパス係数は0.85で有意であった．

結果のまとめ

例題の結果をまとめると以下のようになる．

体力テストと歩行能力テスト間に潜在変数を導入して，多重指標モデルによる体力→歩行能力の因果構造モデルが検証された．しかし，握力と体脂肪率の誤差相関が高い値を示したことは，これらに共通した要因を仮定する必要性があることも示唆していることに注意しなければならない．

最近の研究論文

体育における主体的問題解決能力育成プロセスの因果構造を検証した西嶋ほか（2000）の研究やゲームパフォーマンスから測定されるサッカーの攻撃技能の因果構造を検証した鈴木・西嶋（2002）の研究などがある．この他，因果構造モデルを中心に多くの事例を紹介した豊田（1998）の事例集が参考になる．

6.3. シンプレックス構造モデル

モデル

反復測定による縦断的データの相関および共分散構造に基づく因果構造モデルには，**シンプレックス構造モデル**がある．シンプレックス構造モデルは，ある時点における現象が以前の結果から影響を受けることを表現した自己回帰モデルに潜在変数を導入することによって誤差の影響を取り除いた因果構造モデルである．シンプレックス構造は，一般的に同一領域のテストを**経時的に反復測定した場合の縦断的データ**や必要とされる知識の範囲が階層的に増加していく**一連のテスト項目の横断的データ**などの相関行列に観察される（豊田，1992；豊田，2000）．

基本的分析手順

シンプレックス構造モデルの一般的分析手順（分析内容）は以下の通りである．シンプレックス構造モデルと前節の因果構造モデル（多重指標モデル）の相違点は，各潜在変数がもつ観測変数の数である．シンプレックス構造モデルでは各潜在変数に対して1つの観測変数が対応する．構造方程式モデリングの詳しい手続きは前章を参照．
①変数間の理論的妥当性に従い，変数間の階層的因果関係に関する仮説構造を設定．
②分析：パラメータ推定法の設定，モデルの識別性確保
③モデル適合度などより仮説構造モデルの適否を判定．
④モデル修正

また，シンプレックス構造モデル特有のモデルの識別性を確保するための方法は，
①外生的潜在変数の分散を 1 に拘束
②内生的潜在変数から観測変数へのパスのうち 1 つを 1 に拘束
③誤差変数から観測変数への各パスを 1 に拘束
④階層構造の両端の誤差変数の分散を 0 に拘束
などがある．前節同様，誤差分散にあらかじめ計算しておいた値（測定項目の信頼性係数と分散により算出．詳しくは前節参照）を代入しても良い．また，同一被験者が繰り返し測定した変数を用いる場合には，誤差分散をすべて等しいという制約を加えたモデルを構築することもできる（狩野，1997）．

例題 6.3.
　運動能力テストを用いて 12 歳（中学 1 年生）から 17 歳（高校 3 年生）の 6 年間に反復測定された縦断的データについてシンプレックス構造モデルを適用し，発育期における運動能力発達の因果構造を検証せよ．標本は，1989（平成元）年から 1993（平成 5）年の 5 年間に中学に入学した男子 612 名であった．中学 1 年生から高校 3 年生までの 6 年間に，年 1 回，4 月－5 月の同一時期に，運動能力テストを実施した．

解析のポイント

例題 6.3.の解析のポイントは，
高校 3 年次の運動能力テスト成績は過去の運動能力テスト成績の影響をどのように受けるのか．

データ入力形式

データ入力形式は下の図に示すように，行に同一被験者の縦断データ，列に同時点の各被験者の値を入力する．必ずしも縦断データでなくとも良い．テスト項目の階層性を検討するような場合には横断データを用いることもある．

学年	性別	入学年度	年度std	体力中1	運能中1	運能中2	運能中3	運能高1	運能高2	運能高3
1.00	1.00	1989.00	-2.00	17.00	8.00	15.00	29.00	15.00	06.00	06.00
1.00	1.00	1989.00	-2.00	18.00	5.00	13.00	22.00	28.00	30.00	45.00
1.00	1.00	1989.00	-2.00	18.00	33.00	20.00	39.00	30.00	40.00	36.00
1.00	1.00	1989.00	-2.00	15.00	25.00	25.00	29.00	32.00	34.00	35.00
1.00	1.00	1989.00	-2.00	17.00	14.00	26.00	27.00	25.00	25.00	23.00
1.00	1.00	1989.00	-2.00	16.00	9.00	17.00	31.00	40.00	43.00	43.00
1.00	1.00	1989.00	-2.00	16.00	8.00	19.00	25.00	39.00	54.00	25.00
1.00	1.00	1989.00	-2.00	14.00	8.00	7.00	15.00	9.00	12.00	11.00

操作手順

Amos の操作手順などは前章までに詳しく解説してあるので，簡単に示す．
1）パス図を描画
パス図描画アイコンの「観測される変数を描く」「直接観測されない変数を描く」「既存の変数に固有の変数を追加」「パスを描く」を用いて，潜在変数，観測変数，観測変数に対する誤差変数，潜在変数に対する誤差変数（攪乱変数）を描画する．シンプレックス構造モデルの場合，潜在変数は正円で描くことが多い．正円は

6.3. シンプレックス構造モデル

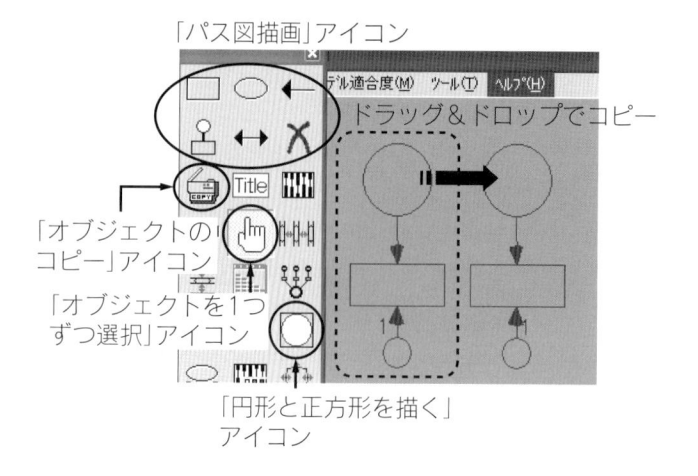

「円形と正方形を描く」アイコンを選択した後に，すでに描いてある楕円をドラックすることで描くことができる．正円を描くアイコンがツールバーウィンドウ内になければ，「ツールバーの変更」アイコンを用いて追加する．またこのモデルの場合，潜在変数→観測変数←誤差変数の関係を示す同じモデルを 6 つ作成する必要があるため，1 つモデルを描いた段階でそれをコピーすると描画が容易にできる．コピーは「オブジェクトを 1 つずつ選択」アイコンを選択した後，コピーしたい図をすべてクリックする．クリックすると，選択された部分が青くなるので，「オブジェクトをコピー」アイコンを選択し，青くなっている図の中にポインタを合わせ，コピーしたい場所へドラッグ＆ドロップする．これを繰り返し，できあがったモデルの潜在変数間を単方向矢印でつなぐ．最も左の潜在変数だけ外生的潜在変数であるため攪乱変数を描画する必要がないが，それ以外は内生的潜在変数であるため攪乱項を付属させる．

2) 変数の投入

長方形の中へ分析に用いる測定項目を入れるために「データセット内の変数を一覧する」アイコンをクリックした後，「データセットに含まれる変数」ウィンドウから分析に用いたい変数を選択し，長方形の中央でドラッグ＆ドロップする．潜在変数には観測変数と同じ名前，誤差変数と攪乱変数にはそれぞれ e1 から e6，d1 から d5 と通し番号を入力する．

以降，シンプレックス構造モデル特有のモデルの識別性を確保するために行う母数の固定についての操作手順を示す．

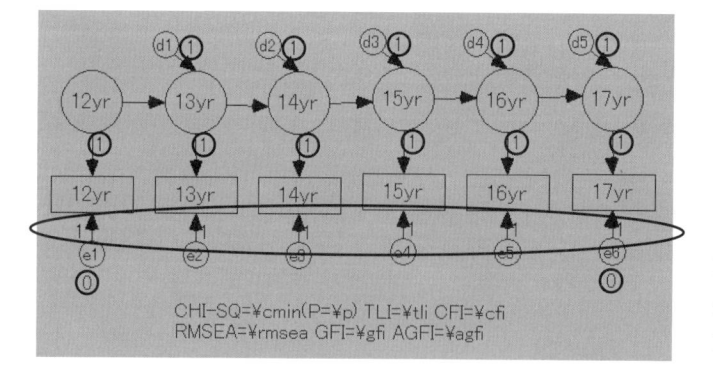

3) 識別性の確保

モデルの識別性を確保するために，左図のように①12yr から 17yr までの潜在変数から観測変数へのパス係数を 1，②12yr から 17yr までの誤差変数から観測変数へのパス係数を 1，③13yr から 17yr までの攪乱変数から内生的潜在変数へのパス係数を 1，④12yr と 17yr の時点の誤差変数の分散を 0 とする．それぞれ拘束したい変数をダブルクリックし，「オブジェクトのプロパティ」ウィンドウから「変数名」の欄に入力する．

4）推定値の計算

モデル作成が終了した段階で，推定値の計算を行なう．「推定値を計算」アイコンまたはプルダウンメニューの「モデル適合度（M）」→「推定値を計算（C）」を選択し，分析終了後，計算結果を表示させ，モデルの妥当性指標であるモデル適合度を確認する．

5）出力の読みとり

適合度指標とパス係数の有意性を確認する．「表出力の表示」アイコンを選択し，表出力ウィンドウの結果ウィンドウ内にある「パラメータ推定値」をクリックして確認する．

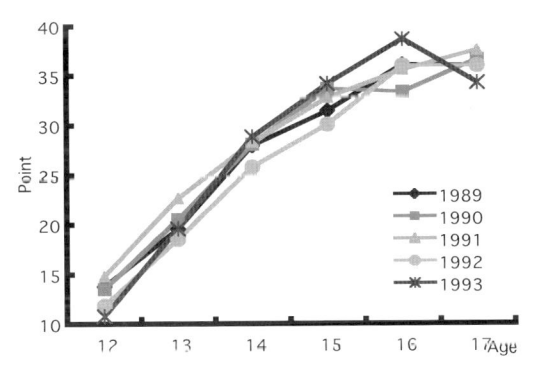

図 6-11 中学入学年度別運動能力テスト合計点の発達：男子

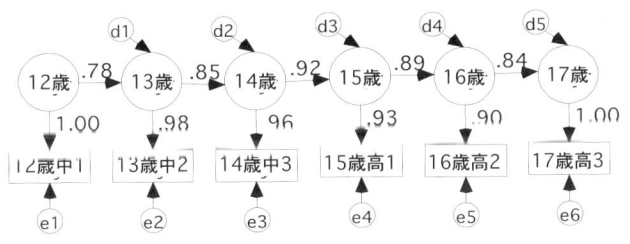

図 6-12 男子の運動能力テスト合計点発達のシンプレックス構造モデル（標準解）

出力結果と結果の解釈

図 6-11 は，入学年度別に 12 から 17 歳までの間の運動能力テスト合計点の平均値の縦断的な推移を示している．全体的に中学年代では直線的に発達し，高校年代では発達が緩やかになる傾向を示していることがわかる．図 6-12 は，運動能力テスト合計点におけるシンプレックス構造モデルの標準解を示している．12 歳（潜在変数）から 12 歳中 1（観測変数）へのパス係数と 17 歳（潜在変数）から 17 歳高 3（観測変数）へのパス係数が 1.00 であるのは，誤差変数の分散を 0 に拘束しているからである．この拘束の意味は「12 歳の運動能力テスト合計点は誤差なく測定されている（測定誤差なし）」ということである．この拘束を行なわなければモデルは識別されない．この種の研究ではこの拘束を課すことが頻繁に行なわれているものの，不自然な仮定であるため，観測変数の分散を測定項目の信頼性係数と標準偏差から推定し，その値を代入することがより現実に近い（計算式は前節参照）．このモデルの適合度指標の TLI，CFI，GFI，AGFI は 0.9 以上，RMSEA は 0.08 以下であり，モデルの適合度は良好であったことからモデルは容認された．潜在変数から観測変数へのパス係数は 0.9 以上を示し，潜在変数間のパス係数は 12 歳から 13 歳の 0.78 が最も低く，他の値は 0.84 以上の高い値を示した．12 歳から 13 歳のパス係数が最も低い値を示した要因のひとつとして，この時期に急激な体格の発達があり，それに伴った急激な運動能力の向上または低下が個人内で表れ，相関構造を変化させたと考えられる．これらの結果から，男子の 12 歳（中学 1 年生）から 17 歳（高校 3 年生）の 6 年間の縦断的な運動能力発達は単一方向性の因果関係であるシンプレックス構造を示すといえる．

6.3. シンプレックス構造モデル

> 結果のまとめ

6年間の縦断的な運動能力発達は単一方向性の因果関係であるシンプレックス構造を示し，各年代の運動能力テスト成績は前年の運動能力テスト成績に最も強く影響を受ける．

> 最近の研究論文

本邦では山田・西嶋（2001）が筋パワーを測定するフィールドテストのシンプレックス構造を検証した論文を除いてこの手法を用いた研究論文はほとんどなく，海外ではスポーツモチベーションスケールという質問紙のシンプレックス構造を検討した Li and Harmer（1996）の研究などがある．

6.4. 潜在曲線モデル

モデル

反復測定による縦断的データの相関および共分散構造に基づく因果構造モデルには，**潜在曲線モデル（Latent curve model）**がある．潜在曲線モデルは**潜在成長曲線モデル（Latent growth curve model）**とも呼ばれ，関数パラメータを確率変数として推定することで各標本に個別な切片や傾きを推定し，それらへの要因変数の影響の程度などを検証することができる（豊田，2000；狩野・三浦，2002）．

基本的分析手順

潜在曲線モデルの一般的分析手順（分析内容）は以下の通りである．説明変数のない潜在曲線モデル（後述）は2因子の探索的因子分析のパス図表現（5章5.1.参照）と等しい．異なる点は各潜在変数から観測変数に対するパス係数が探索的因子分析では推定される値（自由母数）であるのに対して，潜在曲線モデルでは定数（固定母数）であることにある．構造方程式モデリングの詳しい手続きは前章を参照．潜在曲線モデルに関する詳しい解説は狩野・三浦（2002）を参照のこと．

潜在曲線モデルの基本的分析手順

因果関係仮説の設定		
	変数間の理論的妥当性に従い，変数間の成長方程式に関する仮説構造を設定	扱うデータは同一変数の時系列データである． モデル構成は探索的因子分析の2因子モデル表現と等しく，各潜在変数からすべての観測変数に対してパスが描画される． 潜在曲線モデルにおける2つの潜在変数は切片と傾きである．すなわち，個人ごとに持ち得る発達の初期値と増加率と考えることができる． 潜在曲線モデルには説明変数のあるモデルとないモデルがある．モデル内では説明変数は両潜在変数に対してパスを引く． 説明変数のあるモデルでは説明変数から潜在変数へのパス係数により関係性を確認できる．

分析			
	パラメータ推定法の設定 第5章参照		
	母数の拘束	潜在変数(切片)から観測変数へのパスをすべて1に拘束	
		潜在変数(傾き)から観測変数へのパスを観測変数の測定時点と同様の間隔で指定	例えば3時点を等間隔に測定した場合には「0, 1, 2」と順に観測変数に対するパスを拘束する． 測定時点が2000年, 2002年, 2003年などのように等間隔でない場合には「0, 2, 3」と測定時点の間隔に対応させてパスを拘束する．

		誤差変数から従属変数へのパスを1に拘束	しかし測定時点が各個人でバラバラな場合には潜在曲線モデルは適用できない。 この拘束は各個人に対して1次の直線をあてはめていることに相当する。2次曲線のあてはめも可能であるが詳しくは狩野・三浦(2002)などを参照。
モデル評価	モデル適合度指標により仮説構造モデルの適否を判定	第5章参照	
モデル修正	高いモデルの適合性が得られない場合にはモデルを修正する	第5章参照	パスの追加は誤差変数同士の共分散(相関)についてのみ行なうことができる。

例題 6.4.

文部科学省スポーツテストを用いて12歳（中学1年生）から17歳（高校3年生）の6年間に反復測定された縦断的データについて潜在曲線モデルを適用し，発育促進期における運動能力発達に対する体力と世代の影響を検証せよ．体力の測定項目は入学時の体力診断テスト合計点，世代は入学年度であった．標本は，1989（平成元）年から1993（平成5）年の5年間に中学に入学した男子612名であった．

解析のポイント

例題 6.4.の解析のポイントは，

1. 発育促進期における運動能力が線型（直線）の発達を示すか．
2. 発育促進期における運動能力の発達には発育促進初期（12歳中学入学時）の値が影響するか．
3. 発育促進期における運動能力の発達に対して発育促進初期（12歳中学入学時）の体力と世代の影響はあるか．

データ入力形式

	入学年度	体力得点	運能中1	運能中2	運能中3	運能高1	運能高2	運能高3
1	1.00	15.00	11.00	16.00	22.00	22.00	22.00	28.00
2	1.00	10.00	6.00	8.00	反復測定データ		2.00	22.00
3	1.00	17.00	18.00	20.00	23.00	20.00	17.00	17.00
4	1.00	18.00	11.00	20.00	21.00	31.00	36.00	41.00
5	1.00	17.00	2.00	6.00	23.00	28.00	37.00	36.00
6	1.00	19.00	36.00	27.00	11.00	27.00	32.00	40.00
7	1.00	18.00	7.00	11.00	21.00	26.00	26.00	21.00

（説明変数）

潜在曲線モデルを分析する際のデータ入力形式は，行に同一被験者の反復測定データ，列に同じ測定時点の各被験者の値を入力する．分析対象は1項目の反復測定データでなければならない．また列に各個人の属性などがあると説明変数を導入した潜在変数モデルを構築することもできる．潜在曲線モデルでは通常潜在変数とともに測定モデルを構成する観測変数と区別して，切片や傾きに影響を与える要因を説明変数と呼ぶ．

操作手順

Amosの起動手順およびデータファイル指定などは前章を参照．ここではモデ

6.3. シンプレックス構造モデル

ル構成と定数であるパス係数の指定について説明変数のない潜在曲線モデルと説明変数のある潜在曲線モデルの両モデルについて示す．

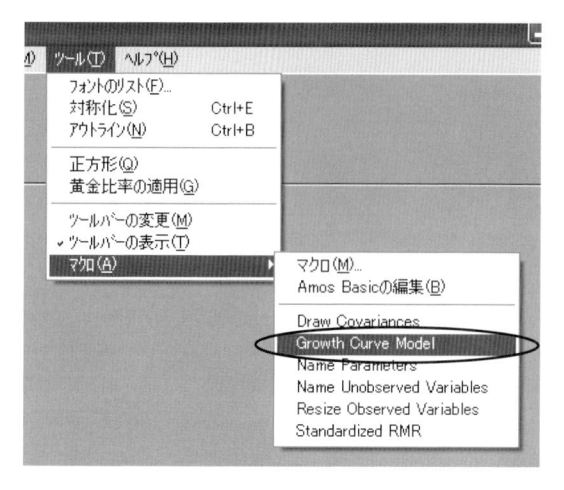

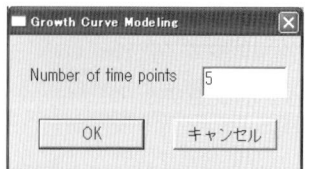

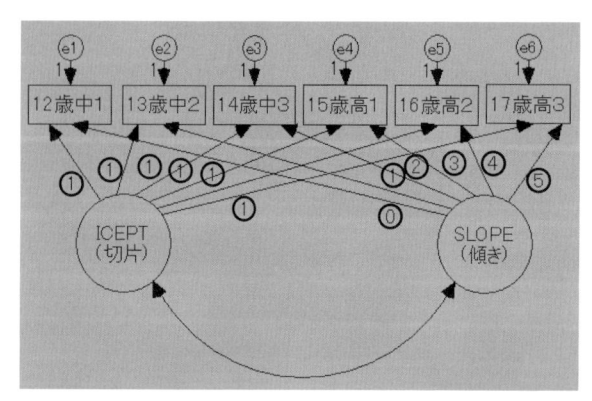

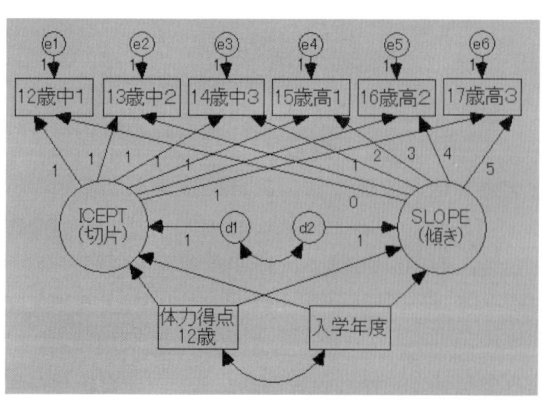

1）モデル作成

パス図描画アイコンを用いて作成しても構わないが，Amos には潜在曲線モデルを簡単に作成するマクロが備わっている．プルダウンメニューの「ツール（T）」→「マクロ（A)」から「Growth Curve Model」を選択すると，「Growth Curve modeling」のウィンドウが表示され，「Number of time points」の欄に用いる観測変数の数を指定する．例題では 12 歳から 17 歳までの 5 時点を測定しているため図のように「5」を入力した．これで下図のような基本モデルが表示される．

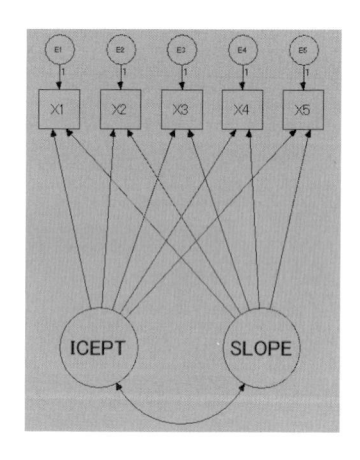

2）母数の拘束

例題では各年齢（時点）の運動能力テスト合計点を観測変数とする一次の潜在曲線モデルを構築する．潜在変数「切片」から観測変数へのパスは 1 とする．潜在変数「傾き」から観測変数へのパスは「12 歳中 1」から順に「0, 1, 2, 3, 4, 5」とする．説明変数のない潜在曲線モデルはこれで終了．

3）説明変数の追加

切片と傾きに影響を与える要因を検討したい場合，一次の成長方程式モデルのパラメータへの説明変数を導入する．例題では「12 歳時の体力得点」と「入学年度」の観測変数を加え，両

変数間に相関を設定する．また，これまでと同様に内生的潜在変数に対して攪乱変数を付属させ，攪乱変数同士に相関を設定する．

出力結果と結果の解釈

図 6-13 は，運動能力テスト合計点における説明変数を伴わない一次の潜在曲線モデルの標準解を示している．適合度指標の TLI, CFI, GFI, AGFI は 0.9 以上，RMSEA は 0.085 であり，モデル適合度は良好であったことからモデルは採択された．切片と傾きとの相関が−0.08 と非常に低い値を示している．このことは 12 歳（中学入学）時の運動能力得点とその後の運動能力得点の上昇率には相関関係がないということを表している．図 6-14 は，運動能力テスト合計点における説明変数を伴う一次の潜在曲線モデルの標準解を示している．適合度指標の TLI, CFI, GFI, AGFI は 0.9 以上，RMSEA は 0.084 であり，モデル適合度は良好であったことからモデルは採択された．12 歳時の体力診断テスト合計点から傾きへは有意なパス係数は得られず，切片へのパス係数は 0.65 で有意であった（P<0.05）．この結果は 12 歳時での体力から運動能力への影響は大きいが，運動能力発達への影響は認められないことを示している．入学年度から切片へは有意なパス係数が得られず，傾きへは 0.12 と有意なパス係

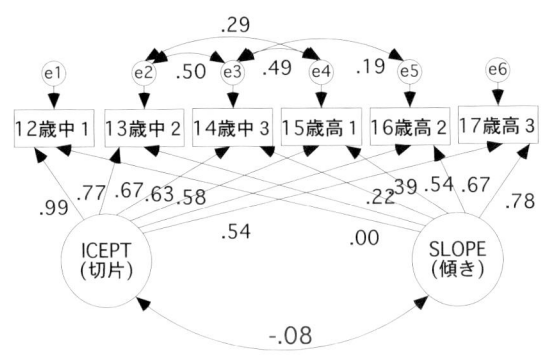

図 6-13 男子の運動能力テスト得点発達の潜在モデル説明変数なし（標準解）

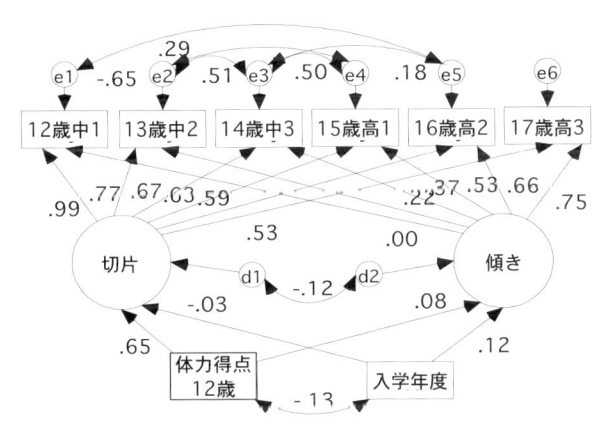

図 6-14 運動能力テスト合計点における説明変数を伴う一次の潜在曲線モデルの標準解

数が得られた．これは世代効果として 12 歳（中学入学）時の運動能力の低下傾向は認められないものの，6 年間の発達量は増加傾向にあることを示している．なお，d1 と d2 の相関係数は切片と傾きのばらつきを 12 歳時の体力得点と入学年度（世代効果）によって説明できない程度を示しており，このモデルでは相関係数が低いことからこの 2 変数によって切片と傾きをよく説明していることがわかる．

結果のまとめ

例題の結果をまとめると以下のようになる．
1. 発育促進期における運動能力が線型（直線）の発達を示す．
2. 発育促進期における運動能力の発達（得点の上昇率）には発育促進初期（12歳中学入学時）の値は影響しない．
3. 発育促進初期（12歳中学入学時）の体力は同時期の運動能力へ影響を及ぼす

が運動能力発達への影響は認められない．そして世代効果として 12 歳（中学入学）時の運動能力の低下傾向は認められないものの，6 年間の発達量は増加傾向にある．

|最近の研究論文|

本邦では Nishijima et al.（2002）が例題に用いたデータから青少年の運動能力発達を潜在曲線モデルにより検証した研究やプロ野球選手の 10 年間の打率に潜在曲線モデルを適用させた清水（2000）の研究などがある．海外では 6 歳から 11 歳までに同一被験者に 4 回の知能検査を行なったデータに対して潜在曲線モデルをあてはめた McArdle and Epstein（1987）の研究などがある．

（西嶋尚彦・鈴木宏哉）

引用・参考文献

1) 服部　環：仮説をモデル化し検討する―構造方程式モデリング．渡部洋（編著）心理統計の技法，pp151-164，福村出版，2002.
2) 狩野　裕：種々の共分散構造モデル(4)．共分散構造分析とソフトウェア 12，BASIC 数学，1：40-46，現代数学社，1997.
3) 狩野　裕，三浦麻子：グラフィカル多変量解析（増補版）．現代数学社，2002.
4) Li F, Harmer P：Testing the simplex assumption underlying the sport motivation scale：astructural equation modeling analysis, Research Quarterly for Exercise and Sport, 67：396-405, 1996.
5) McArdle JJ, Epstein D：Latent growth curves within developmental structural euation models, Child development, 58：110-133, 1987.
6) Nishijima T, et al.：Causal structure of development of physical fitness and motor ability, Jpn. J. School Health, 43 Supplement：43-44, 2002.
7) 西嶋尚彦ほか：中学校体育における主体的問題解決能力育成プロセスの因果構造分析．体育学研究，45：347-359，2000.
8) 清水和秋：熟達の過程―潜在成長モデルによる野球データの解析―．日本行動計量学会第 28 回大会発表論文抄録集：379-382，2000.
9) 鈴木宏哉，西嶋尚彦：サッカーゲームにおける攻撃技能の因果構造．体育学研究，47：547-567，2002.
10) 竹内　啓：多変量解析の展開―隠れた構造と因果を推論する．岩波書店，2002.
11) 竹内　啓：因果関係と統計的方法．行動計量学，14：85-90，1986.
12) 豊田秀樹：構造方程式モデリング［応用編］．朝倉書店，2000.
13) 豊田秀樹：構造方程式モデリング［入門編］．朝倉書店，1998.
14) 豊田秀樹：共分散構造分析［事例編］．北大路書房，1998.
15) 豊田秀樹：SAS による構造方程式モデリング．pp179-206，東京大学出版会，1992.
16) 山田庸，西嶋尚彦：サッカー選手における筋パワーテストの準シンプレック

ス構造.体育測定評価研究,1：21-27,2001.
17) 山本嘉一郎,小野寺孝義：Amosによる共分散構造分析と解析事例.pp1-21,ナカニシヤ出版,1999.
18) 柳井晴夫,岩坪秀一：複雑さに挑む科学.p159,講談社,1976.

7章 要因の効果を探る

多変量解析の目的　　　　　　　　　　　　　　変数の組み合わせ等

要因の効果を探る
［データ（平均値）を比較］
　├─ 分散分析　　　　3つ以上の平均値を比較する場合で従属変数が1つの場合　　　本章7.1.参照
　├─ 多変量分散分析　3つ以上の平均値を比較する場合で従属変数が2つ以上の場合　本章7.2.参照
　└─ 共分散分析　　　3つ以上の平均値を比較する場合に共変量の影響を取り除く場合　本章7.3.参照

　実験データや測定データには**バラツキ（個人差）**がみられ，そこには誤差や実験条件，遺伝的要因，環境的要因，心理的要因など種々の要因の影響が反映されている．この測定値のバラツキを**誤差による変動と要因の影響による変動**に分解し，測定値に及ぼす諸要因の**影響（効果）**を分析する手法が**分散分析（Analysis of variance）**や**多変量分散分析（Multivariate analysis of variance）**，**共分散分析（Analysis of covariance）**である．

　分散分析は，1つの観測値に対するある要因の影響を検討する手法である．健康・スポーツ科学では，たとえば，異なる指導法で教えた際の効果の違いや，競技特性の違いによる体力特性の違いなどを検討する際に用いられる．多変量分散分析は，分散分析を多変量に拡張した手法で，ある要因の効果を変数一つ一つについて検定するのではなく，一度に検定する方法である．たとえば，水泳選手，陸上選手，野球選手にあるトレーニングを施した際に，その影響を種目別に検討するのではなく，一度に検討する場合に用いられる．共分散分析は，ある要因の影響を検討するうえで，測定値が別の要因の影響を受けていると考えられる場合に，その別の要因の影響を取り除いたうえで要因の影響を検討する方法である．たとえば，あるサプリメントの効果を検討する際に，被験者の体重の影響を取り除いたうえで検討するといった場合に用いられる．

　本章ではこれらの分散分析法について，統計ソフト SPSS を用いた分析手順の概要を説明する．分散分析の数学的モデルの説明は出村らの著書（出村，2004；出村ら，2001a；出村，2001b）を参照のこと．

7.1. 分散分析

　3つ以上の平均値間の有意差検定には，**t 検定**ではなく，Fisher が考案した分散分析法（**F 検定**）を用いる．一般に，測定値のバラツキは，実験条件や集団の特性によりある程度説明される．ある条件下における測定値のバラツキや変動に影響を与えている主要な原因を**要因（因子）**，その分類基準を水準という．分散分析では，要因（因子）の影響による測定値の変動が偶然による誤差変動と比較し

て有意に大きいか否かを検定する．分散分析法は因子の数によって，**1要因分散分析法（One-way ANOVA）**，**2要因分散分析法（Two-way ANOVA）**，**3要因分散分析法（Three-way ANOVA）**，等に分類され，さらに，それぞれの条件において，対応（反復）がある場合，対応がない場合，両者混合の場合に区別される．

また，一般に分散分析と合わせて**多重比較検定（Multiple comparison）**を行なう．分散分析において有意差が認められた場合，それはすべての水準（平均値）間に有意差が認められたことを意味しているのではなく，どの水準とどの水準間に有意差が認められるかまではわからない．このように各水準の平均値間の有意差を検定する方法を多重比較検定と呼ぶ．

本章では，1要因で対応のない場合，1要因で対応のある場合，2要因とも対応のない場合，2要因のうち1因子にのみ対応のある場合，2要因とも対応がある場合の分散分析および多重比較検定についてその基本的な手順を説明する．

7.1.1. 分散分析を行なう前提条件

分散分析を行なうためには，a) 無作為な標本抽出，b) 母集団の分布の正規性，c) 分散の等質性という前提条件が満たされていなければならない．

c) の条件が満たされているかどうかを調べるには，**対応がない**場合はバートレット（Bartlett）法，コクラン（Cochran）の法，ハートレー（Hartley）の法，Leven の等質性の検定などによればよい（岩原，1965）．また，測定値に**対応がある**場合には，分散だけでなく，各条件間の共分散の等質性も保証されている必要がある（岩原，1965；Kirk，1982）．さらに，t 検定の場合と同様，a) の条件が満たされているかどうかは検定の結果に大きな影響を及ぼすので十分な注意を要する．これらの条件が満たされている場合に分散分析を行なう．

7.1.2. 分散分析の一般的手順

①実験要因の効果がないという帰無仮説，およびその効果があるという対立仮説を立てる．

②有意水準を設定する．

③測定値全体の分散の中に含まれている各実験要因の効果による分散を推定し，これらが誤差による分散よりも大きいといえるかどうかについて F 検定をする．その際，各実験要因が，対応がない要因であるか対応がある要因であるかによって誤差分散の求め方が異なるので，注意する必要がある．

④もし算出した F 値があらかじめ設定した有意水準の臨界値以上であれば，帰無仮説を棄却し，「実験要因の効果は有意である」と判断を下す．逆に，算出した F 値が臨界値よりも小さければ，帰無仮説を棄却することはできず，「実験要因の効果は有意ではない」という判断を下す．また，必要に応じ下位検定を行なう．

7.1. 分散分析

分散分析の一般的基本手順

```
等分散性の検定           ┌→ 同質 → 分散分析 ┬→ 有意差あり → 下位検定
分散共分散の等質性の検定 ─┤                  └→ 有意差なし → 終了
                         └→ 異質 → ┌ Welch法
                                   │ HotellingのT2検定
                                   │ H-test, U-test
                                   │ Freedman検定, T-test
                                   │ 標本抽出の見直し
                                   └ 変数の変換
```

下位検定

```
交互作用あり → 各水準の単純主効果 ┬→ 有意差あり → 多重比較検定
              の検定              │              （セル平均間の差）
                                  └→ 有意差なし → 終了

交互作用なし → 主効果の検定 ┬→ 有意差あり → 多重比較検定
                            │              （水準平均間の差）
                            └→ 有意差なし → 終了
```

7.1.3. SPSS による操作方法

データ入力

データシートへの入力形式は分散分析の種類によって異なる.

まず，対応がない1要因分散分析の場合，下左図のように要因となるグループ変数（整数）と分析対象となる変数のデータを入力する．また，対応があるデータの場合，時間（反復回数）が要因となるため，同一対象の反復測定データを横並びに入力する．

また，2要因分散分析では，2つの要因のデータが，両方とも対応がない場合，一方にのみ対応がある場合，両方とも対応がある場合によって，データ入力形式は下図のように異なる．

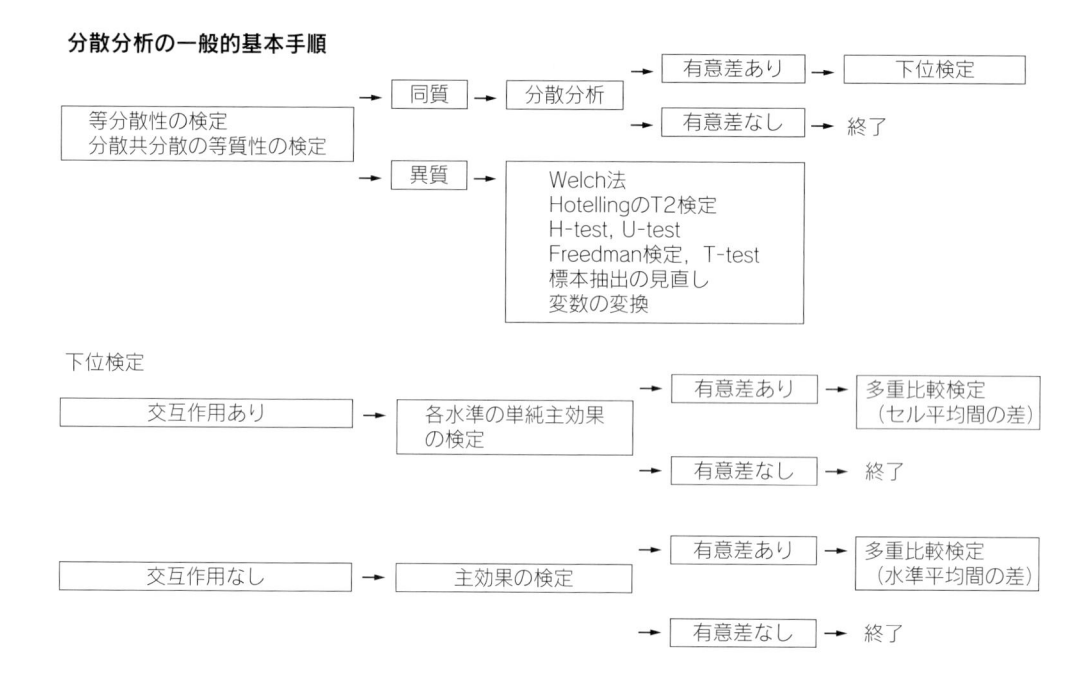

1要因分散分析（対応なし）

被験者	要因	変量
1 2 3 4 :	↓	↓

1要因分散分析（対応あり）

被験者	1回目	2回目	3回目
1 2 3 4 :	↓	↓	↓

2要因分散分析：対応なし(要因A)・対応なし(要因B)

被験者	要因A	要因B	変量
1 2 3 4 :	↓	↓	↓

2要因分散分析：対応なし(要因A)・対応あり(要因B)

被験者	要因A	要因B		
		1回目	2回目	3回目
1 2 3 4 :	↓	↓	↓	↓

2要因分散分析：対応あり（要因A）・対応あり（要因B）

	要因A			要因B		
	1回目	2回目	3回目	1回目	2回目	3回目
被験者 1 2 3 4 :	↓	↓	↓	↓	↓	↓

　データ入力は SPSS のデータシートに直接入力することも可能であるし，Excel シートに入力したものを SPSS のデータシートに読み込むことも可能である．

SPSS による分析手順

　SPSS で分散分析を行なう際の操作手順の概要を示したのが下表である．SPSS の分析画面から「分析 (A)」をクリックするとプルダウンメニューの中に，下表の「SPSS において選択する分析メニュー」に示した「平均の比較 (M)」や「一般線型モデル (G)」が現れる．いずれかを選択すると，続いて「一元配置分散分析 (O)」「反復測定 (R)」「1 変量 (U)」「多変量 (M)」のメニューが現れるので，目的に合わせて選択すると分散分析の設定ができる．

SPSS による分散分析の解析手順の概要

分散分析の種類		SPSS において選択する分析メニュー	SPSS による設定内容	設定するダイアログボックス
1 要因分散分析	対応なし	平均の比較　→一元配置分散分析	独立変数，従属変数 等分散性の検定 多重比較検定	一元配置分散分析 オプション その後の検定
	対応あり	一般線型モデル→　反復測定	被験者内変数，被験者間因子 被験者内因子名および水準 等分散性の検定 多重比較	反復測定 因子の定義 オプション その後の検定
2 要因分散分析	両要因対応なし	一般線型モデル→　1 変量	従属変数，固定因子 等分散性の検定 多重比較検定	1 変量 オプション その後の検定
	1 要因のみ対応あり	一般線型モデル→　反復測定	※対応のある 1 要因分散分析と同じ	反復測定
	両要因対応あり	一般線型モデル→　反復測定	※対応のある 1 要因分散分析と同じ	反復測定

　それぞれの分散分析で設定する際に，上表の「設定するダイアログボックス」に示した画面が現れるので，画面に合わせて，変数の選択や因子の設定，多重比較検定の選択，等分散性の検定の設定などを行なう．たとえば，対応のない 1 要因分散分析の場合，「一元配置分散分析」「オプション」「その後の検定」のそれぞれの画面の設定を行なうと一通りの分析ができる．

対応のない分散分析のSPSSによる操作手順

「一元配置分散分析」ダイアログの設定

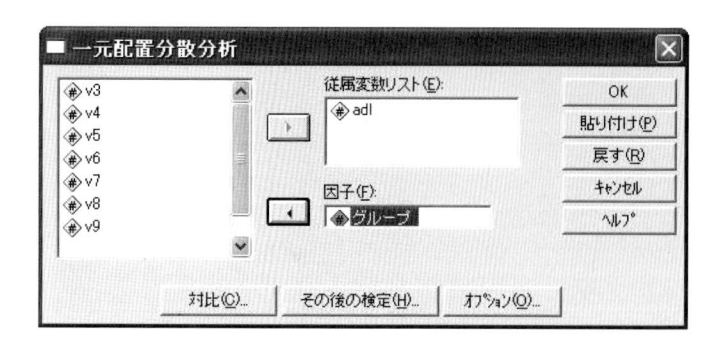

左図は対応のない1要因分散分析を行なう時に設定する「一元配置分散分析」のダイアログである．左枠に分析を行なう変数リストが表示されるので，リストの中から，まず分析対象とする従属変数を選択する．選択したら，「従属変数リスト（E）」の左の▶をクリックして枠内に移動させる．一度に複数の従属変数を選択することもできる．つぎに，要因となるグループ変数を選択したのち，「因子（F）」の左の▶をクリックし，グループ変数を枠内に移動させる．

また，この画面から「その後の検定（H）」を選択すると多重比較検定に関する設定が，「オプション（O）」を選択すると等分散性の検定に関する設定ができる．それぞれの設定方法は後述する．すべての設定が終了したら「OK」をクリックすると分析が開始される．

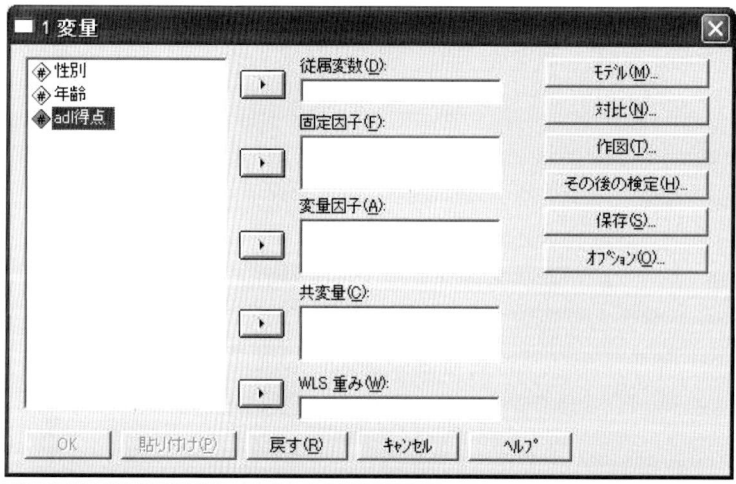

「1変量」ダイアログの設定

「1変量」のダイアログは両要因に対応のない2要因（性別×年齢）分散分析，および反復測定データを用いた多重比較検定を行なう際に設定する（多重比較検定における設定方法は後述）．

ここでは，従属変数（有意差を分析する変数）と因子（要因）となる変数を設定する．まず，左枠内の変数リストから，従属変数を選択し（この例の場合「adl得点」が該当），「従属変数（D）」の隣の▶をクリックする．「従属変数（D）」の枠内に「adl得点」が移動する．つぎに，因子となる「性別」と「年齢」を選択し，「固定因子（F）」の隣の▶をクリックすると「固定因子（F）」の枠内に変数が移動する．ここで，「その後の検定（H）」を選択すると多重比較検定に関

する設定,「オプション (O)」を選択すると等分散性の検定に関する設定,「作図 (T)」を選択するとプロット図を結果に表示させる設定ができる. 設定が完了したら「OK」をクリックすると分析が開始される.

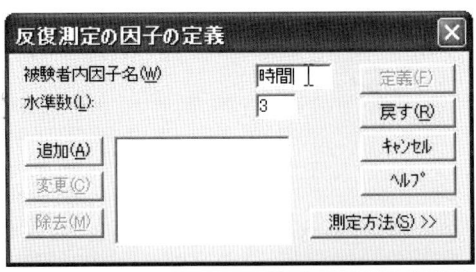

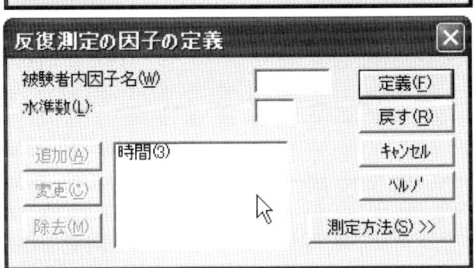

対応のある分散分析の SPSS による操作手順
「因子の定義」ダイアログの設定

左上図の「反復測定の因子の定義」ダイアログは, 対応のある 1 要因分散分析や 1 要因にのみ対応のある 2 要因分散分析, 両要因に対応のある 2 要因分散分析など,「反復測定データ」を扱う分散分析法を行なう際に設定する. 左図は同じ被験者に対し, 時間をおいて 3 回測定して得られたデータについて, 3 回の測定時の平均値間に有意差があるかを検討した場合（対応のある 1 要因分散分析）の設定方法を示している. まず,「被験者内因子名 (W)」に因子（要因）名を入力する. この例の場合, 時間経過に伴う要因を設定しているため「時間」と入力されている. つぎに, 因子の水準数を入力する. この例の場合, 3 回の測定結果なので, 水準数は「3」と入力されている. 入力後,「追加 (A)」をクリックすると, 因子名と水準数が上左図のように「時間 (3)」と入力される. 入力されたのを確認したら「定義 (F)」をクリックする.

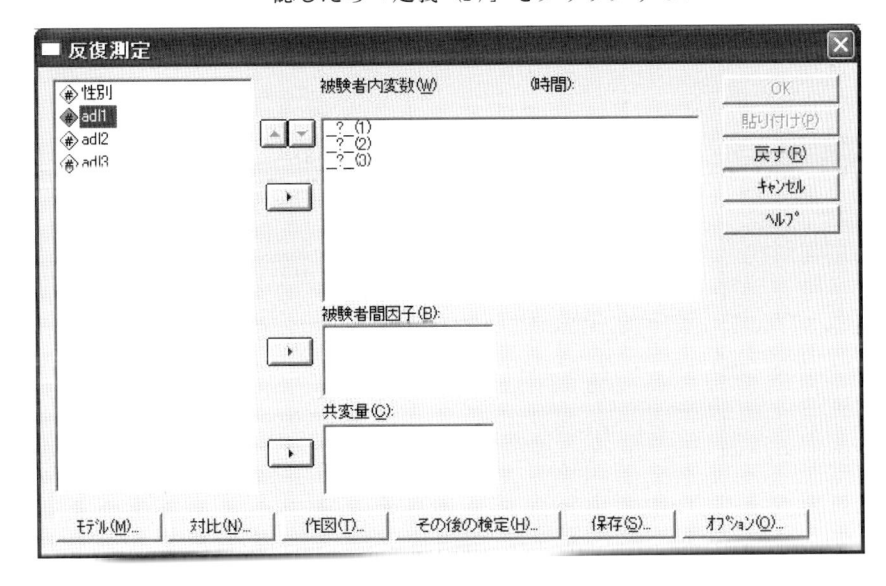

「反復測定」ダイアログの設定

「反復測定」のダイアログは, 前述の「反復測定の因子の定義」と同様に, 対応のある分散分析を行なう（反復測定データを扱う）場合に設定する. 左図は 1 要因にのみ対応のある 2 要因（性別 × 時間）分散分析における「反復測定」のダイアログを示している.

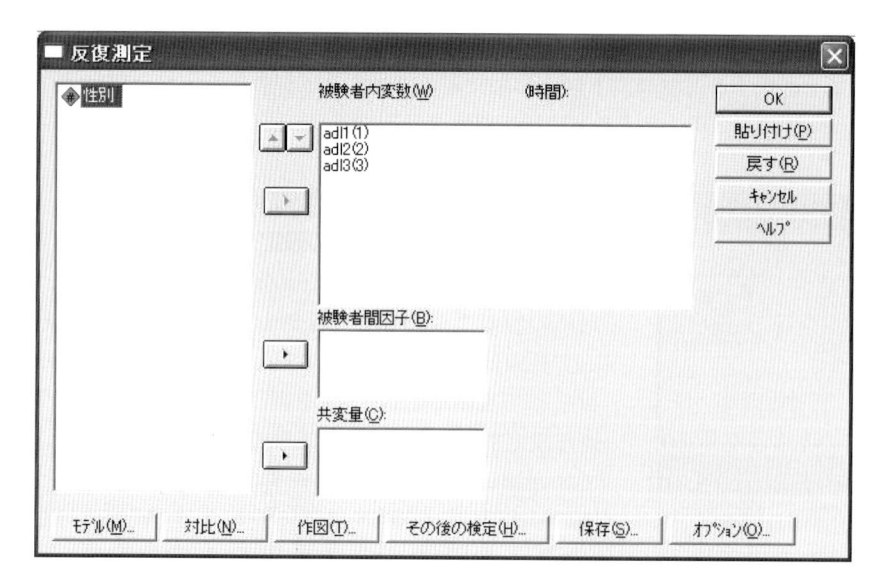

左枠に変数のリストが示されている.「性別」はグループ変数,「adl1, adl2, adl3」は3回実施した測定結果を変数として示している.この場合,「性別」は被験者間の測定値の変動を示す要因であり,「被験者間因子」に該当する.また,「adl1, adl2, adl3」は被験者内の測定値の変動を示す要因であり「被験者内変数」に該当する.

まず,「adl1, adl2, adl3」の各変数を「被験者内変数 (W)」の枠内に1つずつ,測定順に移動させる.左枠内から変数を選択し,▶をクリックすると移動できる.「adl1, adl2, adl3」のすべての変数を移動させたら,「性別」を選択し,▶をクリックして「被験者間因子 (B)」の枠内に移動させる.

ここで,「その後の検定 (H)」を選択すると多重比較検定に関する設定,「オプション (O)」を選択すると等分散性の検定に関する設定,「作図 (T)」を選択するとプロット図を結果に表示させる設定ができる.それぞれの設定方法は後述する.すべての設定が終了したら「OK」をクリックすると分析が開始される.

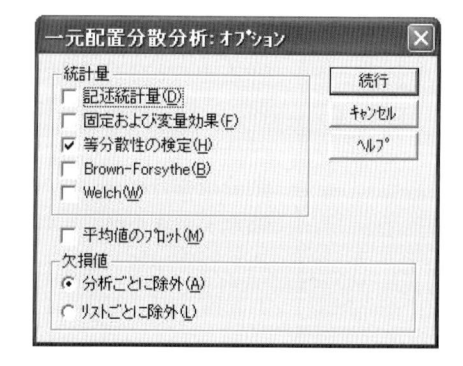

「オプション (O)」ダイアログの設定

左図は対応のない1要因分散分析における「オプション (O)」のダイアログを示している.先ほどの図の「オプション (O)」をクリックすると左図の画面が現れる.ここでは,等分散性の検定の実行を設定する.「統計量」の枠内にある「等分散性の検定」をクリックしてチェックマークを付ける.他の分散分析法の場合,ダイアログの内容が若干異なるが,「統計量」または「表示」の枠内から等分散性の検定を選択することで同様に設定が可能である.選択したら「続行」をクリックする.

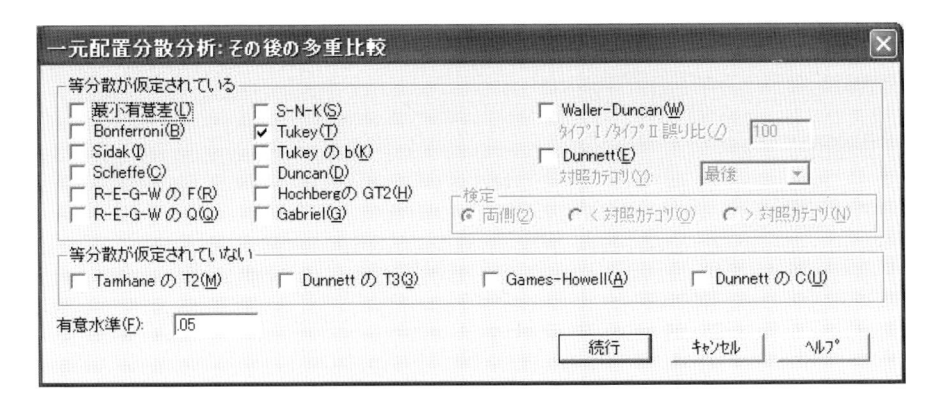

「その後の検定 (H)」ダイアログの設定

それぞれの分散分析法の設定画面において「その後の検定 (H)」をクリックすると，上図のダイアログが現れ，多重比較検定の設定ができる．分散分析において有意な主効果が認められた場合に行なう多重比較検定法を図の中から選択する．一度に複数の検定法を選択することができる．検定法を選択したら「続行」をクリックする．なお，各多重比較検定法の詳細は本章「多重比較検定」にて後述する．

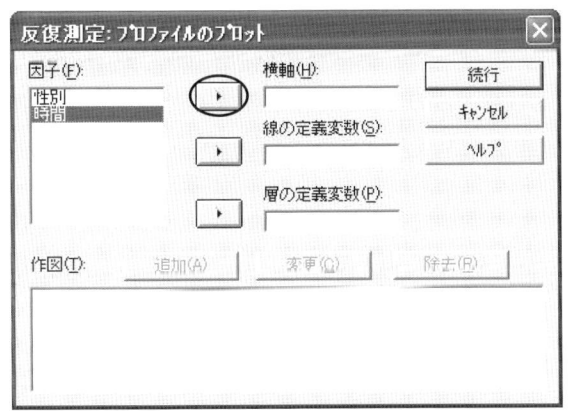

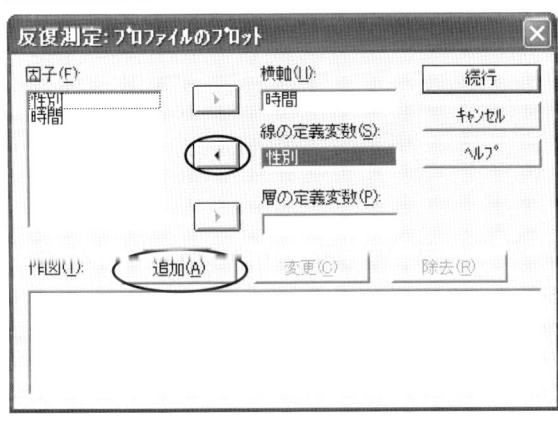

「作図 (T)」ダイアログの設定

「作図 (T)」をクリックすると，左図のような「プロファイルのプロット」という画面が現れる．このダイアログで変数の設定を行なうと，出力結果に各要因の平均値をプロットした次ページのようなグラフを書かせることができる．平均値の変動を視覚的に理解しやすいので便利である．左図は，先ほど扱った1要因にのみ対応のある2要因（性別×時間）分散分析のプロファイルのプロット画面を示している．

まず，「因子 (F)」の枠内の中から，グラフの横軸にしたい因子を選択する．この例の場合，時間的な測定値の変動を性別で比較したいので横軸に「時間」を設定する．「時間」を選択し，「横軸 (H)」の隣の▶をクリックすると設定ができる．続いて，「線の定義変数 (S)」に「性別」を選択する．横軸の設定と同様に，「性別」を選択し，「線の定義変数 (S)」へ設定する．設定ができたら，「追加 (A)」をクリックすると「作図 (T)」の枠内に「時間＊性別」と表示される．これで設定は完了し，「続行」をクリックする．

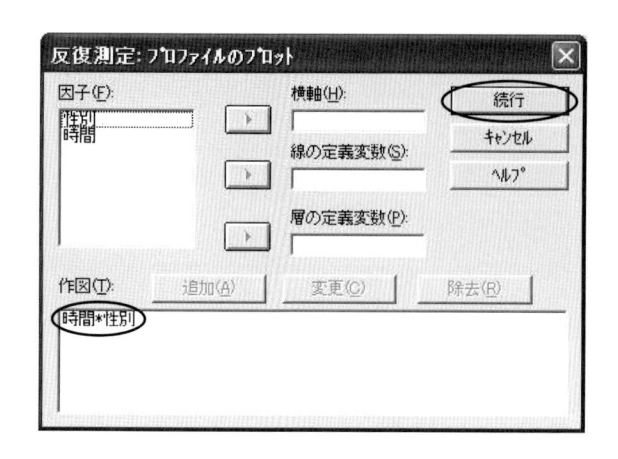

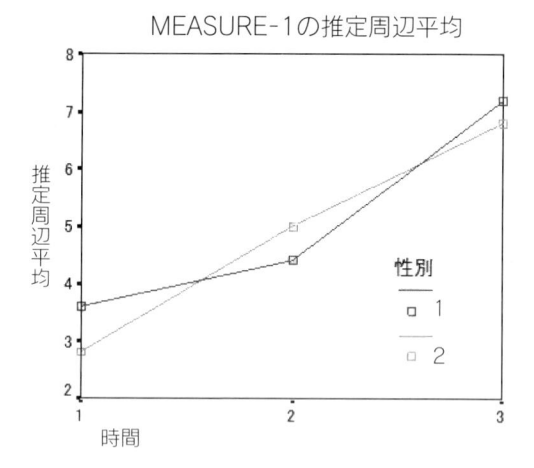

多重比較検定

分散分析において有意な主効果が認められた場合，多重比較検定を行なう．分散分析は「すべての母平均が等しい」とする仮説を検証するだけであるので，有意差が認められても「すべての母平均が等しいわけではない」ということはわかるが「どの平均値の間に有意差があるか」はわからない．つまり，主効果が有意であることは，各水準の平均値の少なくとも1つ以上の組み合わせにおいて有意差があることを意味しているにすぎない．多重比較検定は，多くの場合，2つの平均値を比較する（一対比較）．ただし，この場合の平均値の比較は，2つの平均値の差の検定に用いるt検定とは異なるので注意が必要である．t検定では，母分散の推定値を算出する際に，比較する2つの標本分散を問題にするが，分散分析後の多重比較検定では，母分散を推定する際に，多重比較検定を行なう2つの標本だけでなく，分散分析に用いたすべての標本を問題にする必要がある．さらに，t検定を繰り返すことにより第1種の過誤を引き起こすことも問題である（出村，2004；出村ら，2001b参照）．

また，多重比較検定には多くの手法が開発されている．SPSSでは多重比較検定として以下の手法を選択することができる．それぞれの手法の特徴を簡単にまとめたものが下表である．

SPSSで選択できる多重比較検定の種類

＜等分散が成立＞	Bonferroniの検定	多重比較検定においてよく用いられる方法．スチューデントのt分布に基づく検定法で，Bonferroniの不等式による有意水準の修正がなされる．たとえば，5グループの平均値差を検定する場合，t検定の有意水準を対比較の組合わせの数（10）で除した値をそれぞれの対比較の有意水準とする．こうすることにより，全体での有意水準を本来の水準（例5%）の範囲内に収める．
	最小有意差（LSD）法	特定の自由度と有意水準の時のt値を利用してLSDの統計量を求め，比較する2つの平均値の差の絶対値とLSDの大きさを比較することにより有意差を検定する．有意水準の管理が不十分なので，4群以上の場合，この検定の利用は避けた方がよい．
	TukeyのHSD検定	多重比較検定においてよく用いられる方法．スチューデント化された範囲の分布に基づく方法．比べたいグループ数が多い場合はBonferroniの検定より頑強．ただし，標本の大きさの違いが大きくなると保守的となる．

	Sidak の方法	有意水準を修正した方法で，Bonferroni の検定よりも正確に棄却限界を計算している． Bonferroni の検定よりわずかに検出力が高くなる．
	Hochberg の GT2	スチューデント化された最大偏差の分布に基づく方法．一般には Tukey の HSD 検定の方が頑強．
	Gabriel の検定	スチューデント化された最大偏差の分布に基づく方法．2つのサンプルサイズが異なるときは Hochberg の GT2 よりも頑強．
	Dunnet の検定	コントロール群と実験群の比較をするときに利用される．事前比較に基づく方法．
	R-E-G-W の F R-E-G-W の Q	Ryan, Einot, Gabriel, Welsch によって開発されたステップダウン法で，F と Q の 2 つの統計量がある．F は F 分布，Q はスチューデント化された範囲の分布に基づく．この 2 つの検定は Duncan の多重範囲検定や，Student-Newman-Keuls 検定よりも頑強だが，サンプルサイズが異なる場合はあまりよくない．
多重範囲検定	Duncan の法 Student-Newman-Keuls の検定 Weller-Duncan の検定	有意水準の管理が不十分なのでこれらの検定の利用は避けた方がよい．
	Tukey の b	対比較ごとに異なる q を用いて有意差を判定する（段階法）．検出力は HSD 法より高く，ライアン法とほぼ等しい．
線型対比	Scheffe の法	線型対比により，あらゆる組合せについて検定することができる．ペア比較だけでなく，たとえば，a，b，c，d，e の 5 群について，(a, b, c) グループと (d, e) グループに分けて比較することができる． ただし，SPSS ではグループ間の比較は設定できない．
<等分散が不成立>	Tamhane's の T2 Dunnet の T3 Games-Howell の検定 Dunnet の C	t 分布に基づく検定法． スチューデント化された範囲の分布に基づく 1 対比較検定．

多重比較検定の SPSS による操作手順

データ入力形式の変更

対応のないデータを扱う場合の多重比較検定では，前述した「その後の検定」のダイアログを設定することで多重比較検定の結果を導くことができる．しかし，「反復測定データ」の場合には，分散分析の時に用いたデータ入力を変形させる必要がある．左図は前述した対応のある 1 要因分散分析で用いたデータ入力形式であるが，これを右図のような形式に変更する．

7.1. 分散分析

操作手順

多重比較検定の操作手順は以下の通り．ここでは，同一の被験者に時間をおいて3回測定した際の，時間経過に伴う測定値の差を検討した，対応のある1要因分散分析を例に説明する．

「分析 (A)」→「一般線型モデル (G)」→「1変量 (U)」を選択すると左下図が現れる．

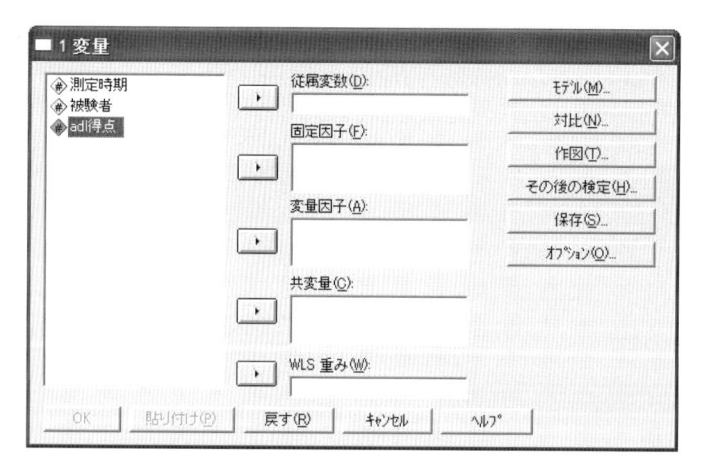

従属変数を設定する

左枠の中から「adl得点」を選択し，「従属変数 (D)」の横にある▶をクリック．「従属変数 (D)」の枠の中に「adl得点」が入力される．

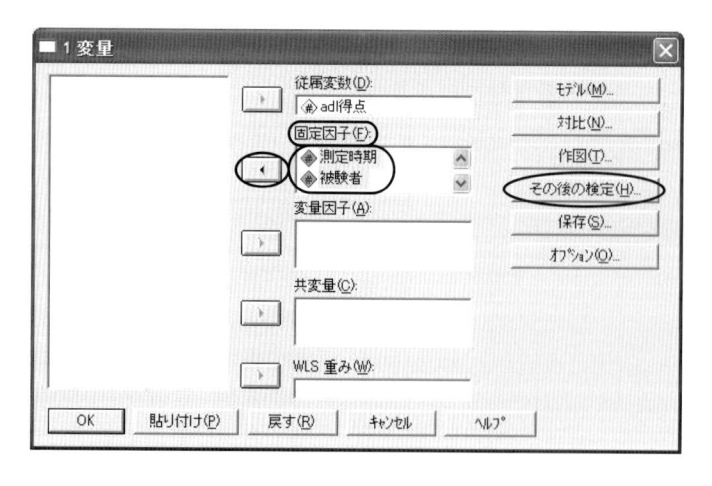

つぎに，右枠内に残っている「測定時間」と「被験者」を「shift」キーを押しながら同時にクリックし，「固定因子 (F)」の隣の▶をクリックする．「固定因子 (F)」の枠内に変量が入力されたのを確認したら，「その後の検定 (H)」をクリック．

7章　要因の効果を探る　195

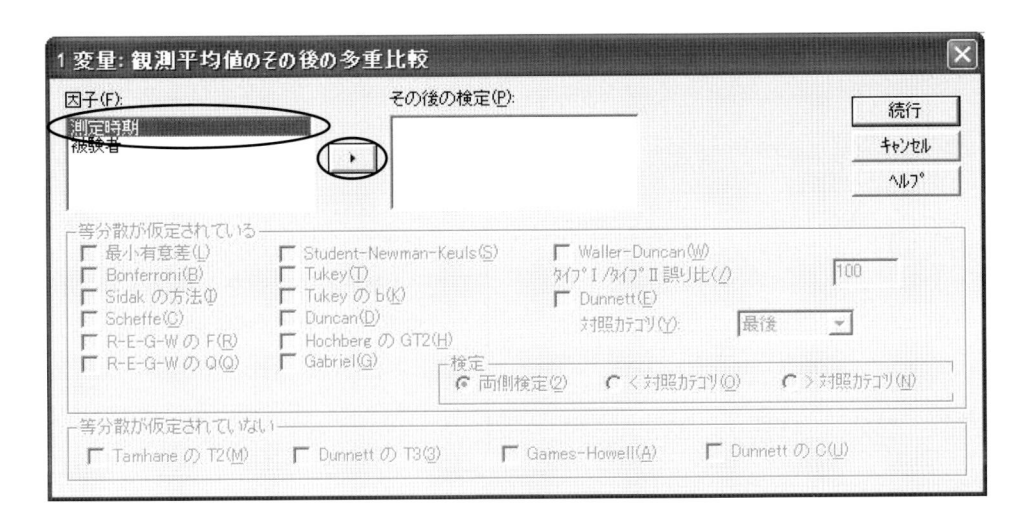

上図のサブメニューが現れたら「因子 (F)」の枠の「測定時間」を選択し，▶ をクリックする．ここでは，被験者内の差は問題にしないので，「被験者」は「その後の検定」には含めない．

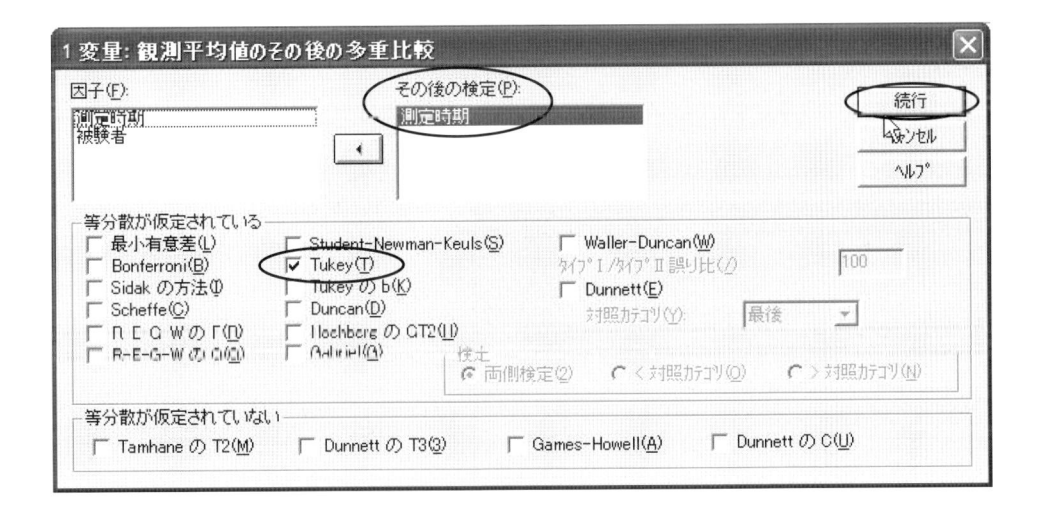

「その後の検定 (P)」の枠内に「測定時間」が入力されたら，多重比較検定の方法を選択する．ここでは，「Tukey (T)」の方法を選択してみる．選択したら「続行」をクリックすると，上図の元の「1 変量」の画面に戻る．

7.1. 分散分析

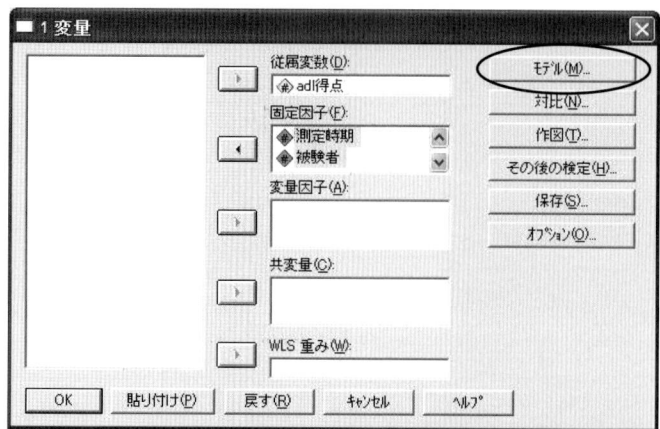

モデルの設定

ここで，検定を実行する前に交互作用について設定する．この分析の場合，交互作用の検定は必要ないため，交互作用を検定に含まないようにあらかじめ設定しておく．

「モデル (M)」をクリックすると，つぎの図のサブメニューが現れる．

左のサブメニューが表示されたら，「ユーザーの指定による (C)」をクリックする．

「因子と共変量 (F)」の枠の中から，「被験者 (F)」を選択し，▶ をクリックする．

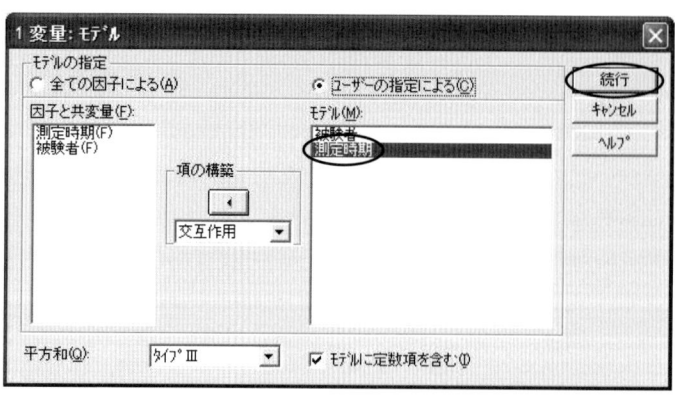

続いて，「測定時期 (F)」も同様に選択し，「モデル (M)」の枠内に入力する．

「続行」をクリックすると，次ページの図の元の画面に戻る．

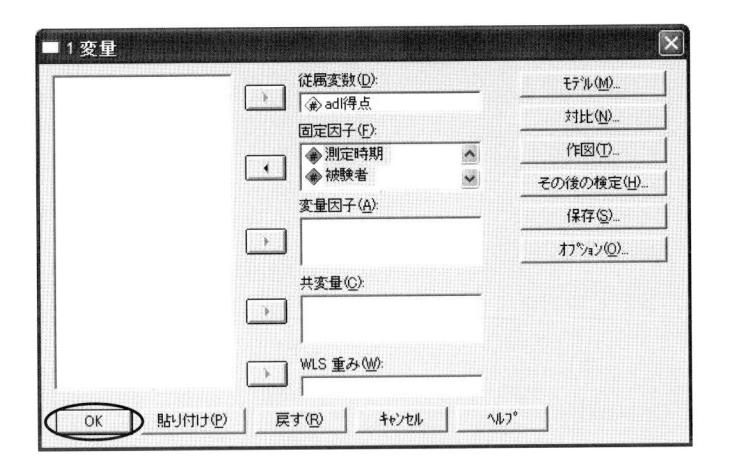

「OK」をクリックすると分析が開始される．

SPSS による出力結果

それぞれの分散分析法における主要な SPSS の出力結果とその概要を下表に示した．これらの出力結果から，分散分析の前提条件の確認や有意差の有無について確認する．

SPSS の出力結果

分散分析の種類		SPSS による出力結果	結果の概要
1 要因分散分析	対応なし	Levene の等分散性の検定 分散分析 多重比較検定	分散の同質性の検定 主効果の検定 水準間の平均値の対比較
	対応あり	Bartlett の球面性の検定 多変量検定 被験者内効果の検定 被験者間効果の検定 多重比較検定	分散の同質性の検定 主効果の検定 主効果の検定 水準間の平均値の対比較
2 要因分散分析	両要因対応なし	Levene の誤差分散の等質性の検定 被験者間効果の検定 多重比較検定	分散の同質性の検定 主効果の検定 水準間の平均値の対比較
	1 要因のみ対応あり	Box の共分散行列の等質性の検定 Bartlett の球面性の検定 Mauchly の球面性の検定 被験者内効果の検定 被験者間効果の検定 多重比較検定	分散共分散行列の等質性の検定 分散共分散行列の等質性の検定 分散共分散行列の等質性の検定 主効果の検定 主効果の検定 水準間の平均値の対比較
	両要因対応あり	Mauchly の球面性の検定 被験者内効果の検定 多重比較検定	分散共分散行列の等質性の検定 主効果の検定 水準間の平均値の検定

対応のない分散分析の出力結果の例
等分散性の検定結果

下図は，対応のない1要因分散分析の際に行なわれる等分散性に関する出力結果の例を示している．SPSS では **Levene（ルビーン）の等分散性の検定**結果が表示される．この場合の仮説は「3つの群のばらつきは互いに等しい」である．

等分散性の検定

ADL

Levene 統計量	自由度1	自由度2	有意確率
.205	2	27	.816

「Levene の統計量」の欄に F 値が，その隣には F 値を算出したときの自由度と F 値の確率が示されている．この例の場合，F＝0.205 で，そのときの確率（自由度 (2, 27) のときの F 値の確率）は 0.816（＞0.05）で有意差なしと判断する．つまり，等分散性（分散の同質性）は成立していると考えられる．

左図は両要因に対応のない2要因分散分析の場合における分散の等質性の検定結果である（この例では，要因 A と B の水準数がそれぞれ 2 と 3）．SPSS では，**Levene の誤差分散の等質性の検定**が自動的に出力される．この検定では，すべての水準の組み合わせ（2×3＝6）について，等分散が成立しているか検定している．この検定の統計量は F 値で，F 値の有意性を有意確率の大きさで判定する．この例では，F 値の有意確率＝0.091（＞0.05）であるから，等質性が保証されている．

Levene の誤差分散の等質性検定[a]

従属変数 ADL 得点

F 値	自由度1	自由度2	有意確率
2.173	5	24	.091

従属変数の誤差分散がグループ間で等しいという帰無仮説を検定します．

a. 計画 Intercept＋性別＋年齢＋性別＊年齢

分散分析

ADL

	平方和	自由度	平均平方	F 値	有意確率
グループ間	73.267	2	36.633	13.421	.000
グループ内	73.700	27	2.730		
合計	146.967	29			

分散分析の検定結果

左図は分散分析の結果を示している．「グループ間」，「グループ内」，「合計」はそれぞれ，群間変動，群内変動，総変動を意味する．「平均平方」は，群間変動と群内変動の「平方和」を「自由度」で除した平均平方和（平均変動）を意味し，群間変動の「平均平方」を群内変動のそれで除したものが F 値となる．この例の場合，統計量 F＝13.42（$p<0.05$）であり，有意差が認められる．つまり，「3つの群の ADL 得点の平均値は等しい」という仮説は棄却され，群間に有意差が認められる．

被験者間効果の検定

従属変数 ADL 得点

ソース	タイプ III 平方和	自由度	平均平方	F 値	有意確率
修正モデル	80.967[a]	5	16.193	5.888	.001
Intercept	740.033	1	740.033	269.103	.000
性別	.833	1	.833	.303	.587
年齢	73.267	2	36.633	13.321	.000
性別＊年齢	6.867	2	3.433	1.248	.305
誤差	66.000	24	2.750		
総和	887.000	30			
修正総和	146.967	29			

a. R^2 乗 ＝ .551（調整済み R^2 乗 ＝ .457）

左図は対応のないデータを扱った場合の分散分析結果である．この例では，ADL テスト得点の性差（水準 2）と年代差（水準 3）を検定している．2要因分散分析では，各要因（ここでは「性別」と「年齢」）の有意差の有無と交互作用の有意性を確認する．各要因の有意差は出

力表の「性別」「年齢」，交互作用は「性別＊年齢」を見ると確認できる．

「性別」の仮説は「2つの水準間に差はない」である．検定結果を見ると，F値の有意確率＝0.587（＞0.05）となり，この仮説は保証され，有意な性差は認められない．

「年齢」の仮説も「3つの水準間に差はない」である．検定結果を見ると，F値の有意確率＝0.000（＜0.05）であり，この仮説は棄却される．つまり，年齢群間に有意差が認められる．

「性別＊年齢」は交互作用の検定で，仮説は「性別と年齢の間に交互作用はない」である．F値の有意確率＝0.305（＞0.05）であり，この仮説は保証される．つまり，有意な交互作用は認められない．

「交互作用」とは，本来互いに独立である（相関関係にない）2つ（以上）の独立変数が，一方の変数の水準が何であるかにより他方の変数の従属変数に対する効果が異なるというように，互いに関連し合って従属変数に影響していることを意味する．視覚的には，両要因を軸とする平面状に平均値をプロットした際に，プロットを結んだ直線が交差したり，平行ではない場合に生じる．この場合，各要因の主効果の検定は意味をなさないため，水準ごとに分散分析（単純主効果の検定）を行なう．

交互作用なし　　　　交互作用あり 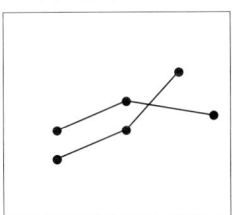　　　　交互作用あり

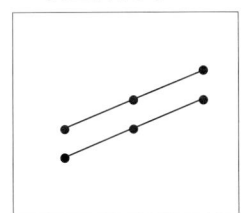

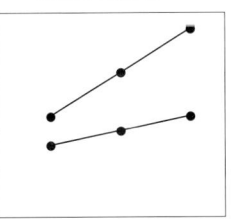

対応のある（反復測定データによる）分散分析の出力結果の例

対応のある（反復測定）データを用いた分散分析の場合，分析方法として，①反復測定による分散分析と②多変量分散分析の2通りが考えられる．SPSSによる反復測定データを用いた分散分析の出力結果には，分散分析の結果と多変量分散分析の結果が両方示されるので，初心者は混乱するかもしれない．

分散分析を用いる場合，球面仮説の適切な選択と検討が必要となる．一方，多変量分散分析の場合，これらの球面仮説の検討は不要である．また，1要因にのみ対応のある2要因分散分析（反復測定要因と独立測定要因が混在するデザイン）では対応のない要因の水準間における共分散行列の等質性の仮定や多変量正規性の仮定が必要となる．

以下の3つの出力結果は，対応のある1要因分散分析の出力結果の例であるが，多変量分散分析の結果を用いて解釈する場合は「多変量検定」の表を見る．この場合，前述したように球面仮説の検討は必要ないので，「多変量検定」の結果だけ見ればよい．また，分散分析の結果を用いて解釈する場合は，球面仮説の検討が必要となるので，「Mauchlyの球面性検定」と「被験者内効果の検定」の表を見て解釈する．

多変量検定[b]

効果		値	F 値	仮説自由度	誤差自由度	有意確率
時間	Pillai のトレース	.883	30.289[a]	2.000	8.000	.000
	Wilks のラムダ	.117	30.289[a]	2.000	8.000	.000
	Hotelling のトレース	7.572	30.289[a]	2.000	8.000	.000
	Roy の最大根	7.572	30.289[a]	2.000	8.000	.000

a. 正確統計量
b. 計画 Intercept
   被験者内計画 時間

　SPSS では，多変量分散分析における有意差の検定法として，「Pillai のトレース」「Wilks のラムダ」「Hotelling のトレース」「Roy の最大根」の 4 つを用いており，これらすべての検定法に基づく結果が自動的に表示される．「値」の欄にそれぞれの検定法の統計量が示され，それぞれの統計量をもとに算出した「F 値」の有意性によって，有意差の有無を判定する．この例の場合，いずれの検定法においても「有意確率」が 0.05 より小さく，有意差ありと判定される．

　分散分析の結果に基づいて解釈する場合には，「Mauchly の球面性検定」と「被験者内効果の検定」結果を参考にする．

　Mauchly（モークリー）の球面性の検定は，正規直交変換によって作られた分散共分散行列の等質性を検定している．出力結果には，Mauchly の統計量 W とその近似値として算出した χ^2 値およびその有意確率が示されており，「有意確率」の値が有意水準よりも小さければ球面仮説が成り立つことを意味する．この例の場合，有意確率＝0.819＞0.05 となり，球面仮説が成立する．

　この例のように，球面仮説が成立する場合，「被験者内効果の検定」の出力結果において「球面性の仮定」の行を見て分散分析の結果を判定する．分散分析の「F 値」およびその「有意確率」から平均値間に有意差があるかを判定する．この例の場合，F 値＝41.041，有意確率＝0.000＜0.05 となり，有意差ありとなる．

Mauchly の球面性検定[b]

測定変数名: MEASURE_1

被験者内効果	Mauchly の W	近似カイ2乗	自由度	有意確率	イプシロン[a] Greenhouse-Geisser	Huynh-Feldt	下限
時間	.951	.398	2	.819	.954	1.000	.500

正規直交した変換従属変数の誤差共分散行列が単位行列に比例するという帰無仮説を検定します．

a. 有意性の平均検定の自由度調整に使用できる可能性があります．修正した検定は，被験者内効果の検定テーブルに表示されます．
b. 計画 Intercept
   被験者内計画 時間

被験者内効果の検定

測定変数名: MEASURE_1

ソース		タイプ III 平方和	自由度	平均平方	F 値	有意確率
時間	球面性の仮定	73.267	2	36.633	41.041	.000
	Greenhouse-Geisser	73.267	1.907	38.413	41.041	.000
	Huynh-Feldt	73.267	2.000	36.633	41.041	.000
	下限	73.267	1.000	73.267	41.041	.000
誤差 (時間)	球面性の仮定	16.067	18	.893		
	Greenhouse-Geisser	16.067	17.166	.936		
	Huynh-Feldt	16.067	18.000	.893		
	下限	16.067	9.000	1.785		

もしも，Mauchlyの球面仮説が棄却された場合には，分散分析においてGreenhouse-Geisser（グリーンハウス・ゲイザー）やHuynh-Feldt（ホイン・フェルト）のε（イプシロン）による自由度の修正をおこなわなければならない．SPSSでは，これらの方法により修正された自由度に基づいて有意性が検定された結果も合わせて示される．つまり，もし「Mauchlyの球面性の検定」で有意性が認められた場合には，「Greenhouse-Geisser」または「Huynh-Feldt」の行に示されたF値とその有意確率から分散分析の結果の解釈を行なう．

　また，前述したように，1要因にのみ対応のある2要因分散分析のようなモデルの場合，「多変量検定」の前に「Boxの共分散行列の等質性の検定」や「Bartlettの球面性の検定」のような，分散共分散行列の等質性の検定結果が示される．これらの統計量の有意性は「有意確率」の大きさにより判定する．分散共分散行列の等質性が保証されれば「多変量検定」の結果を用いることができる．棄却された場合，分散分析の結果を用いて解釈すればよい．

Boxの共分散行列の等質性の検定

BoxのM	11.733
F値	1.136
自由度1	6
自由度2	463.698
有意確率	.340

従属変数の観測共分散行列がグループ間で等しいという帰無仮説を検定します．
a. 計画 Intercept+性別
被験者内計画 時間

Bartlettの球面性の検定

尤度比	.000
近似カイ2乗	14.619
自由度	5
有意確率	.013

残差共分散行列が単位行列に比例するという帰無仮説を検定します．
a. 計画 Intercept
被験者内計画 時間

　分散分析の結果と多変量分散分析の結果のどちらを用いるべきかについては，以下のことを目安にするとよい．
1. 反復測定要因の水準間の分散の違いによる優劣
    - 分散が等質のときは分散分析の方が検出力が高い．
    - 分散が異なるときは多変量分散分析は任意の共分散行列について，正確な第1種の過誤と推定する．
    - 分散の差が大で，サンプル数が水準数より数人分以上あれば多変量分散分析の方が検出力は高い．
2. サンプルの大小による優劣
    - サンプル数が25以下のとき，多変量分散分析は勧められない．
    - サンプル数が水準数より20以上大きいときは，分散分析と多変量分散分析の検出力はほぼ等しい．
3. 球面仮説の成否による優劣
    - 球面仮説が成り立つときは分散分析の方が多変量分散分析より検出力が高い．
    - 球面仮説が成り立たないときは，多変量分散分析は分散分析の近似F検定に比べ第1種の過誤は小さくなるが検出力は相対的に低い．
4. 第1種の過誤か第2種の過誤かによる優劣
    - 前述の内容を踏まえ，研究者が第1種の過誤を重視した仮説検定を行なおうとしているのか，第2種の過誤（または検出力）を重視した検定を行なおう

としているかを考慮して決定する．

- 研究者が要因の水準間に差があることを主張したいならば，第1種の過誤を重視すべきであり，差がないことを主張したいならば第2種の過誤（または検出力）を重視すべきである．

※**第1種の過誤**：帰無仮説が正しい時に，それを棄却する．危険率に等しい．
　第2種の過誤：対立仮説が正しい時に，それを棄却する（帰無仮説が間違っている時に，それを採択する．第2種の過誤が小さいとき検出力は高くなる．検出力が高い検定とは，母数間に差があるときそれを検出する力が大きい検定であることを意味する．

多重比較検定の出力結果の例

下図は **Tukey の HSD 法**による多重比較検定の出力結果である．出力表には，2つの平均値対の有意差検定の結果がすべての組み合わせについて表示される．たとえば，1行目の結果は，グループ1とグループ2の対比較の結果を示している．

多重比較

従属変数 ADL
Tukey HSD

(I) グループ	(J) グループ	平均値の差 (I-J)	標準誤差	有意確率	95%信頼区間 下限	95%信頼区間 上限
1	2	-1.50	.739	.124	-3.33	.33
	3	-3.80*	.739	.000	-5.63	-1.97
2	1	1.50	.739	.124	-.33	3.33
	3	-2.30*	.739	.012	-4.13	-.47
3	1	3.80*	.739	.000	1.97	5.63
	2	2.30*	.739	.012	.47	4.13

*．平均の差は .05 で有意

　Tukey の HSD 法では，比較する2つの平均値の差が，スチューデント化された範囲（q）という統計量より算出した HSD の値より大きいかどうかにより判定する．詳細は著書（出村，2001b）を参照．

　出力結果では，「平均値の差 (I-J)」に対比較した平均値の差が示されるが，HSD および統計量 q の値は示されない．有意差の有無は「平均値の差」が有意であれば示される「*」か，「有意確率」が有意水準よりも小さいかで判定する．1行目の結果の場合，有意確率＝0.124（＞0.05）で有意差なしと判断される．

　また，多重比較検定を行なった要因の水準が2の場合，下図のように表示される．通常，水準数2の場合は多重比較検定を行なわない．有意差の有無は分散分析の結果に従う．つまり，分散分析の結果，有意差が認められた場合には，その結果を受けて「有意な性差あり」と判定する．

警告
グループが3つ未満しかないので，性別に対してはその後の検定は実行されません．

分散分析の前提条件が満たされていない場合の対処法

①分散の等質性の前提条件が満たされていない場合には，各条件の測定値に対応がなければ，**ウェルチ（Welch）の法**，測定値に対応があれば**ホッテリング（Hotelling）のT²に基づく検定法**などがある（岩原，1965）．ただし，ウェルチ（Welch）の法はSPSSでは扱えない．

②前述（本章7.1.1.）のb）やc）の前提条件が満たされていない場合で，心理学的測定法に照らして問題がなければ，変数の変換によって分布の正規化や分散の等質化をはかった後に分散分析を行なう（線型変換，非線型変換）．

③測定値の尺度水準を順序尺度または名義尺度に落として，**ノンパラメトリック検定**を行なう．

  名義尺度：対応がない3条件以上の比率の比較：χ^2検定
            →多重比較検定：χ^2検定
          対応がある3条件以上の比率の比較：CochranのQ検定
            →多重比較検定：McNemar検定
  順序尺度：対応がない3条件以上の中央値の比較：Kruskal-Wallisの検定（H-test）
            →多重比較検定：Mann-Whitney検定（U-test）
          対応がある3条件以上の中央値の比較：Friedmanの検定
            →多重比較検定：符号つき順位和検定（Signed rank sum test；T-test）

7.2. 多変量分散分析

これまで7.1.で紹介したのは従属変数が1つの場合の分散分析であった．同じ独立変数に対して，複数の従属変数がある場合に，それぞれにt検定や分散分析を繰り返すと，第2種の過誤（実際は有意ではないにもかかわらず有意と判定すること）を犯す確率が有意水準を上回ってしまう．有意水準を下げて検定すると，従属変数同士の相関が高いときにかえって検定力を弱めることになる．そこで，各従属変数の重み付けされた合計点の有意性を検定する手法が**多変量分散分析（Multivariate analysis of variance；MANOVA）**である．多変量分散分析では，分散分析のF値の代わりに，誤差による分散/共分散行列と効果に関する分散/共分散行列との比に基づくF値を求める．

たとえば，あるテストにおける年齢の影響を明らかにしたいとする．1つのテスト得点の年齢群間差を検定する際には分散分析（ANOVA）を用いるが，3つのテスト得点の年齢群間差を一度に検定したい場合には多変量分散分析が用いられる．一般に言われる「分散分析」とは1変量分散分析とも言われ，多変量分散分析の特殊な場合と考えることもできる．

多変量分散分析において全体での有意差が認められた場合，つぎにそれがある1つのテスト結果によるものか，それとも複数のテスト結果が同時に関係した効果なのかを確認しなくてはならない．主効果や交互作用効果に対する多変量検定での有意差が認められた後，各単一変数に対して分散分析を行ない，F検定を利用して各変数に対する効果を確かめる方法が一般的である．

7.2. 多変量分散分析

多変量分散分析の基本手順

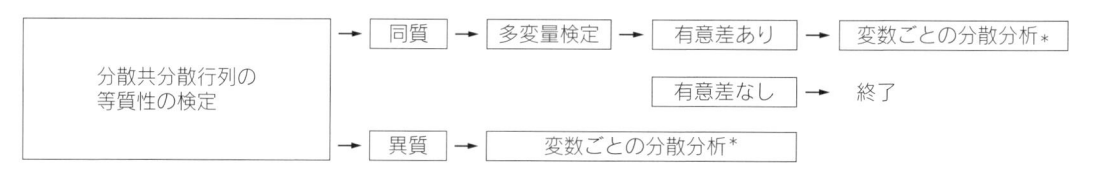

分散共分散行列の等質性の検定 → 同質 → 多変量検定 → 有意差あり → 変数ごとの分散分析*
　　　　　　　　　　　　　　　　　　　　　　　　　　有意差なし → 終了
　　　　　　　　　　　　　　→ 異質 → 変数ごとの分散分析*

*変数ごとに分散分析を行なう場合、一般的な分散分析の手順（等分散性の検定、分散分析、多重比較検定）にしたがう。

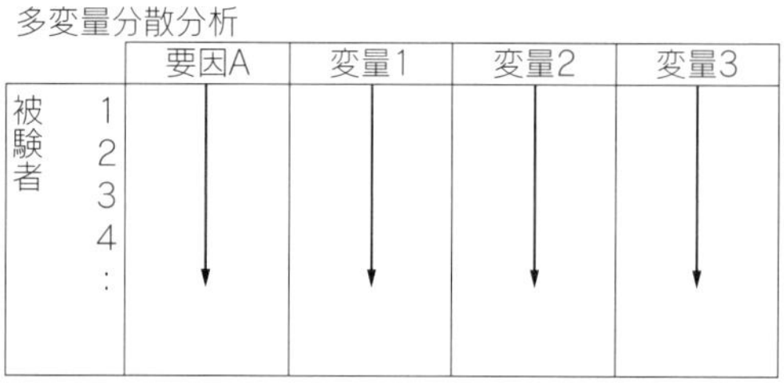

多変量分散分析

	要因A	変量1	変量2	変量3
被験者 1 2 3 4 ：				

データ入力

多変量分散分析のデータ入力形式は左図の通りである．この形式は，1要因にのみ対応のある2要因分散分析と同じであり，変量として，異なる従属変数を並べるか，反復測定データを並べるかの違いだけである．

SPSS による操作手順

SPSS による多変量分散分析の解析手順の概要

分散分析の種類	SPSS において選択する分析メニュー	SPSS による設定内容	設定するダイアログボックス
多変量分散分析	一般線型モデル → 多変量	従属変数，固定因子 等分散性の検定 多重比較検定	多変量 オプション その後の検定

操作手順はこれまで説明した分散分析の操作手順と大きく変わりはないが，多変量分散分析では「分析（A）」→「一般線型モデル（G）」から「多変量（M）」ダイアログを選択する．

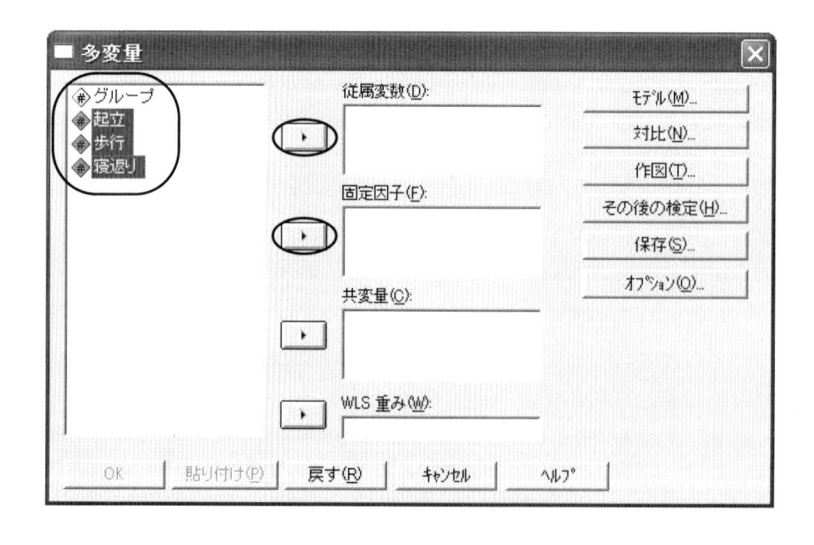

多変量ダイアログの設定

左図は「多変量」ダイアログを示している．ここでは，「従属変数（D）」および「固定因子（F）」の設定を行なう．

まず，左枠内の変数リストの中から従属変数を選択し，「従属変数（D）」の隣にある▶をクリックして，右の枠内に従属変数を移動させる．

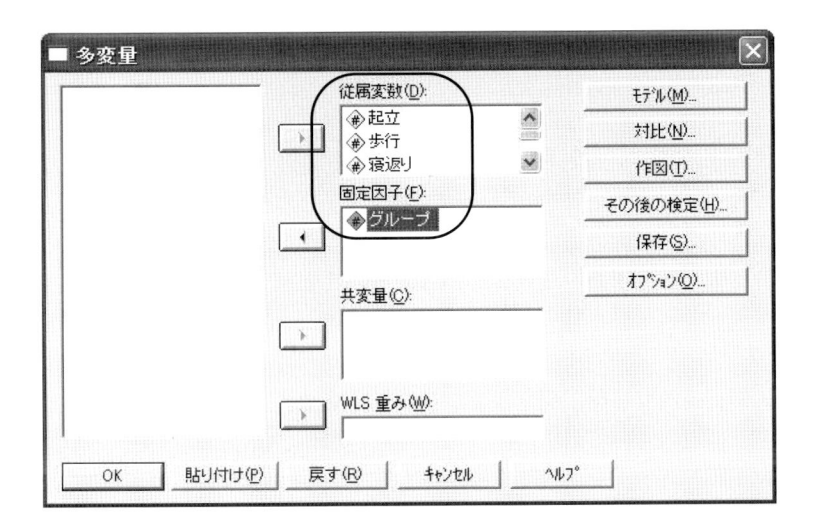

つぎに，同様の手順で要因変数を「固定因子 (F)」の枠内に移動させる．この例では，「起立」「歩行」「寝返り」が従属変数，「グループ」が要因変数である．

変数の設定後，「その後の検定 (H)」を選択すると多重比較検定に関する設定，「オプション (O)」を選択すると等分散性の検定に関する設定，「作図 (T)」を選択するとプロット図を結果に表示させる設定ができる．それぞれの設定方法は後述する．すべての設定が終了したら「OK」をクリックすると分析が開始される．

多変量分散分析における出力結果の例

SPSS の出力結果

分散分析の種類	SPSS による出力結果	結果の概要
多変量分散分析	Box の共分散行列の等質性の検定 多変量検定 Levene の誤差分散の等質性の検定 被験者間効果の検定 多重比較検定	分散共分散行列の等質性 ベクトルの平行性の検定 変数ごとの等分散性の検定 一元配置分散分析 水準間の平均値の対比較

多変量分散分析では，まず複数の従属変数を込みにしてグループ間の平均値が等しいかどうかを検定し，有意差が認められた場合には，変数ごとに分散分析および多重比較検定を行なう．SPSS による多変量分散分析は，「対応のある分散分析」の手順でも説明したように，「Pillai のトレース」「Wilks のラムダ」「Hotelling のトレース」「Roy の最大根」の 4 つの統計量による検定結果が示される．また，多変量分散分析の前提条件である分散共分散行列の等質性が保証されない場合には，多変量分散分析ではなく，変数ごとにグループ間の有意差が検定される．

変数ごとの分散分析および多重比較検定は前述の 1 要因分散分析と同様な手順（等分散性の検定，分散分析，多重比較検定）で行なわれ，出力結果およびその解釈の仕方も同様である．

7.3. 共分散分析

平均年齢の異なる3つの高齢者群の体力テスト得点を比較したい場合，平均年齢の違いが体力テスト結果に影響していることが容易に想像できるため，この影響を取り除いたうえで要因の影響を検討しなくてはならない．このように，設定した要因以外に測定値に影響を及ぼしている変量（共変量）の影響を取り除いて要因の影響を検討する手法を**共分散分析（Analysis of covariance：ANCOVA）**という．

共分散分析の一般的な解析手順を以下に示した．まず，共分散分析の前提条件として，実験計画内のすべてのグループで回帰直線が等しいという仮定がある．これは，従属変数と共変量との相関関係がグループによって異なると結果に対して誤った解釈を与えてしまうからである．この仮説の検定を「平行性の検定」といい，従属変数に関する要因変数と共変量の交互作用の有意性を検定する．平行性の仮定が棄却される場合はデータの見直しが必要である．

つぎに，グループ間の有意差を検定する上で，共変量とした変数の影響を本当に考慮する必要があるのかどうかを検定する．これは共変量の回帰の有意性で判定する．ここで有意性が認められない場合，わざわざ共変量の影響を考慮するまでもなく，グループ間の平均値の有意差検定を行なえばよいことになる．

このように，平行性が保証され，かつ共変量として影響を考慮する必要があると判定されたものについて共分散分析を行なう．共分散分析の結果，共変量の影響を取り除いた各グループの平均値間に有意差が認められた場合には，多重比較検定を行ない，どのグループの間に有意差があるのかを検定する．

共分散分析の基本手順

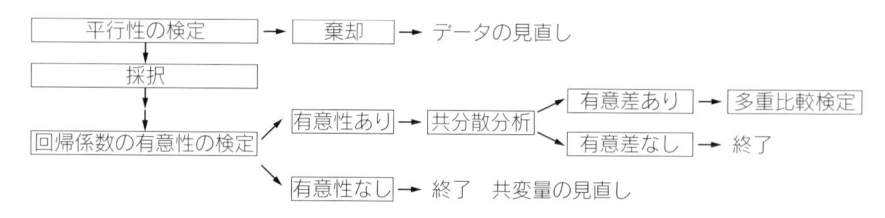

平行性の検定 → 棄却 → データの見直し
採択
回帰係数の有意性の検定 → 有意性あり → 共分散分析 → 有意差あり → 多重比較検定
                                          → 有意差なし → 終了
                    → 有意性なし → 終了 共変量の見直し

共分散分析

	要因A	変量	共変量
被験者 1 2 3 4 :	↓	↓	↓

データ入力

共分散分析のデータ入力形式は左図の通りである．グループ変数（要因A），従属変数，共変量を並べて入力する．共変量は複数設定することができる．また，従属変数も複数扱うことができるが，これは**多変量共分散分析（Multivariate analysis of covariance：MANCOVA）**と呼ばれ，より複雑な分析となる．

SPSSによる共分散分析の操作手順

SPSSによる共分散分析の手順の概要を以下に示した．平行性の検定に関する

操作は分散分析の操作にはなかったものであるが，操作手順や設定するダイアログの種類はこれまで説明してきた分散分析と同様である．

SPSS による共分散分析の解析手順の概要

分散分析の種類	SPSSにおいて選択する分析メニュー	SPSSによる設定内容	設定するダイアログボックス
共分散分析	一般線型モデル → 1変量	従属変数，固定因子，共変量 平行性の検定 回帰の有意性 多重比較検定 プロット図の設定	1変量 モデル オプション その後の検定 作図

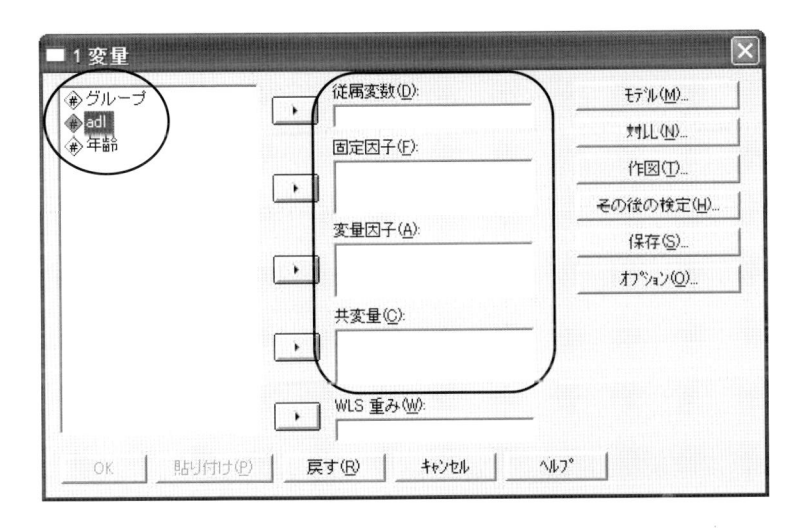

「分析 (A)」→「一般線型モデル (G)」から「1変量 (U)」をクリックすると，左図の画面が現れる．この画面で従属変数，固定因子，共変量を設定する．左枠内のリストから，それぞれに該当する変数を選択し，▶をクリックすると，右の枠内に変数が移動し設定ができる．この例の場合，「adl」が従属変数，「グループ」が固定因子，「年齢」が共変量に該当する．

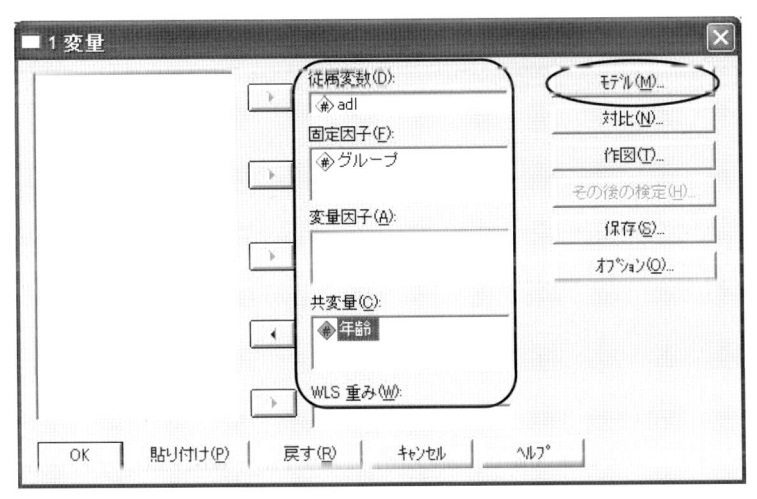

左図のように，「従属変数 (D)」，「固定因子 (F)」，「共変量 (C)」枠内に各変数を移動させたら，平行性の検定をするために，「モデル (M)」をクリックする．

7.2. 多変量分散分析

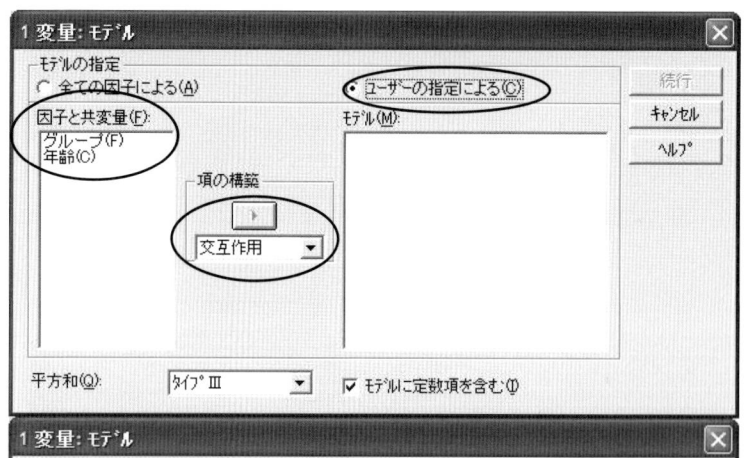

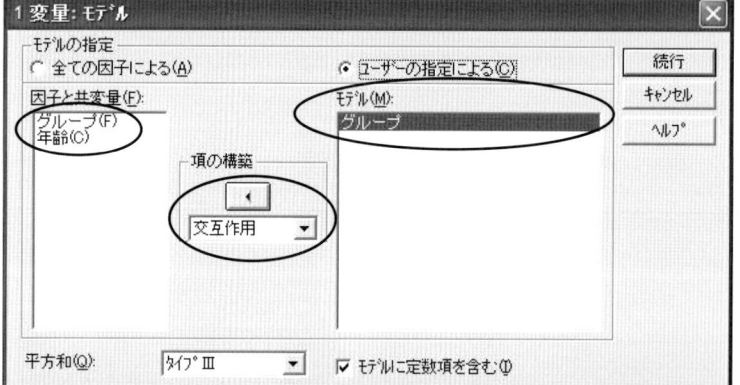

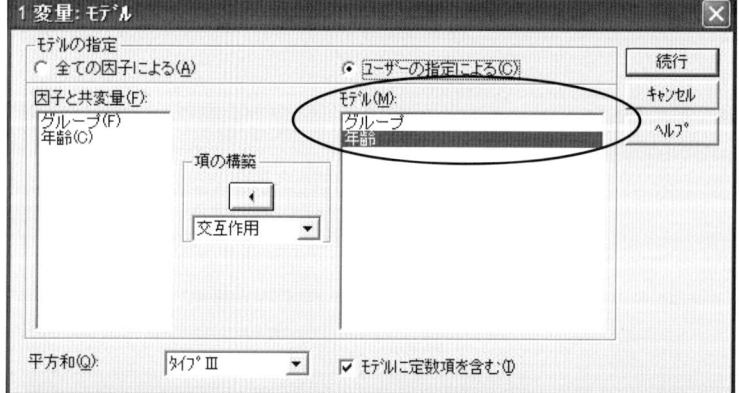

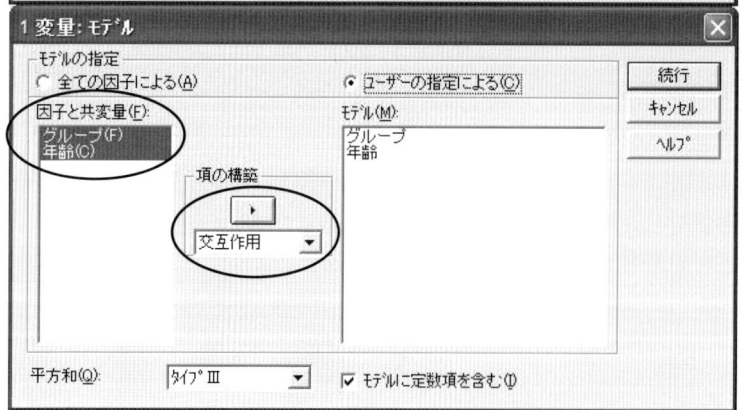

平行性の検定の設定

「1 変量」のダイアログで「モデル (M)」をクリックすると，左図が現れる．

まず，「ユーザーの指定による (C)」をクリックする．続いて，「グループ (F)」を選択し，「項の構築」の下の▶をクリックする．

「モデル (M)」枠内に「グループ」が入力される．

つぎに「年齢 (C)」を選択し，同様に「項の構築」の▶をクリックする．

「モデル (M)」枠内に「年齢」が入力される．

最後に，「グループ (F)」と共変量の「年齢 (C)」を一緒に選択し (Shift キーを押しながら複数の変数を選択する)，「項の構築」の下の▶をクリックする．

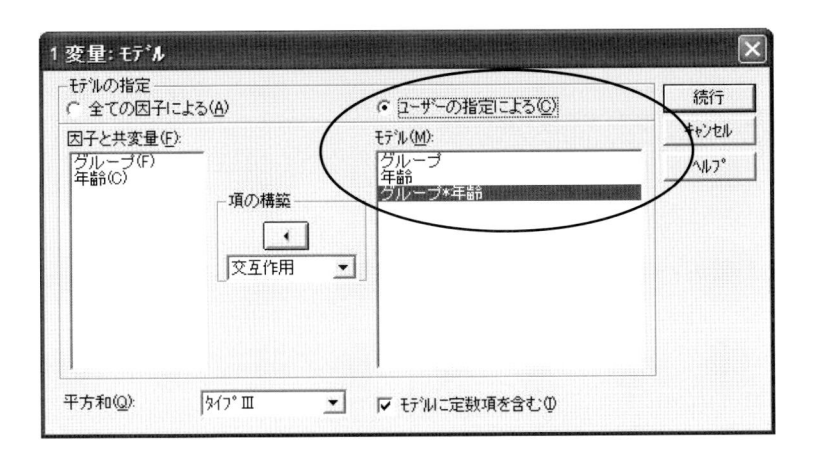

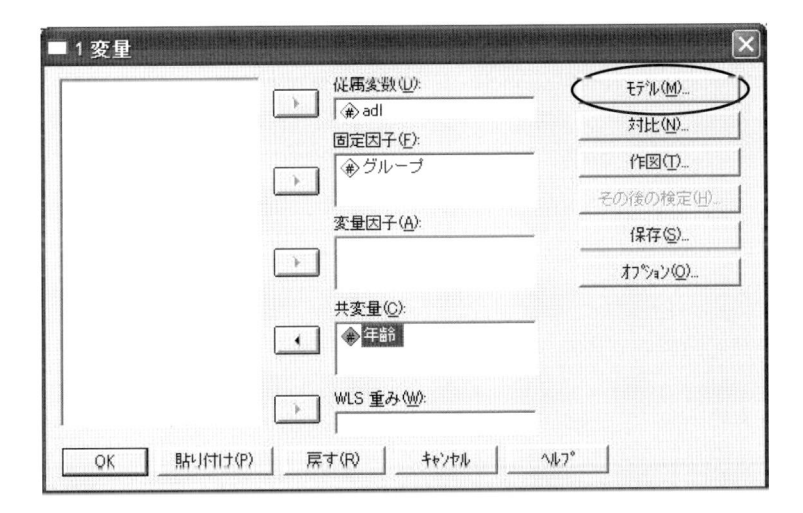

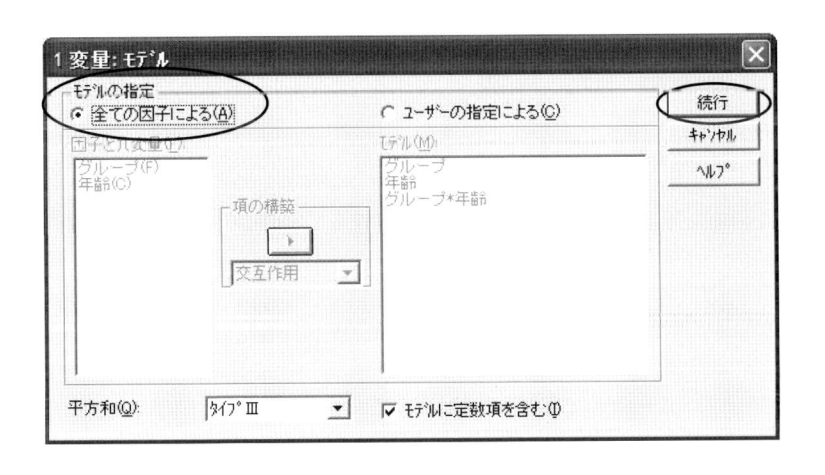

「モデル (M)」枠内に「グループ＊年齢」と入力されたら，「続行」をクリックすると元の「1 変量」のダイアログに戻る．

これで平行性の検定の設定は完了である．

共分散分析を行なう前に，平行性の検定を行なう．この状態で「1 変量」ダイアログの「OK」をクリックして出力結果を確認する（出力結果の見方は後述）．

共分散分析の設定

平行性の検定結果を確認したら，共分散分析の設定を行なう．

共分散分析を行なうには，「平行性の検定」のために「モデル」で指定した設定を元に戻す必要がある．

「1 変量」のダイアログを出し，「モデル (M)」をクリックする．

左図の画面（モデルのダイアログ）に変わったら，今度は，「モデルの設定」を「すべての因子による (A)」にする．

左図の画面の文字が薄くなったら設定は完了である．

「続行」をクリックする．

7.2. 多変量分散分析

回帰の有意性の検定および共変量の影響を考慮した平均値の比較のための設定

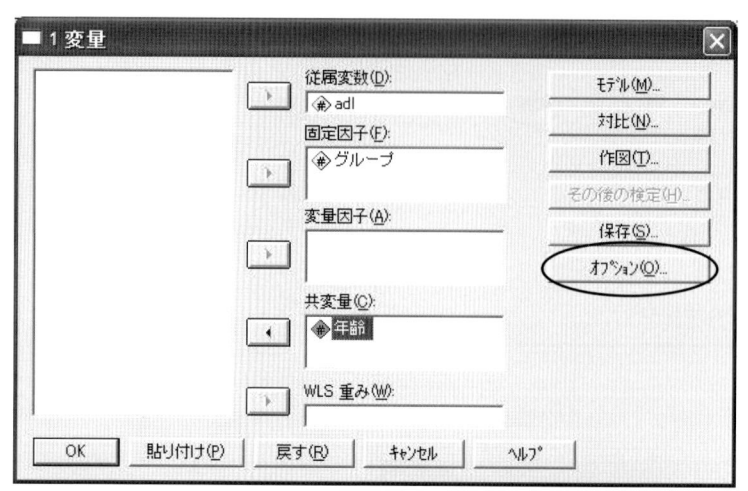

回帰の有意性の検定を行なうための設定をする．

「1変量」ダイアログから「オプション (O)」をクリックする．

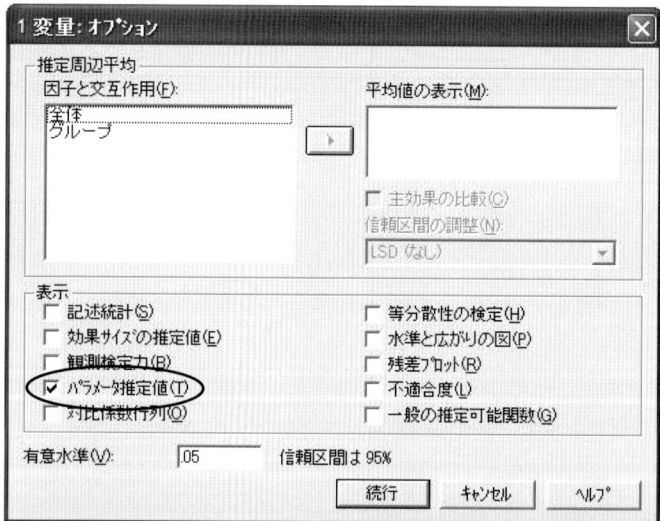

「表示」の下の「パラメータ推定値 (T)」をクリックする．これで回帰の有意性の設定は完了である．

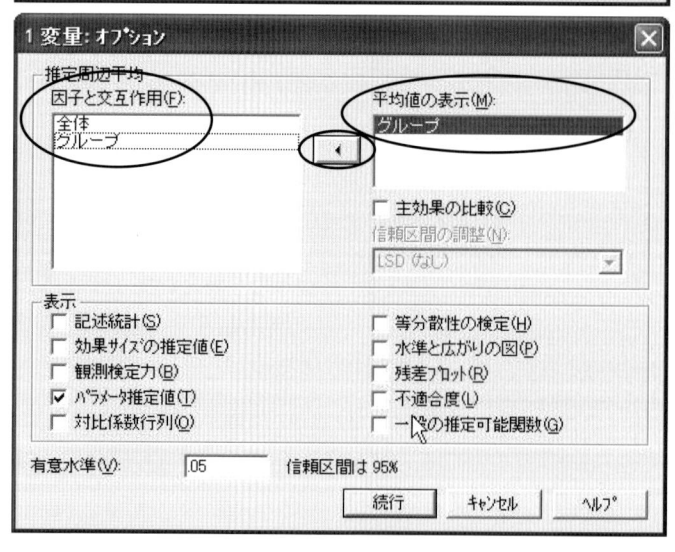

続いて，共変量の影響を調整した平均値の比較を行なうための設定をする．

左枠内から「グループ」を選択し，▶をクリックする．

7章 要因の効果を探る　211

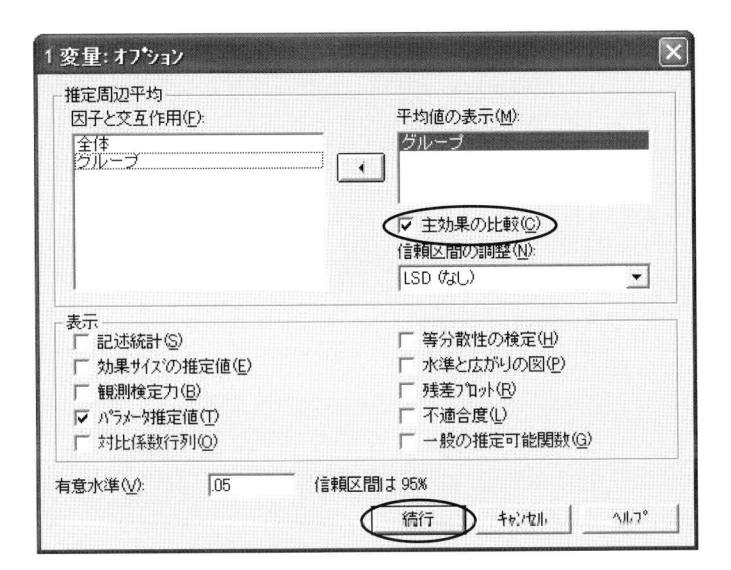

「平均値の表示（M）」枠下の「主効果の比較（C）」をクリックする．設定はこれで完了である．

「続行」をクリックする．

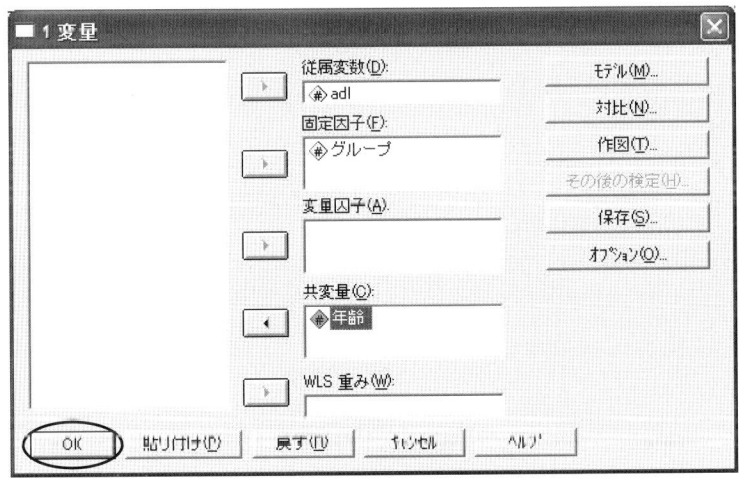

「1変量」ダイアログの画面に戻る．「OK」をクリックすると分析が開始される．

SPSSによる共分散分析の出力結果

ここでは，平均年齢の異なる3つの高齢者群に対しADLテストを行なった際に得られた次ページの表のデータに共分散分析を適用した結果を例に示す．

共分散分析における主な出力結果は以下の通りである．

SPSSの出力結果

分散分析の種類	SPSSによる出力結果	結果の概要
共分散分析	被験者間効果の検定	平行性の検定，共分散分析
	パラメータ推定値	回帰の有意性の検定
	推定値	調整された平均値
	ペアごとの比較	調整済み平均値の有意差検定

グループ	ADL	年齢
1	3	80
1	4	81
1	2	83
1	5	79
1	2	83
1	4	80
1	4	85
1	5	84
1	2	83
1	1	78
2	5	76
2	5	72
2	5	75
2	6	76
2	4	73
2	7	70
2	7	69
2	5	69
2	2	79
2	1	79
3	9	69
3	8	65
3	8	65
3	8	65
3	5	64
3	8	65
3	8	63
3	6	67
3	5	68
3	5	68

平行性の検定の出力結果

平行性の検定の設定後，解析を実行させると下の結果「被験者間効果の検定」が出力される．ここでは，要因である「グループ」と共変量である「年齢」との間の交互作用が有意であるか否かを検定している（「因子と共変量の間に交互作用がない＝因子の各水準における傾きは互いに等しい＝平行性」）．

出力結果の中では「グループ＊年齢」のF値の有意性に注目すればよい．このF値が有意であれば「交互作用が有意」となり，平行性の仮定は棄却される．有意でなければ平行性の仮定は保証され，共分散分析に進める．この例の場合，有意確率＝0.183（＞0.05）となり，有意な交互作用は認められない．

被験者間効果の検定

従属変数 ADL

ソース	タイプIII平方和	自由度	平均平方	F値	有意確率
修正モデル	94.352[a]	5	18.870	8.608	.000
切片	7.773	1	7.773	3.546	.072
グループ	7.776	2	3.888	1.773	.191
年齢	4.105	1	4.105	1.872	.184
グループ＊年齢	7.991	2	3.996	1.823	.183
誤差	52.614	24	2.192		
総和	887.000	30			
修正総和	146.967	29			

a. R2乗 = .642 (調整済みR2乗 = .567)

共分散分析の出力結果

平行性の検定の結果を受けて実施する共分散分析における一連の出力結果は以下の通り．

回帰の有意性の出力結果

回帰の有意性の検定結果は「パラメータ推定値」の出力結果に示されている．次ページの図の出力結果は，標準回帰係数（B），回帰の標準誤差，回帰係数の有意性（t値とその確率）と95％信頼区間が示されている．この例では「年齢」を共変量としているので，グループ間の年齢の回帰係数が有意（傾きBが0ではない）な場合，年齢の影響を考慮してグループ間の平均値の差を検定する意味がなくなる．出力結果において，「年齢」のt値の有意確率が有意水準よりも小さければ「有意な回帰係数」と判定できる．この例では，有意確率＝0.025＜0.05とな

り，回帰係数は有意となる．

パラメータ推定値

従属変数 ADL

パラメータ	B	標準誤差	t値	有意確率	95%信頼区間 下限	95%信頼区間 上限
切片	23.343	6.912	3.377	.002	9.135	37.552
年齢	-.248	.105	-2.370	.025	-.463	-3.292E-02
[グループ=1]	9.366E-02	1.779	.053	.958	-3.563	3.751
[グループ=2]	-.341	1.072	-.318	.753	-2.545	1.863
[グループ=3]	0[a]	.	.	.	.	.

a. このパラメータは冗長なのでゼロに設定されます．

共分散分析の有意性の出力結果

以下は共分散分析の解析結果である．平行性の検定の出力結果と形式は同じであるが，内容は異なる．共変量の影響を考慮して平均値の有意差を検定した結果が示されている．

被験者間効果の検定

従属変数 ADL

ソース	タイプIII 平方和	自由度	平均平方	F値	有意確率
修正モデル	86.361[a]	3	28.787	12.350	.000
切片	21.142	1	21.142	9.070	.006
年齢	13.095	1	13.095	5.618	.025
グループ	1.009	2	.505	.217	.807
誤差	60.605	26	2.331		
総和	887.000	30			
修正総和	146.967	29			

a. R^2乗 = .588（調整済みR^2乗 = .540）

「被験者間効果の検定」は「グループ」におけるF値の有意性に注目する．解釈は分散分析の被験者間効果の検定結果と同様であり，F値が有意であれば共変量の影響を考慮した場合，グループ間の平均値には有意差があることを示している．この例の場合，「グループ」の有意確率=0.807（>0.05）で，グループ間の平均値に有意差は認められなかった．

推定値

従属変数 ADL

グループ	平均値	標準誤差	95%信頼区間 下限	95%信頼区間 上限
1	5.143[a]	.951	3.187	7.098
2	4.708[a]	.483	3.716	5.701
3	5.049[a]	.954	3.087	7.011

a. モデル：年齢 = 73.77 での共変量で推定します．

「推定値」は，共変量（年齢）によって調整された各群の平均値を示している．この調整された平均値は，上の「パラメータ推定値」の図の「年齢」にある「B＝-0.248」を係数として利用することで求める．

ペアごとの比較

従属変数 ADL

(I)グループ	(J)グループ	平均値の差 (I-J)	標準誤差	有意確率[a]	差の95%信頼区間[a] 下限	差の95%信頼区間[a] 上限
1	2	.434	1.064	.686	-1.753	2.622
	3	9.366E-02	1.779	.958	-3.563	3.751
2	1	-.434	1.064	.686	-2.622	1.753
	3	-.341	1.072	.753	-2.545	1.863
3	1	-9.366E-02	1.779	.958	-3.751	3.563
	2	.341	1.072	.753	-1.863	2.545

推定周辺平均に基づいた
a. 多重比較の調整:最小有意差（調整無しに等しい）

「ペアごとの比較」は，各水準における調整された平均値の差を求め，有意水準5%で有意差の検定を行なった結果を示している．

分散分析の多重比較検定の結果と同様な見方をすればよい．

この例ではいずれのペアにも有意差は認められない．

(佐藤　進・出村慎一)

引用・参考文献

1) 出村慎一, 小林秀紹, 山次俊介：Excel による健康・スポーツ科学のためのデータ解析入門．大修館書店，2001a.
2) 出村慎一：健康・スポーツ科学のための統計学入門．不昧堂出版，2001b.
3) 岩原信九郎：教育と心理のための推計学．日本文化科学社，1965.
4) 石村貞夫：SPSS による分散分析と多重比較の手順．東京図書，1999.
5) 出村慎一：例解　健康・スポーツ科学のための統計学　改訂版．大修館書店，2004.
6) 森　敏昭, 吉田寿夫：心理学のためのデータ解析テクニカルブック．北大路書房，1996.

索 引

AGFI　138
Amos Graphics　131
Analysis of covariance　184, 206
Analysis of variance　184
ANCOVA　206
Bonferroniの検定　192
BoxのM検定　62
Canonical Correlation Analysis　83
CFI　138
CochranのQ検定　203
confirmatory factor analysis　119, 135
Covariance Structure Analysis　131
Dendrogram　99
Disturbance　154
Duncanの法　193
DunnetのC　193
DunnetのT3　193
Dunnetの検定　193
Durbin Watsonの検定　17
euclid distance　91
Exp（B）　41
exploratory factor anaiysis　118
Friedmanの検定　203
F検定　184, 185
Gabrelの検定　193
Games-Howellの検定　193
general linear model　8
GFI　138
Green-house-Geisser　201
HochbergのGT2　193
HotellingのT²　203
H-test　203
Huynh-Feldt　201
Kaiser-Meyer-Olkinの統計量（KMO）　124
Kruskal-Wallisの検定　203
Latent curve model　178
Latent growth curve model　178
Leveneの誤差分散の等質性の検定　198
Leveneの等分散性の検定　198
LM検定　138
LSD法　192
MANCOVA　206
Mann-Whitney検定　203
MANOVA　203

Mauchlyの球面性検定　199, 200
McNemar検定　203
Multiple comparison　185
multiple regression analysis　15
Multivariate analysis of covariance　206
Multivariate analysis of variance　184, 203
NFI　138
One-way ANOVA　185
Principal Component Analysis　111
R-E-G-WのF　193
R-E-G-WのQ　193
RMSEA　138
Scheffeの法　193
Sidakの方法　193
Signed rank sum test　203
SPSSによる重回帰分析　22
Standard deviation　6
Standard error of estimate　6
Structural Equation Modcling　131
Student-Newman-Keulsの検定　193
Tamhaneeの T2　193
T-test　203
Tukeyのb　193
TukeyのHSD検定　192
Two-way ANOVA　185
t検定　184
U-test　203
VIF　26
Ward法　92
Welchの法　203

[あ 行]

アイテム　7, 42
0/1型のデータ　33
1要因にのみ対応のある2要因分散分析　189
1要因分散分析法　186
一対比較　192
一般型モデル　8
因果構造モデル　166
インクルージョンレベルの設定　44, 74
インクルージョンレベルの指定　48
因子行列　125

因子係数　123
因子構造行列　119
因子数の指定　120
因子相関行列　129
因子得点係数行列　126
因子の解釈　125
因子の回転　119
因子負荷量　120, 125
因子分析　118
ウイルクスのΛ　59
ウェルチの法　203
ウォード法　92
オッズ比　34

[か 行]

回帰式　5
回帰の有意性の検定　212
回帰分析　5
回帰分析モデル　158
下位検定　186
外生構造変数　166
外生的潜在変数　166
階層的方法　92
外的基準　71
外的基準変数　42, 49, 76
回転後の因子行列　125
χ^2（カイ）検定　138, 143, 203
確認的因子分析　118
攪乱変数　154
カテゴリー　7, 42
カテゴリー間の距離行列　103, 109
カテゴリースコア　7, 52, 79, 107
カテゴリースコアの説明変数別範囲　103, 108
観測変数　134
疑似R2乗　40
逆行列　3
強制投入法　18
共線性の診断　26
共通因子　118
共通性　120, 124
共分散　5
共分散構造分析　131
共分散構造　168
共分散分析　184, 206
共分散を描く　172
共変量　206

許容度　26
距離　91
クラスター（集落）　90
クラスター分析　90
グリーンハウス・ゲイザー　201
グループ間平均連結法　92
グループ内平均連結法　92
群平均法　92
ケースごとの統計　68
ケーススコア　54, 80, 110
ケース得点　44, 74
欠損値　4
決定係数（R^2）　6, 25
検証的因子分析　118
検証的因子分析　135
交互作用　186, 199
構造行列　63, 69, 129
構造方程式モデリング　131
誤差　6
誤差変数　134
固定母数　167
誤判別確率　59
固有値　63, 78, 103, 120

[さ 行]

最遠隣法　92
再近隣法　92
最小固有値の指定　120
最小有意差法　192
最短距離法　92
最長距離法　92
最尤（さいゆう）法　120, 128, 138
残差　6
残差統計量　27
サンプルクラスター　91, 94
サンプルスコア　52
3要因分散分析法　185
識別性　142
識別性の確保　138
次元数　105
質的データ　42
質的変数　7
斜交解　128
斜交モデル　119
主因子法　120
重回帰分析　5, 15
重回帰分析モデル　159
修正指標　138, 168
重相関係数（R）　6, 25, 52
従属変数　1, 5

自由度　6
自由度調整済み決定係数　25
自由母数　167
樹形図　91
主効果　186, 192
主成分得点　112
主成分分析　90, 111
出力結果ファイル　12
出力の指定　144
出力の読みとり　171
冗長性分析　84
シンプレックス構造　174
逐次選択法　28
水準　184
垂直つらら　99
推定精度　32
推定値の計算　171
推定の標準誤差　6
数字の表示法　13
数量化Ⅰ類　42
数量化Ⅲ類　90, 100
数量化Ⅱ類　71
スクリープロット　120, 126
スチューデント化された範囲　202
ステップワイズ法　28, 58, 65
正準相関分析　83
正準相関係数　83
正準判別関数係数　64
正準変数　83
制約母数　167
線型重回帰モデル　16
潜在因子　118
潜在曲線モデル　178
潜在成長曲線モデル　178
全変数投入法　58
総当たり法　28, 91
相関係数　91
相関比 η^2　57, 71, 74, 78
総合的指標　100
測定尺度　7

[た 行]

第1種の過誤　202
対応のない1要因分散分析　188, 199
対数オッズ　34
第2種の過誤　202
多群の線型判別分析　67
多重共線性の確認　17
多重指標モデル　168

多重比較検定　185, 192
多変量共分散分析　206
多変量検定　199
多変量正規分布　144
多変量分散分析　184, 199, 203
ダミー変数　7, 42, 101
単回帰分析　15
探索的因子分析　118, 135
単純構造　119
単純主効果　186
中心てこ比　27
直交モデル　119
ツリー　91
データエディタ　8
データの標準化　5
適合度指標　138
デフォルト　9
デンドログラム　91, 99
童心法　92
等分散性の検定　186
独立変数　1, 5

[な 行]

内生構造変数　166
内生的潜在変数　166, 170
2次因子分析　150
2次判別関数　57
2要因分散分析法　185
ノーマルバリマックス回転　119
ノンパラメトリック検定　202

[は 行]

パス図の描画　133
パターン行列　129
バリマックス回転　119
範囲　53, 79
反復測定による分散分析　119
判別確率　64
判別区分点　82
判別得点　57, 59, 71
判別分析　57
非階層的方法　92
被験者内効果の検定　200
ヒストグラム　81
表出力の表示　146
標準化係数　26
標準化された正準判別関数係数　68
標準化ユークリッド距離　91
標準誤差　5
標準得点　5

標準偏回帰係数　5, 26
標準偏差　6
非連続量　76
ファイルへ保存　145
フィッシャーの分類関数　59
符号つき順位和検定　203
プロマックス回転　119, 128
分散共分散行列　5
分散共分散行列の相等性の検定　62
分散共分散の等質性の検定　186
分散分析　184
分散量　124
分類関数係数　64, 68
平均構造モデル　150
平行性の検定　206, 212
平方ユークリット距離　92
偏回帰係数　5

変数クラスター　91, 94
変数減少法　28
変数減増法　28
変数選択法　27
変数選択の基準　28
変数増加法　28
変数増減法　28
偏相関係数　8, 54, 80
変動インフレーション因子　17, 26
ホイン・フェルト　201
ホッテリングの T^2　203

[ま 行]

マハラノビスの距離　57, 59, 91
名義水準　6
メディアン法　92
モークリーの球面性の検定　200

モデルの加工　134
モデルの修正　148, 171

[や・ら・わ 行]

有意水準　6
ユークリッド距離　91
要因　184
予測誤差　53
量的変数　7
両要因に対応のない2要因分散分析　188, 189
類似度　91
累積寄与率　78
ロジスティック曲線　34
ロジスティックモデル　33
ロジット　34
ワルド検定　138

2004年7月5日　第1版第1刷発行
2011年3月10日　　　　第3刷発行

健康・スポーツ科学のためのSPSSによる多変量解析入門
定価(本体2,500円+税)　　　　　　　　　　　　　　　　検印省略

編　著　者	出村 慎一©, 西嶋 尚彦©
	佐藤　進©, 長澤 吉則©
発 行 者	太田　博
発 行 所	株式会社　杏林書院
	〒113-0034　東京都文京区湯島4-2-1
	Tel　03-3811-4887(代)
	Fax　03-3811-9148
	http://www.kyorin-shoin.co.jp

ISBN 978-4-7644-1572-0　C3075　　　　　　　　三報社印刷／川島製本所
Printed in Japan
乱丁・落丁の場合はお取り替えいたします．

・本書の複製権・翻訳権・上映権・譲渡権・公衆送信権（送信可能化権を含む）は株式会社杏林書院が保有します．
・JCOPY ＜(社)出版者著作権管理機構 委託出版物＞
　本書の無断複写は著作権法上での例外を除き禁じられています．複写される場合は，そのつど事前に，(社)出版者著作権管理機構（電話03-3513-6969，FAX 03-3513-6979，e-mail：info@jcopy.or.jp）の許諾を得てください．